U0214001

中国房地产估价师与房地产经纪人学会

地址：北京市海淀区首体南路 9 号主语国际 7 号楼 11 层

邮编：100048

电话：(010) 88083151

传真：(010) 88083156

网址：http://www.cirea.org.cn

http://www.agents.org.cn

全国房地产经纪人职业资格考试用书

房地产经纪职业导论
（第五版）

中国房地产估价师与房地产经纪人学会　编写

张永岳　崔　裴　主编

赵庆祥　副主编

中国建筑工业出版社

中国城市出版社

图书在版编目(CIP)数据

房地产经纪职业导论 / 中国房地产估价师与房地产经纪人学会编写；张永岳，崔裴主编；赵庆祥副主编. — 5 版. — 北京：中国建筑工业出版社，2024.1
全国房地产经纪人职业资格考试用书
ISBN 978-7-112-29601-9

Ⅰ. ①房… Ⅱ. ①中… ②张… ③崔… ④赵… Ⅲ. ①房地产业－经纪人－中国－资格考试－自学参考资料 Ⅳ. ①F299.233.55

中国国家版本馆 CIP 数据核字（2024）第 012375 号

责任编辑：毕凤鸣
文字编辑：李闻智
责任校对：张　颖

全国房地产经纪人职业资格考试用书
房地产经纪职业导论
（第五版）
中国房地产估价师与房地产经纪人学会　编写
张永岳　崔　裴　主编
赵庆祥　副主编

*

中国建筑工业出版社、中国城市出版社出版、发行（北京海淀三里河路 9 号）
各地新华书店、建筑书店经销
北京红光制版公司制版
北京同文印刷有限责任公司印刷

*

开本：787 毫米×960 毫米　1/16　印张：18　字数：337 千字
2024 年 1 月第五版　　2024 年 1 月第一次印刷
定价：**45.00** 元
ISBN 978-7-112-29601-9
（42314）

目　　录

第一章　房地产经纪概述

房地产经纪是一种重要的经纪活动，也是房地产业的重要组成部分，既有经纪活动的一般特性，又有显著的房地产业特性。本章阐述房地产经纪的含义、分类、特性与作用，介绍房地产经纪的产生与历史沿革、发展现状，并从现代服务业发展和房地产业发展、互联网科技产业变革对房地产经纪行业影响的角度，分析房地产经纪行业未来发展的趋势。

第一节　房地产经纪的含义与分类

房地产经纪属于房地产业，社会上习惯称之为房地产中介、房产中介或房屋中介。

一、房地产经纪的含义

完整、准确、全面地理解房地产经纪的含义，先要追本溯源，了解经纪一词的本义，以及经纪内涵的演变过程。

（一）经纪的含义

经纪是一个非常古老的词汇，在中国古文典籍中有着丰富的内涵。随着社会经济的发展，经纪的内涵不断演变，最终演变为现代的含义。最初经纪的意思是天文进退迟速的度数，如《礼记·月令》载："（孟春之月）乃命大史守典奉法，司天日月星辰之行，宿离不贷，毋失经纪，以初为常。"郑玄注："经纪，谓天文进退度数。"后来其又先后引申为用作表示社会的纲常、法度、调理，如《管子·版法》载："天地之位，有前有后，有左有右，圣人法之，以建经纪。"《汉书·司马迁传》载："《春秋》上明三王之道，下辨人事之经纪。"《淮南子·俶真训》载："万物百族，使各有经纪条贯。"《后汉书·卓茂传》载："凡人之生，群居杂处，故有经纪礼义以相交接。"接下来，经纪有了经营管理的意思，如《三国志》载："飂经纪其门户，欲嫁其妾。"《宋书·谢弘微传》载："弘微经纪生业，事若在公，一钱尺帛出入，皆有文簿。"《乞禁商旅过外国状》（宋·苏轼）载："仍是客人李球於去年六月内，请杭州市舶司公凭，往高丽国经纪。"再到后来，经纪有了生意、买卖、交易的意思，如《五代史平话·唐史·卷上》载："点检行囊，没十日都使尽，又不会做甚经纪。"《朱子语类》卷二六载："譬如人作折本经纪相似。"《警世通言·王安石三难苏学士》载："却不想小经纪若折了分文，一家不得吃饱饭。"到了近现代，经纪才有了买卖人、经纪人的意思，经纪人也称为牙郎、牙侩、牙人、牙子，如《福惠全书·卷八·杂课部·牛驴杂税》载："例有牙行经纪，评价发货。"《儒林外史·第二三回》载："家里做个小生意，是戏子行头经纪。"

现代的经纪，俗称中介，是指经纪人按照合同约定通过居间、代理、行纪等方式，促成委托人与他人的交易，委托人支付报酬的活动。《辞海》（第七版）将经纪解释为经纪人，指在买卖双方间充当介绍人而获取佣金的中间商人，可以是个人、法人和非法人组织。在经济活动中，经纪人以收取佣金为目的，促成他人交易，有时也称"经纪商"，旧时亦称"捐客""牙商"，为替买卖双方说合而获得佣金者。现代经纪活动的主体既包括经纪机构，也包括经纪从业人员；经纪活动的客体既可能是某种商品，也可能是某种服务；经纪服务的对象是委托人，委托人可以是自然人、法人或者非法人组织。经纪服务的方式主要包括居间、代理、行纪等。经纪活动的目的是促成委托人与他人的交易。经纪具有有偿性，基本报酬形式是佣金。经纪活动可以促进交易，活跃市场，具有提高交易效率、降低交易成本、促进交易安全、优化资源配置等作用，在市场经济活动中很常见。

居间、代理、行纪三种方式各有特点。

居间，是指经纪人向委托人报告订立合同的机会或者提供订立合同的媒介服务，撮合交易成功并向委托人收取佣金报酬的经济行为。居间是经纪活动中最原始的一种经纪活动方式，相对于代理，其特点是经纪人在成功撮合交易之前与委托人之间一般没有明确的法律关系。

代理，特指交易活动中的委托代理，是指经纪人在受托权限及受托期限内，以委托人的名义与第三方进行交易，并由委托人承担相应法律后果的经济行为。经纪活动中的代理，是一种商事代理活动，即代理人根据与被代理人达成的委托代理合同，按照合同约定的范围、程度、时间从事商品交易活动的行为。代理活动中经纪人履行职责的行为对委托人发生效力，产生的权利和责任由委托人享有和承担，经纪人向委托人收取相应的佣金。

行纪，是指经纪人受委托人的委托，以自己的名义与第三方进行交易，并承担相应法律后果的经济行为。行纪主要有以下两个特征：一是经委托人同意，或双方事先约定，经纪人可以以低于（或高于）委托人指定的价格买进（或卖出），并因此增加自己的报酬；二是除非委托人不同意，对具有市场定价的商品，经纪人自己可以作为买受人或出卖人。从形式上看，行纪与自营很相似，但是除经纪人自己买受委托物的情况外，大多数情况下经纪人都并未取得交易商品的所有权，是依据委托人的委托而进行活动。即使经纪人在行纪业务中可以介入买卖，但不因介入买卖而改变中介交易撮合本质。从事行纪活动的经纪人拥有的权利较大，承担的责任也较重。在通常情况下，经纪人与委托人之间有长期固定的合作关系。行纪的适用范围较小，一般仅用于动产的代销等贸易活动。

（二）房地产经纪的含义

根据《房地产经纪管理办法》，房地产经纪是指房地产经纪机构和房地产经纪人员为促成房地产交易，向委托人提供房地产居间、代理等服务并收取佣金的行为。在国民经济行业分类中，房地产经纪与房地产价格评估、房地产咨询并列，属于房地产中介服务，房地产中介服务又属于房地产业。房地产经纪与其他房地产中介服务（房地产估价、房地产咨询）不同的是，房地产经纪旨在促成委托人与第三方进行房地产交易，经纪活动中一定存在交易相对方，经纪服务过程中也包含价格评估和信息咨询等性质的服务内容。

房地产经纪活动的主体，同时也是房地产经纪服务的受托人、房地产经纪服务的供给者，既包括房地产经纪机构，也包括房地产经纪人员。房地产经纪是一种专业服务，从事房地产经纪活动的主体具有特殊性。从世界主要国家和地区的情况看，从事房地产经纪活动的机构需要具备相应的资质或条件，从事房地产经纪活动的人员需要经过专业学习和训练并通过考试取得执业资格。在我国，根据《房地产经纪管理办法》，房地产经纪活动的主体特指在市场监督管理部门进行市场主体登记并在建设（房地产）主管部门备案的房地产经纪机构，以及取得房地产经纪专业人员职业（执业）资格并经登记的房地产经纪人员。

房地产经纪活动的客体是房地产，既包括一个房间、一套房屋，也包括整栋楼宇、整个房地产项目；房地产经纪活动的目的是促成委托人与他人的房地产交易，既包括房地产买卖，也包括房地产租赁。按照房地产类型，房地产经纪活动的客体不仅包括二手房，还包括新建商品房；不仅包括住宅，还包括商业用房、写字楼、工业用房等非住宅；不仅包括房屋，还包括房地产开发用地、房地产开发项目等。目前，二手住房和新建商品住房是房地产经纪活动的主要客体。

房地产经纪作为一种专业服务，服务的对象是委托人，即房地产经纪服务的需求者，主要包括房地产出卖人、出租人、购买人和承租人，既可能是自然人，也可能是法人或者非法人组织。房地产经纪服务的受托人，即房地产经纪服务的供给者，包括房地产经纪机构和房地产经纪人员。房地产经纪服务的方式，即根据委托权限的大小，开展房地产经纪服务的形式，主要包括房地产居间和房地产代理，其中房地产代理又能细分为独权代理、独家代理和一般代理。

房地产经纪服务包括基本服务和延伸服务。在现实工作中，为了更好地为委托人提供服务，房地产经纪机构和房地产经纪人员除了向委托人提供房地产交易相关信息、实地看房、代拟房地产交易合同、协助委托人与他人订立房地产交易合同、协助办理不动产登记等基本的房地产经纪服务外，还常常向委托人提供代办贷款等房地产经纪延伸服务（也称其他服务）。

房地产经纪服务的基本报酬形式是佣金，另外还有代办服务费等补充报酬形式。房地产经纪佣金，也称中介费、经纪服务费，是指按照房地产经纪服务合同约定，房地产经纪机构完成受委托事项后，委托人向房地产经纪机构支付的报酬。房地产经纪机构提供延伸服务，需另行签订合同并收取相应的服务费用。房地产经纪具有"居间中保"的作用，从保障交易安全的角度来说，出现交易风险，提供经纪服务的房地产经纪机构要承担一定的赔偿责任，因此佣金兼有服务费和保险费成分。一般情况下，交易难度越大的房屋，佣金越高；交易风险越大的房屋，佣金越高。按照房屋成交价的一定比率收取佣金，是约定俗成的惯例，也是国际通行的做法。在房地产经纪行业，目前还没有按照宗、套、建筑面积、服务时间等标准计算经纪服务佣金的先例。

（三）相关概念辨析

1. 房地产经纪与房地产中介

房地产中介有狭义和广义两种理解。狭义的房地产中介指的就是房地产居间。《中华人民共和国民法典》第九百六十一条规定，中介合同是中介人向委托人报告订立合同的机会或者提供订立合同的媒介服务，委托人支付报酬的合同。这里的中介，就是指居间。在房地产居间活动中，房地产经纪人员不作为任何一方的代理人，而仅仅向交易一方或双方提供交易信息并撮合双方成交。目前在中国，居间是一种重要的房地产经纪活动方式，但从西方市场经济发展的历史看，居间方式一般存在于发展早期，后期经纪活动方式多以代理为主。

广义的房地产中介不仅包括房地产经纪，还包括房地产估价、房地产咨询。例如，《中华人民共和国城市房地产管理法》第五十七条规定，房地产中介服务机构包括房地产咨询机构、房地产估价评估机构、房地产经纪机构等；在国民经济行业分类中，房地产中介服务指房地产咨询、房地产价格评估、房地产经纪等活动。

此外，在一些主管部门的文件、媒体报道以及日常生活中，房地产中介等同于房地产经纪。如《住房城乡建设部等部门关于加强房地产中介管理促进行业健康发展的意见》（建房〔2016〕168号）、《住房城乡建设部关于开展房地产中介专项整治工作的通知》（建房函〔2016〕111 号）等，结合文件内容，文件中的房地产中介指的就是房地产经纪。

2. 房地产经纪与房地产代理、房地产居间

现代西方的房地产经纪人（Broker）实际上就是房地产代理人，房地产代理是西方国家房地产经纪活动的主要方式。在《大英百科全书》中，经纪人（Broker）被解释为 "A business agent who is completely independent of his principal" 即 "完全独立于其委托人的职业代理人"。在《美国传统词典》中，经纪人（Broker）意为 "One that acts as an agent for others, as in negotiating contracts, purchases, or sales in return for a fee or commission"，即 "作为他人的代理人，代理他人进行谈判签约、购买或销售以获取费用或佣金的人"。

房地产代理与房地产居间在法律性质上有明显的差异。各国法律一般都规定除非经委托人同意，代理人不得同时接受交易双方的委托，开展代理业务。因此，在房地产代理业务中，房地产经纪机构一般只能接受交易一方的委托开展代理事务，同时也只能向一方收取佣金。根据委托人在房地产交易中的角色——买方（包括承租方）或卖方（包括出租方），房地产代理实质上可分为买方代理和卖方代理。因此，在房地产代理服务中，房地产经纪机构与委托人之间的法律关系更清晰。也正是因为如此，在房地产经纪的发展历史中，房地产代理逐步取代了起源更早的房地产居间，而成为许多发达国家的主流房地产经纪方式。必须注意的是，在我国现实生活中，一些委托人甚至一些房地产经纪人员常常误用"代理"一词，将房地产经纪机构为交易双方提供的居间服务误称为双向代理。而国际上通行做法是规定代理人不得同时接受双方委托，除非经委托人特别同意，因此"代理"一般暗含着"受委托人单方委托代理"的意思，没有特别强调是受"单方"还是"双方"委托。

3. 房地产经纪与房地产包销（包租）

我国新建商品房市场，除了属于房地产经纪的销售代理外，还有房地产"包销"这种服务活动。提供包销服务的房地产经纪机构不取得房屋的所有权，但以服务对象（待售房屋所有者）的名义进行房地产销售，其报酬多采用"佣金＋差价"的形式，有的差价表现为溢价部分的分成。在房地产租赁市场，特别是住房租赁市场，包租是常见的服务形式，即住房租赁企业通过转租经营方式赚取租金差价及衍生服务费用。

可以看出，包销、包租与居间、代理等经纪服务方式最本质的区别，就是要赚取差价，但目前在我国根据《房地产经纪管理办法》，房地产经纪机构和房地产经纪人员不得赚取房屋差价，因此业内认为房地产经纪应该只包括房地产居间

和房地产代理。

二、房地产经纪的分类

（一）房地产居间

房地产居间，俗称房地产中介，是指房地产经纪机构和房地产经纪人员按照房地产经纪服务合同约定，向委托人报告订立房地产交易合同的机会或者提供订立房地产交易合同的媒介服务，撮合交易成功后向委托人收取佣金的经纪活动。房地产居间是起源最早，也是当前我国主流的房地产经纪服务方式。

房地产居间分为指示居间和媒介居间。房地产指示居间，也称信息居间，是指房地产经纪机构和房地产经纪人员根据委托人的指示，搜集房客源、价格、市场行情、交易政策等交易信息并向委托人报告订立房地产交易合同的机会。当前新建商品房销售过程的渠道服务，本质上是房地产经纪机构受开发企业或者代理公司委托，向其提供的指示居间服务。房地产媒介居间则在提供信息和报告交易机会的基础上，增加了为委托人与第三人房地产交易进行斡旋撮合的媒介服务。由于房地产信息提供给委托人之后，委托人和交易相对人也难以顺利成交，后续的房地产经纪人员议价撮合和交易促成必不可少，因此房地产居间通常是指示居间与媒介居间兼而有之的经纪活动。

房地产经纪机构和房地产经纪人员可以接受房地产交易中的一方或同时接受房地产交易双方的委托，向一方或双方委托人提供居间服务。但无论是接受一方还是双方的委托，在房地产居间活动中，房地产经纪机构和房地产经纪人员始终都是中间人，因此既不能以一方的名义，也不能以自己的名义与第三人订立合同进行房地产交易。房地产经纪人员只能按照委托人的指示和要求从事居间活动。

在房地产居间活动中，房地产经纪机构既可以同时接受交易双方委托，向双方收取佣金，也可以接受一方委托，向委托人一方收取佣金。向哪一方收取佣金，主要取决于是卖方市场还是买方市场，房屋供不应求时，一般向买方收取；目前我国引导由交易双方共同承担佣金费用，且佣金收费由房地产经纪机构和交易双方根据服务内容、服务质量，结合市场供求关系等因素协商确定。房地产居间服务的关键环节是房地产交易合同的签订，只有完成房地产交易合同签署后，房地产经纪机构才算完成居间任务，才有权请求委托人支付约定佣金，否则只能按照约定请求委托人支付在提供居间服务过程已支出的必要费用。当然，对于委托人来说，通过房地产经纪机构促成房地产交易合同成立的，委托人应当按照约定支付佣金报酬。如果房地产经纪机构和委托人没有对佣金约定或者佣金约定不明确的，依据《中华人民共和国民法典》第五百一十条的规定仍不能确定的，根据房地产经纪人员提供的劳务合理确定。房地产交易委托人在接受房地产经纪机构的居间服务后，利用房地产经纪机构提供的房源客源信息、订立合同的机会或者交易撮合媒介服务，绕开房地产经纪机构直接订立房地产交易合同的，委托人应当向房地产经纪机构支付佣金报酬。房地产居间活动中，特别是在房地产指示居间服务中，房地产经纪机构及房地产经纪人员应当就有关订立房地产交易合同的事项向委托人如实报告。房地产经纪人员故意隐瞒与订立房地产交易合同有关的重要事实或者提供虚假情况，损害委托人利益的，不得请求支付佣金报酬并应当承担赔偿责任。

现实中，房地产居间普遍存在于二手房买卖和租赁活动中。一般认为房地产居间服务完成标准是房地产交易合同签订，但多数房地产交易当事人和有些法院认为房地产居间服务完成的标准应当包括房屋所有权转移登记完成、房屋交接完成和房款支付完成。认识和理解的不一致，也是导致大量房地产居间纠纷的原因之一。房地产居间最为显著的特点，被形象地描述为"一手托两家"。与房地产代理相比，在房地产居间活动中，房地产经纪机构、房地产经纪人员要保证独立客观、公平公正，不偏袒任何一方，不代表任何一方的利益，这其实非常难，房地产居间服务的结果往往是"两头不落好"。其根源在于，在房地产居间服务中，房地产经纪机构、房地产经纪人员没有自己的名义和立场，缺乏与房地产交易当事人明确的法律责任及确定的权利义务关系，一切服务行为都导向尽快成交，对委托人来说，花钱也买不到安心和贴心服务。

（二）房地产代理

房地产代理是房地产交易活动中的委托代理行为，具体是指房地产经纪机构及房地产经纪人员按照房地产经纪服务合同约定，在代理权限内，以委托人的名义与第三人进行房地产交易，并向委托人收取佣金的经纪行为。房地产经纪机构作为代理人按照委托人的委托行使房地产交易的代理权。

房地产代理与房地产居间在法律性质上有明显的差异。各国法律一般都规定除非经委托人同意，代理人不得同时接受交易双方的委托，开展代理业务。因此，在房地产代理业务中，房地产经纪机构一般只能接受交易一方的委托开展代理事务，同时也只能向一方收取佣金。根据委托人在房地产交易中的角色——买方（包括承租方）或卖方（包括出租方），房地产代理实质上可分为买方代理和卖方代理。因此，在房地产代理服务中，房地产经纪机构与委托人之间的法律关系更清晰。

根据代理权产生依据的不同，民事代理可分为委托代理和法定代理。房地产代理是依据房地产经纪服务合同而产生的，属于委托代理。因此，房地产经纪机构及其人员的代理行为受房地产经纪服务合同约定的代理权限限制，合同未约定的内容，代理人无权处理。

房地产经纪机构代理客户与第三方进行房地产交易的行为，不同于一般的民事代理，而是一种商事代理行为。商事代理的法律依据尚有一些空缺，但房地产代理作为一种商事代理行为的一些基本特征还是明确的：房地产代理人必须是依法设立并在政府主管部门备案的房地产经纪机构，且以营利为目的。同时，与一般民事代理既可以采取书面合同也可以采取口头合同不同，房地产代理必须签订书面合同。

房地产代理是根据房地产经纪机构与委托人双方的具体情况协商而定的，因此，反映双方权利义务关系的房地产代理合同千差万别。随着房地产市场的发展，一些国家（地区）形成了一些主要的合同类型，目前国际上有以下5种主要的合同类型（表1-1）：

（1）独售权（Exclusive Selling Right）合同。日本称为专属专任合同，我国台湾地区称为独权代理合同。此合同保证了卖方房地产经纪人的独家排他性出售权，即使是卖方自己或通过其他经纪人把房子卖掉了，仍需要向获得独售权的房地产经纪人支付佣金。

（2）独售权共享合同（The Sharing Contract of Exclusive Selling Right）。日本称为专任合同，我国台湾地区称为独家代理合同。合同规定卖方和经纪人共享房屋出售的权利，如果卖方自己先卖出，经纪人无权要求佣金。

（3）开放出售权合同（The Contract of Open to Selling Right）。美国称为"Open Listing"，日本称为一般委托合同，我国台湾地区称为开放委托合同。卖方与多个经纪人签约，谁卖出谁享有佣金，卖方也可以直接与买方交易而不付佣金。

（4）净卖权合同（The Contract of Selling Out）。卖主给经纪人一个底价，卖价超过该底价的部分作为佣金归经纪人。

（5）联营制（Joint Management）合同。卖主与几家经纪公司、经纪人联合签约，卖出后佣金由几家经纪公司、相关经纪人分成。

不同类型房地产代理合同的区别　　　　　　　　　　表1-1

合同类型	房屋出售权归属	是否必须支付佣金	佣金归属
独售权合同 （专属专任合同、独权代理合同）	卖方经纪人	必须支付	卖方经纪人
独售权共享合同（专任合同、独家代理合同）	卖方经纪人、卖方	卖方自己卖出时不支付	卖方经纪人

续表

合同类型	房屋出售权归属	是否必须支付佣金	佣金归属
开放出售权合同（一般委托合同、开放委托合同）	多个卖方经纪人、卖方	卖方自己卖出时不支付	实际卖出经纪人
净卖权合同	卖方经纪人、卖方	经纪人卖出价超出底价的部分为佣金	卖方经纪人
联营制合同	多个卖方公司及经纪人、卖方	卖方自己卖出时不支付	多个卖方公司、相关经纪人分成

　　其中，独售权合同下的房地产代理（简称"独家代理"，实质既是独家代理，又是单方代理）与美国房地产经纪行业的多重房源上市服务系统（Multiple Listing Survice，MLS）相配合，既通过"独家代理"保障了房地产经纪机构和经纪人员的权益，又通过"房源联卖"大大提高了房地产经纪服务的效率，同时"单方代理"也有利于最大化维护委托人的利益，实现了多方共赢，成为美国主流的房地产经纪方式，并传播到许多其他发达国家，被许多发达国家普遍采用。

　　在独家单方代理制度下，美国通过由地方经纪人协会创建的 MLS 平台实现房源信息共享也经历了一个过程。1907 年以前，二手房交易规模不大，经纪人通过小范围的房源交流会，或者集中打印和分发房源信息，来共享自己的房源，寻求合作。1907 年美国第一个地域性 MLS 在纽约成立。1970 年后，房地产进入存量时代，房地产市场转为买方市场，二手房交易量大增，房地产经纪人之间共享房源、寻求合作的需求日益强烈，各地协会纷纷创建 MLS。目前全美约有900 家 MLS。MLS 规则要求，只有同时加入地区、州、全美三级协会的经纪人才有权加入 MLS。成为卖方代理的房地产经纪人，要在 72 小时内将委托人的房源信息发布到 MLS，信息一般包括房屋的位置、户型、出价、委托期限、佣金率和佣金分配比例等，买方代理人在 MLS 上搜索到房源，必须通过该房源的独家代理房地产经纪人实现交易，而且双方需要对佣金的分配方式达成一致意见。依托独家单方代理和 MLS，所有房地产经纪人掌握的房源信息被共享，同时与所有房地产经纪人掌握的客源信息进行匹配，实现了房源信息的最大化传播和房源客源信息的全覆盖匹配，创造了理想化的交易效率和服务体验。

　　基于独家单方代理的房源联卖模式是中国房地产经纪行业发展的未来方向。这项制度的建立和推行，需要具备几个条件。一是房地产经纪行业必须设定准入门槛，特别是房地产经纪专业人员职业资格调整为准入类职业资格；二是佣金收取方式应为卖方付佣，至少应当是双边付佣；三是要实行包括佣金在内的房地产交易资金监管；四是要有由行业组织主导、具有行业公信力的房源共享平台，确保取得独家代理的经纪人在规定时间内将房源发布到房源共享平台。

第二节　房地产经纪的特性

房地产的特性和经纪的特性，共同决定了房地产经纪的特性。

一、房地产的特性

（一）不可移动性

房地产属于不动产，其本质特性是不可移动性。不可移动性也称位置固定性，是房地产最为鲜明的特性。现实房地产交易中无法实现"实物流动"，只能通过"权利流动""资金流动"和"信息流动"来完成土地或房屋建筑的流转和配置。

（二）区位性

不可移动性决定了房地产的区位性和房地产市场的区域性。每个楼盘、每栋楼宇、每套房屋、每个房间都有绝对的坐落区域和相对的位置空间。房地产市场是典型的区域市场，大至城市、小至小区，各区域市场的供求状况、价格水平相差很大。

（三）唯一性

唯一性也称个别性、独特性、异质性、独一无二性。空间的唯一性决定了任何房地产都是独一无二的。除了空间位置的差异，房地产的个别性还包括利用程度、权利的差异等。房地产的独特性导致不同房地产之间不可能完全替代，因而房地产市场难以实现充分竞争，房屋和房价不具有完全的可比性，因此每一笔房地产交易都是独一无二的。

（四）耐久性

与其他商品相比，房地产商品寿命长久。首先，除了海平面上涨等特殊情形，一般情况下土地不因使用或放置而损耗、毁灭。其次，即便土地不是无限期所有，其所有权或使用权的年限也长达几十年甚至几百年。建筑物的寿命也可维持几十年乃至上百年，如住宅建筑设计使用年限要求不少于50年。

（五）价值量大

与一般商品相比，房地产不仅单价高，而且总价值量很大，是家庭的重要财产，是国民经济的重要组成部分，在一国的财富总量中往往占到60%～70%。目前，我国房地产占城镇居民资产的60%，房地产业相关收入占地方综合财力的 50%，与房地产相关的贷款占银行信贷的比重接近 40%。

（六）难以变现

不易变现性即流动性差，交易难度大，成交周期长。这主要是由于房地产商品价值大、不可移动、属性复杂、交易麻烦、易受限制、交易低频等特征造成的。

另外，房地产还具有供给有限性、保值增值性、消费投资双重性、易受限制性和外部影响性等特性。

二、房地产经纪的特性

房地产经纪作为一种服务于特殊商品交易的经纪活动，具有类似于其他经纪活动的基本特性，又有区别于其他经纪活动的专有特性。

（一）房地产经纪的基本特性

1. 活动主体的专业性

每一种经纪活动都是一种专业化的服务活动，需要经纪人充分了解其所在的专业市场或行业的信息，掌握其所要求的专业知识和技能。如果某种商品（如大多数日常生活用品）的信息易于识别，标准化程度高，交易的主体易于集中，交易程序比较简单，那么这类交易无需经纪服务，由买方和卖方直接沟通、谈判即可达成。但是，如果某种商品的信息不易识别，标准化程度低，交易的主体相对分散，交易程序比较复杂，则需要接受过专门训练的人员来促成该交易。房地产经纪活动所服务的房地产市场，正是商品标准化程度低、交易主体分散、交易程序复杂的典型代表，因此，房地产交易主体格外依赖专业化的房地产经纪活动主体，依赖房地产经纪机构和房地产经纪人员在房地产交易和房地产市场方面拥有的丰富专业知识、技能和从业经验。房地产经纪机构和房地产经纪人员想要具备这些专业能力，成为优秀甚至卓越的房地产经纪机构和房地产经纪人员，则需要长时间专注于房地产行业和房地产市场。

2. 活动地位的中介性

从哲学含义上讲，中介是指不同事物或同一事物内部不同要素之间的联系。房地产经纪活动的中介性，就是从这种意义上讲的。房地产经纪是为促成其他相对双方的交易而提供服务的活动，所谓相对双方就是委托人和交易相对人。在房地产经纪活动中，发生委托行为的必要前提是存在着可能实现委托人交易目的的第三方主体，即与委托人进行交易的相对人。在房地产经纪活动中，卖方委托经纪机构提供出售经纪服务，客观上一定存在买家；买方委托房地产经纪机构提供购房服务，客观上一定存在卖家。房地产经纪机构在交易双方之间是"中间人"，不作为房地产买卖或租赁交易主体，没有交易房屋的所有权，也不是房价款的收取方、支付方，服务的交易结果也归属于委托人，而不归属于经纪机构。《房地产经纪管理办法》明确规定，房地产经纪机构和房地产经纪人员不得承购、承租自己提供经纪服务的房屋。这意味着，投资经营、租赁经营及自营买卖等行为也不属于经纪行为；如果一个机构作为交易主体从事了标的商品的交易，那么这项活动就不属于房地产经纪活动。

3. 活动目的的交易性

在房地产经纪活动中，房地产经纪服务以促成委托人与第三人的房地产交易为目的。无论是房地产居间中的报告订约机会、提供媒介服务，还是房地产代理中的以委托人名义发布交易信息、协商交易价格、订立交易合同，服务的目的以及活动的结果都指向委托人与第三人的房地产交易。实践中，也只有在实现委托人与第三人成功完成房地产交易的前提下，房地产经纪机构才能收取佣金报酬。房地产租赁经营和房地产价格评估、房地产咨询等其他房地产中介服务，都不是以促成委托人与第三人的房地产交易为直接目的，因此不能算作房地产经纪服务的一种，但在房地产经纪服务过程中，为促成交易，房地产经纪机构和房地产经纪人员提供的服务内容中可能会包括房地产价格评估和咨询等性质的服务。

4. 活动报酬的后验性

虽然房地产经纪活动是一种有偿服务，但房地产经纪服务提供方所获得的收入是根据服务结果来最终确定的，即便是在房地产经纪服务合同中约定了收费标准，在最终确定成交额和成功签订房地产交易合同之前，也无法确定最终收取佣金的数额。首先，无论经纪服务提供方在经纪服务过程中所提供的各项具体服务内容的数量与质量如何，最终是否能够获得佣金报酬完全取决于经纪服务是否使委托人与交易相对人达成了交易。其次，房地产经纪服务佣金金额最终由房屋成交额和经纪服务合同约定的佣金与交易成交额比例决定。

（二）房地产经纪的专有特性

1. 活动范围的地域性

房地产的不可移动性、区位性决定了房地产市场是区域性市场，无法像其他商品市场那样，通过商品从某个区域向另一个区域的空间移动来平衡不同区域的市场供求。因此，每个地区、城市的房地产市场，都具有强烈的区域特性，其市场供求、交易方式都受到当地特定的社会条件、经济条件、历史演变以及地方政府政策的影响。因此，房地产经纪人员在一定时期内，通常只能专注于某一个特定的区域市场——城市乃至城市中的特定区域。房地产经纪机构的跨区域运作，也比其他经纪活动困难得多，而且必须依靠不同区域的房地产经纪人员合作来进行。

2. 活动后果的社会性

房地产为各种社会经济活动提供场所，既是最基本的生产资料，又是最基本的生活资料；既是消费品，又是投资品。房地产经纪活动直接影响这种生产、生活资料的使用效率，因而其活动后果具有广泛的社会性，对各行各业和人民生活都有直接影响。而且，由于房地产价值高昂且交易复杂，房地产交易中潜伏着巨大的经济风险，并有可能引发相应的社会风险，因此，房地产经纪活动的后果具有巨大的社会影响。好的房地产经纪活动有助于保障房地产交易的安全，避免产生巨大的经济风险；差的房地产经纪活动会扰乱房地产市场秩序，加剧房地产市场波动，引发严重的社会经济风险。

第三节　房地产经纪的作用

地载万物，房地产是人类生产生活的空间和场所。房地产资源的流转和配置，事关人类文明和社会制度的存废兴衰。房地产的有效利用和使用，关系经济发展，关系民生福祉。房地产经纪的根本作用，是促进房地产流通，优化房地产资源配置，提升房地产的有效利用和充分使用。特别是在存量房时代、在大中城市，通过房地产经纪服务实现房屋资源的高效流通和有效利用，还有助于满足人们日益增长的置换等改善性住房需求，促进职住平衡和住有所居。

一、房地产经纪的必要性

（一）房地产商品的特殊性决定房地产经纪必不可少

首先，作为不可移动的商品，房地产无法像一般商品那样，集中到固定的有形市场上进行展示销售，相反，其交易过程是把供求信息汇集、匹配，或者把购买者集中到房地产所在地进行交易。房地产经纪正是通过专业化分工来提高房地产交易过程中顾客汇集、商品展示等环节的效率，从而促成交易。

其次，房地产是构成要素极为复杂的商品。影响房地产使用效用和价值的因素不仅包括房屋建筑结构、质量、房型、周边环境等物质因素，还包括产权类型、他项权利设立情况等法律因素，以及房地产所在地区的人口素质、历史背景、教育资源等社会、人文因素。大多数房地产交易主体都难以在较短的时间内掌握包含这些因素的信息并把握其对房地产的使用和市场价值的影响。房地产经纪活动正是通过房地产经纪机构和经纪人员的专业化服务，来帮助房地产交易主体克服非专业的缺陷，从而促进房地产商品流通。

最后，在商品经济运行体系中，大多数商品的流通是由商品经销商来完成的。但是，由于房地产价格昂贵，在绝大多数情况下，经销商难以承受维持房地产存货的费用，因此房地产难以通过经销商来流通。房地产经纪活动的主体不需要像一般商品的经销商那样购置大量商品存货，而是主要通过专业人员的经纪服务来促进房地产交易，从而使得房地产流通能以比较经济的方式运行。

（二）房地产交易的复杂性决定房地产经纪必不可少

任何一宗商品交易都包含交易标的和交易对象的信息搜寻、交易谈判与决策、交易标的交割这三大环节。从信息搜寻角度看，房地产商品构成要素的复杂性和无法通过有形市场集中展示的特征，造成了房地产市场信息搜寻比较困难、成本高昂。房地产商品的超强异质性（即没有两宗房地产是完全相同的）又导致房地产交易主体难以对交易标的进行市场比较。而且，房地产作为基础的生产、生活资料，其效用与房地产使用主体的生产、生活方式密切相关。因此，不同的主体对同一宗房地产常常会产生极不相同的看法。从交易谈判与决策角度看，在大多数情况下，房地产都不是供个人使用的商品，而是供集体（家庭、企业、机构等）使用的商品，房地产交易的决策通常需要多人共同参与和相互妥协。这些均导致房地产交易中的谈判和决策非常困难。从交易标的交割角度看，房地产交易标的交割不仅涉及房地产产权转移和房款的交割，还涉及房屋维修资金更名、物业服务费用结算、户口迁移等诸多环节，在很多情况下还涉及卖方原有贷款的还清和买方购房贷款的申请、房地产抵押手续办理和贷款发放等事宜，其中任何一个环节的失败都可能导致交易无法安全、顺利地完成。且作为低频交易，大多数房地产交易主体对这些复杂的交易环节缺乏经验，独立操作难以保证交易安全、顺利地进行。房地产经纪正是通过房地产经纪机构和经纪人员的专业化服务，来提高房地产交易的信息搜寻效率，降低信息搜寻成本，克服交易谈判和决策的困难，避免决策失误，保证交易标的安全、顺利地交割。

（三）房地产市场信息的不对称性决定房地产经纪必不可少

市场经济发展的历史表明，市场经济条件下，信息不对称的现象经常存在，信息不对称会催生欺诈、寻租等机会主义行为，从而给市场经济活动的主体带来经济风险。房地产商品和房地产交易的复杂性，强化了房地产市场信息的不对称性。这不仅对房地产交易具有明显的阻滞效应，同时也使得房地产交易的风险性大大增加。虽然，互联网时代房地产市场信息的公开化和易获取性有所提高，但却面临信息过量、信息质量良莠不齐、真假难辨的问题，更加需要房地产经纪人员专业的知识、长期的交易经验积累，在对广泛市场信息进行筛选、整理、分析的基础上，为消费者提供量身定制、高效安全的房产交易方案和专业建议。此外，房地产商品高昂的价值，使得房地产交易中隐藏着巨大的经济风险。由于房地产涉及各行各业的生产活动和广大人民群众的基本生活，房地产交易中的经济风险很容易演变成社会风险。因此，无论是从房地产市场本身，还是从经济社会安全角度，都特别需要专业的房地产经纪机构和人员，通过为买卖双方提供各种专业服务，促进房地产商品流通，规范房地产交易行为，保证房地产交易安全，避免产生巨大的经济和社会风险。

二、房地产经纪的具体作用

（一）降低交易成本，提高交易效率

房地产商品和房地产交易具有复杂性。大多数房地产交易主体由于缺乏房地产领域的专业知识和实践经验，如果独立、直接地进行房地产交易，不仅要在信息搜寻、谈判、交易手续办理等诸多环节上花费大量的时间、精力和资金成本，而且效率低下。这种状况对房地产交易具有显著的阻滞效应，从而导致房地产市场运行整体低效。房地产经纪是社会分工进一步深化的表现，专业化的房地产经纪机构可以通过集约化的信息收集和积累、专业化的人员培训和实践，掌握丰富的市场信息，委派具有扎实房地产专业知识和房地产交易专业技能的房地产经纪人员，为房地产交易主体提供一系列有助于房地产交易的专业化服务，从而降低每一宗房地产交易的成本，加速房地产商品流通，提高房地产市场的整体运行效率。

（二）规范交易行为，保障交易安全

房地产交易是一种复杂的房地产产权与价值转移过程。只有按照有关法律、法规要求及科学的房地产交易流程操作房地产交易的每一个环节，才能保证房地产交易安全、顺利地完成。否则，轻则导致房地产交易失败，重则导致交易当事人的重大财产损失，甚至扰乱房地产市场秩序、引发金融风险。在当前的房地产市场上，一方面由于许多房地产交易主体缺乏有关法律和房地产交易知识而实施不规范的交易行为，另一方面也会由于某些自私的动机或怕麻烦的心理而实施不规范的交易行为。房地产经纪机构可以通过房地产经纪人员的专业化服务，向房地产交易主体宣传房地产交易的相关法律、法规，警示不规范行为及其可能产生的后果，并通过企业内部的交易管理制度，监控房地产交易过程，从而规范房地产交易行为。同时，房地产经纪机构作为房地产交易的中介，还可以提供一系列交易保障服务，从而保障房地产交易安全，维护房地产市场的正常秩序。

（三）促进交易公平，维护合法权益

房地产交易中，信息不对称现象突出。一旦信息充足一方出现机会主义行为，如隐瞒、欺骗等，则信息缺乏一方往往因专业知识所限和交易经验的匮乏，难以识别交易中的不公平因素并做出合理的决策。在这种情况下，一旦交易达成，往往有失公平。房地产经纪作为市场中介，通过向客户提供丰富的市场信息和决策参谋服务，能够大大减少房地产市场信息不对称对房地产交易的影响，进而帮助客户实现公平的房地产交易，维护客户的合法权益。

第四节　房地产经纪的产生与发展

一、房地产经纪的产生与历史沿革

（一）房地产经纪是商品经济发展到一定阶段的产物

从经纪产生的历史看，经纪是商品生产和商品交换发展到一定阶段的产物。最初的商品交换是分散进行的，没有固定的场所和时间。随着商品生产的发展，商品交换越来越频繁，出现了把众多的买者和卖者集中到一起进行交易的集市。但是在集市上，入市者并非都对市场情况了如指掌，熟谙交易技巧。这就需要那些经常出入市场、了解市场情况、熟悉市场行情和交易技巧的人，在市场上充当交易的中介，公正、诚实地为交易双方牵线搭桥，提供服务，从而实现快速交易。

到了近代和现代，社会分工日益发展，生产社会化程度日益提高，市场迅速扩大，商品市场内在信息不对称问题日益突出。一方面，众多的生产者不能及时找到消费者；另一方面，众多的消费者找不到合适的商品。传统的商业形式并不能解决这一矛盾，新的商业组织形式和经营方式不断革新涌现。一部分掌握各种信息和购销渠道的人为交易双方提供信息介绍和牵线服务，促成交易的实现，由此产生了人类经济活动的全新行业——经纪行业。尤其是随着市场细化和专业化程度的提高，交易的难度和费用提高，在一些专业市场上更需要那些具有专门知识和交易技巧的人为客户提供服务或代客户进行交易。各种服务于特定的专业市场的经纪人员成为市场运行必不可少的部分，他们通过提供服务获得经济收入。房地产经纪就是在这样的背景下产生的。

（二）我国古代的房地产经纪

战国时代，随着土地买卖的出现，房地产经纪开始萌芽。在我国战国时代，井田制遭到破坏，土地开始私有，土地买卖也慢慢频繁起来①，此时出现了针对土地买卖的管理政策和关于土地契约的法律规定，熟悉土地买卖法律和交易契约的专业人士，开始参与到土地买卖活动中来②。

汉代有了对经纪人的专业称谓——"驵侩"。《史记》货殖列传第六十九：^{zǎng}"子贷金钱千贯，节驵侩"，注曰："驵者，度牛马市；云驵侩者，合市也亦是侩也。"西汉刘安的《淮南子》也载："段干木，晋国之大驵"，注曰："干木，度市之魁也。"原来"驵侩"就是在牛马等牲口交易市场上的经纪人，后泛指各类市场上的经纪人。

唐代专事田宅交易的经纪人开始被称为"庄宅牙人"③。后唐天成元年（公元926年）十一月，明宗颁布禁断洛阳城内市场上的牙人活动的诏令："其有典质倚当物业，仰官牙人、邻人同署文契。"后周时期有了政府发放牙帖的官牙人，并出现了牙人的同业组织——牙行。《五代会要》有"如是产业、人口、畜乘，须凭牙保，此外并不得辄置"的记载。后周广顺二年（952年）十二月开封府上奏奏折"典卖田宅增牙税钱"。《五代会要》卷二六《市》载："后周广顺二年十二月……又庄宅牙人，亦多与有物业人通情，重叠将产宅立契典当，或虚指别人产业，及浮造屋舍，伪称祖父所置。"

宋代田宅交易进一步依赖牙人进行。根据《宋史》一七九卷第一三二志的记载，宋代田宅等产业的买卖已离不开牙人，且当时的牙人具有了管理交易、协助征税的职能。

元代房地产经纪的地位得到提高，社会上存在大量从事房屋买卖说合的"房牙"，官府对房地产经纪的管理也进一步加强。《通制条格》卷十八《关市》记载："除大都羊牙及随路买卖人口、头匹、庄宅，牙行依前存设，验价取要牙钱，每十两不过二钱，其余各色牙人，并行革去。"《元典章·户部五·典卖》记载："凡有典卖田宅，依例亲邻、牙保人等立契，画字成交。"

明清时期，牙行是世袭的，且必须由官府认可。《清圣祖实录》载："祖父相传，认为世业。有业无业，概行充当。"当时称"房牙"为"官房牙"或"房行

---

① 中国古代在很长一段时间内实行土地王有制，私人没有土地所有权，不能把土地当作商品来买卖。

② 参见张传玺《秦汉问题研究》，第120页《论中国封建社会土地所有权的法律观念》，北京大学出版社，1995年版。

③ 古代"牙"是"互"字的俗字，"牙人"即"互人"，意思是互通有无货物的人。如《旧唐书》载："禄山为互市牙郎。"意思是：安禄山这个人曾经当过商品买卖的中间介绍人。

经纪"，由官府"例给官贴"，方准营业，官贴每五年编审一次。例如，京城人民买卖房屋，订立契约，须请房牙签字画押，官稿还盖有"顺天府大兴县房行经纪某某"或"官房牙某某"印章。清朝末年的《写契投税章程》有专门针对房牙的规定。

<h2 style="text-align:center">写契投税章程（光绪年间版）</h2>

一、律载置买田房不税契者，笞五十，仍追契内田宅价钱一半入官；又户部则例内载，凡置买田房不赴官纳税，请粘契尾者，即行治罪并追契价一半入官，仍令照例补纳正税。凡民间买卖田房，自立契之日起，限一年内投税。典契十年限满，照例纳税，逾限不税，发觉照徒例责治。

二、民间嗣后买卖田房，必须用司印官纸写契，违者作为私契，官不为据。此项官纸每张应交公费制钱一百文，向房牙买用。准该牙行仍按八成缴官，价制钱八十文。

三、民间买卖田房契价，务须从实填写，不准暗减希图减税。违者由官查出，照契价收买入官，另行估变。倘以卖为典，查出即令更换卖契，仍将典价一半入官。

四、民间嗣后买卖田房，如不用司印官纸写契，设遇旧业主亲族人等告发，验明原契年月系在新章以后，并非司印官纸，即将私契涂销作废，仍令改写官纸，并照例追契价一半入官。

五、民间嗣后买卖田房，其契价作为百分，纳税三分三厘。譬如契价库平足银一百两，完税三分三厘，即库平足银三两三钱。如有以钱立契者，仍照例制钱一千作银一两，完税三分三厘，税银按数交清，总以粘有布政司大印之契尾，用本节州县骑缝印为凭。此项契尾公费每张改交库平足银三钱。否则系经手人愚弄，应即向经手人追问控究。

六、民间嗣后置买田房，务须令牙纪于司印官纸内签名。牙纪行用与中人代笔等费，准按契价给百分中五分，买者出三分，卖者出二分。系牙纪说成者，准牙纪分用二分五，中人代笔分用二分五。如系中人说成者，仅文量立契纸，准牙纪分用一分。如牙纪人等多索，准民告发，查实严办。

七、民间置买房地，契后牙纪盖用戳记，准买卖两家亲友酌添数人，以免牙纪把持，而为日后证据。

八、未定新章以前，民间所执之契，或有遗失，因虞首报受罚，迁延不税，统限一年内照章换用官纸，准其呈明补税，宽免科罚，逾限不税，发觉照例责追。

九、未定新章以前，民间所存远年近年小契（即未粘有本司大印契尾之契），统限一年内，缴换司印官纸，从宽减半投税，逾限如不缴换，发觉照私契论。原契上出主中人向画押记，如换官纸后，仍令补押，恐启刁难之端，且迁徙事故，必多碍难，应令业主自官纸，将原契粘连钤印以归简易，而示体恤。

以上九条，买卖田房，民间均当切实遵办。如官吏牙纪书差人等于前定各数外多方勒索，准民赴官控告。

一、官牙领出司印官契纸，遇民间买用，不准该牙纪勒不发，例外多索。犯者审实，照多索之数加百倍罚，令牙纪交出充公，免予治罪，仍予斥革；如罚款不清，暂且监禁。

二、牙纪于更定新章以后，见有新立之私契，因贪使用钱，不即告官者，别经发觉，并照所得用钱数目加二十倍，照官牙第一条罚办。

三、牙纪遇民间写契，暗减契价者，准禀官究办。如牙纪挟同舞弊，一经查出，并照所减之契价，照官牙第一条罚办。

四、嗣后遇有民间用司印官纸写契后，责成牙纪将存根填好截下，按月同纸价呈送本管州县，分别存转。

五、嗣后凡遇契价与存根不符及契纸已用而存根不交者，即系牙纪主使漏税，应将牙纪斥革，仍予监禁十年。

六、置买田房，牙纪与卖主及邻佑里书知之最悉，如未定新章以前之白契小契限满，买主仍未补税，准牙纪与卖主及邻佑里书告发，查实于罚款内提五成充赏。

七、牙纪与卖主及邻佑里书人等，如有挟嫌诬告及吏役因缘舞弊滋扰者，一经查实，除照例枷责外，并予永远监禁。

八、凡税契事宜，均由房地牙又名土木牙或又各五尺及官中者，评价成交，社书等统其成而已。何人有契未税，房地牙均了如指掌。嗣后即责成房地牙分投查劝，每房地牙一名能劝征税银一千两以上者，准酌给犒赏百分之五。

以上八条牙纪人等均当确实遵办。

1840年鸦片战争以后，我国上海等一些通商口岸城市出现了房地产经营活动，房地产捎客也应运而生。房地产捎客业务的范围十分广泛，有买卖、租赁、抵押等。在上海，房地产捎客大致分为两大类。第一类为挂牌捎客，以"房地产公司""房地产经租处"或"房地产事务所"挂牌。挂牌捎客一般在报纸上刊登房地产出卖或空屋出租广告，待顾客前来固定经营场所询问，成交后收取若干佣金。第二类为流动捎客，没有固定的办公场所，而以茶楼作为活动场所，交换信息，撮合成交，收取佣金。捎客对于活跃房地产市场、缓解市民住房紧张、促进住房商品流通，起过一定的作用。但多数经营作风不正、投机取巧，又加上旧政府管理不严、放任自流，在一定程度上加剧了房地产市场的混乱。到这一时期，房地产经纪活动主要是由个人化的经纪人员来实施的，尚未形成独立的房地产经纪行业。

（三）中国大陆房地产经纪行业发展的历史进程（1949 年以后）

1. 1949—1978 年

中华人民共和国成立初期，民间的房地产经纪活动仍较为活跃。当时整个房地产经纪行业比较混乱，一部分不法从业人员用欺骗、威胁等手段，对房东、房客或房屋的买主、卖主进行敲诈，索取高额费用，并哄抬房价。在 20 世纪 50 年代初，政府加强了对经纪人员的管理，采取淘汰、取缔、改造、利用以及惩办投机等手段，整治了当时的房地产经纪行业。例如北京，1951 年 4 月 13 日，北京市人民政府发布"府地交字第 1 号"布告，下令取缔房纤手。据史料记载，当时北京有房纤手 5 000 余名（专业的 1 000 余名），约占总人口的 3‰。房纤手被取缔后，市民买卖、租赁房屋需要直接到房地产交易所登记，由其代为介绍说合。政府对行为端正无重大政治问题的 150 名房纤手，经审核录用为房地产交易所的房地产交易员。从中华人民共和国成立到 1978 年改革开放这段时期，住房作为"福利"由国家投资建设和分配，房地产资源配置的任务由政府的房地产交易所承担，并不是通过市场交易完成，房地产经纪活动基本消失。

2. 1978 年以后

改革开放为我国的房地产经纪行业提供了孕育、生长的土壤。随着房地产市场的兴起和发展，境外房地产经纪机构纷纷进入境内开展业务，房地产经纪行业开始复兴，并快速发展。这一时期中国大陆房地产经纪行业的发展可以分为以下几个阶段：

（1）复苏阶段：1978—1992 年

复苏的背景：以城镇住房制度改革和房地产市场兴起为背景，以房地产权属登记为条件，以落实私房政策为契机，我国房地产经纪行业逐渐复苏。20 世纪 80 年代，国家开始推行城镇土地使用制度和住房制度改革，陆续出台了城镇国有土地有偿使用、城市建设综合开发、个人建房、房地产市场培育等一系列发展房地产业的政策。1980 年 10 月 30 日，国家城市建设总局发布《关于转发北京市、辽宁省落实私房政策两个文件的通知》，开始落实私房政策。1983 年，国务院发布了《城市私有房屋管理条例》，建立了房屋产权登记制度，至 1990 年，全国基本完成了房屋所有权登记工作，80％以上的房屋所有权人获得了房屋权属证书。这为房产交易提供了基础保障，也为房地产经纪活动的重新出现创造了条件。1987 年 10 月，党的十三大报告《沿着有中国特色的社会主义道路前进》明确指出，社会主义市场体系包括房地产市场，这确立了我国房地产市场的地位。

房地产经纪的复苏，主要表现为房地产经纪服务主体的出现和房地产市场的形成。

复苏时期的房地产经纪服务主体大致分为三类：第一类是在 1985 年前后出现的由各地房地产行政主管部门设立的事业单位性质的换房站、房地产交易所、房地产交易中心或房地产交易市场，1998 年名称统一为"房地产交易所"，这类机构承担着市场管理与房产交易服务职能。第二类是经原工商行政管理部门核准、登记成立的房地产经纪机构。1988 年 12 月，全国首家房地产经纪机构——深圳国际房地产咨询股份有限公司成立。1991 年，深圳的房地产经纪机构发展到 11 家。20 世纪 90 年代前后，上海也出现了少量房地产经纪机构。第三类是社会上隐蔽从事房地产经纪活动的闲散人员，他们掌握了一些房地产信息，比较了解房地产交易的程序，但整体素质不高，多被蔑称为"房纤手""房虫子""房蚂蚁""掮客"等。20 世纪 80 年代中后期，一些城市出现了自发组织的半地下住房交换和租赁市场。这些市场出现在马路旁、天桥下、广场上等人口聚集的地方，是闲散经纪人员活动的主要场所。

复苏的房地产经纪在促进房地产有效流转、改善人民居住条件等方面发挥了一定的积极作用。但是，当时房地产经纪规则缺失、行为不规范、组织松散、整体服务水平不高。房地产经纪服务主体构成复杂，严格地说，还算不上是一个独立的行业。但市场化的房地产经纪机构已经出现，昭示了房地产经纪发展的方向。

复苏时期，国家对房地产经纪活动的限制政策逐步松动。改革开放之前，房地产经纪活动被列为八种投机倒把行为之一，是被打击和取缔的对象。1983 年 12 月 17 日，国务院颁布《城市私有房屋管理条例》，明令"任何单位或个人都不得私买私卖城市私有房屋，严禁以城市私有房屋进行投机倒把活动"。1987 年 9 月 17 日，国务院颁布《投机倒把行政处罚暂行条例》，根据该条例，房地产经纪活动不再是投机倒把行为。1988 年 8 月 8 日，《建设部、国家物价局、国家工商行政管理局关于加强房地产交易市场管理的通知》（建房字〔1988〕170 号）提出"对一些在房地产交易活动中出现的尚存在争议的问题，如房地产经纪人问题等，可通过试点，从实践中摸索经验"。

复苏时期，经济发展较早的沿海等地区对市场化的房地产经纪活动持开明态度，部分内陆省市则仍然保守。例如，1986 年，重庆、武汉等地开始设立经纪人公开活动的场所，并尝试考核认定经纪人资格。1987 年 6 月 17 日发布的《上海市私有居住房屋租赁管理暂行办法》规定，私有房屋可以委托代理人出租，但代理人代理出租，应具有房屋所有人委托的证件。1989 年 11 月 16 日，福州市人民政府颁布《福州市房屋交易管理暂行规定》，明确规定："凡从事房屋中介服务的经纪人，必须向市房屋经纪人交易所提出申请，经工商行政管理机关审查，核发中介服务许可证后方可从事房屋中介服务。"相反，《西安市房地产交易市场管理暂行办法》（1990 年颁布）依旧将"私自交易房屋、中介牟利、倒买倒卖"视为违法行为。

（2）初步发展阶段：1992—2001 年

1992 年，邓小平南方谈话推进了我国社会主义市场经济发展的进程。1994年，《中华人民共和国城市房地产管理法》出台，房地产经纪活动的合法地位得到确立。自此，房地产经纪成为正式的行业，房地产经纪公司成为正规的企业，房地产经纪人成为正当的职业，房地产经纪行业走上了市场化发展的道路。

① 初步发展的背景。1992 年，《国务院关于发展房地产业若干问题的通知》（国发〔1992〕61 号），明确要求建立和培育完善的房地产市场体系，建立房地产交易的中介服务代理机构、房地产价格评估机构和应对市场纠纷的仲裁机构等。这确立了房地产经纪行业市场化发展的道路。1993 年，一些沿海地区出现房地产投资过热，1995 年，国家开始进行宏观调控，房地产市场开始调整。此后出现了商品房销售不畅的局面，这为我国房地产经纪行业的新建商品房销售代理业务发展带来了机遇。1998 年停止住房实物分配之后，城镇居民长期压抑的住房需求得到释放，再加上住房公积金和商业性住房金融的支持，面向存量房市场的房地产经纪服务也迅速兴起。

② 初步发展的表现。房地产经纪机构大量成立，持证经纪人员快速增加。1993 年 2 月，第一家全国性的房地产中介机构——中外合资建银房地产咨询有限公司成立，当年，深圳就批准成立了近 70 家房地产经纪机构。1992 年 7 月，上海首家房地产经纪机构——上海威得利房产咨询公司成立，到 1998 年底，上海已有 1 905 家房地产经纪机构，其中专营性公司 984 家（外资企业 143 家）、兼营性公司 921 家（外资企业 280 家）。1993 年，北京市成立了 120 多家房地产经纪机构，至 2001 年底，北京的房地产经纪类公司超过了 2 000 家。据不完全统计，到 2000 年，全国房地产经纪机构 2.5 万家。1994 年，上海率先设立房地产经纪人考试制度，1996 年，有 6 300 多人获得《房地产经纪人员资格证》，1998 年，持证人数增至 10 518 人。北京市 1996 年设立经纪人考试制度，当年有241 人通过考试，以后逐年上升，到 2001 年，已有 6 067 人取得房地产经纪人资

格。据统计，2001 年全国房地产经纪从业人员约有 20 万人。

房地产经纪业务范围扩大，作用明显，业绩显著。发展初期，我国房地产经纪机构的业务以新建房销售代理为主，20 世纪末，规模较大的机构逐渐从单一的营销策划，发展到市场调研、产权调查、价格咨询、法务咨询以及代办产权登记、公证、保险、抵押贷款等各种手续的全过程经纪服务，一些成立较早的经纪机构开始涉足存量房经纪业务。1996 年，据北京 107 家中介机构的统计，当年完成交易额 62 亿元，直接或间接通过房地产经纪机构及其经纪人员促成的交易约占全市总交易额的 80%。1997 年，上海市通过房地产经纪完成的买卖面积为 9.42 万 m²，租赁面积为 37.8 万 m²，经纪服务收入达 5 511.69 万元。

我国香港和台湾地区房地产经纪机构进入内地（大陆）。1994 年开始，先后有台湾信义房屋、台湾太平洋房屋、香港中原地产等机构进驻上海、北京等地。2001 年，美国 21 世纪不动产公司（北京埃菲特国际特许经营咨询服务有限公司）进入北京。外资企业的涌入，推动了中国大陆房地产市场和房地产经纪行业的发展。

房地产交易所纷纷转制。1996 年前后，全国各市、区（县）的房地产交易所和房地产交易市场开始转制、转型。房地产交易中心主要提供交易、纳税、贷款、过户、办证等服务，履行房地产市场相关的管理职能，不再直接参与撮合成交等房地产中介服务。

③ 初步发展时期的行业管理。在这一时期，行业管理的主要内容是对房地产经纪行业的发展进行正面引导和规范。《中华人民共和国城市房地产管理法》的实施，确定了房地产经纪机构的设立条件；1995 年 7 月 17 日，《国家计委、建设部关于房地产中介服务收费的通知》（计价格〔1995〕971 号）制定了全国统一的房地产经纪服务收费标准；1996 年 1 月 8 日，《城市房地产中介服务管理规定》（建设部令 50 号发布，2001 年 8 月 5 日，建设部令 97 号修改）发布，明确规定从事房地产经纪的机构，必须有规定数量的房地产经纪人，房地产经纪人必须是经过考试、注册并取得《房地产经纪人资格证》的人员。房地产经纪地位合法化，开始得到正面的规范和管理。

房地产经纪发展较早的城市陆续出台专门针对房地产经纪管理的地方规章，并对房地产经纪人员实行准入管理。1992 年 11 月 9 日，广州市房地产管理局和广州市国土局联合颁发了第一部专门针对房地产经纪行业的地方性法规——《广州市房地产经纪管理暂行规定》，随后《沈阳市房地产经纪人管理暂行办法》（1993 年）、《上海市房地产经纪人管理暂行规定》（1994 年）相继出台。到 2001年，全国 20 多个省市都相继发布了专门针对房地产经纪的地方规定。1994 年开始，深圳市、上海市开始实行房地产经纪人资格培训、考核制度。1996 年，北京市也开始实施房地产经纪机构资质管理制度和房地产经纪人证书制度。

20 世纪 90 年代中期，我国房地产经纪行业组织开始出现。广州中介产业经纪人协会成立于 1995 年 6 月，是最早的中介经纪人协会之一，其分支机构房地产代理专业委员会就是广州市的房地产经纪行业组织。深圳市中介服务行业协会成立于 1995 年 10 月 4 日，负责深圳市房地产经纪行业的自律工作。1996 年 12 月，上海市房地产经纪行业协会的前身——上海市房地产经纪人协会成立。全国性的房地产中介行业自律组织——中国房地产业协会中介专业委员会于 1995 年成立。

（3）快速发展阶段：2001—2018 年

2001 年之后，房地产供需两旺，存量房市场兴起，商品房价格快速上涨，房地产买卖、租赁市场全面繁荣。房地产经纪行业进入快速发展时期。

2001 年以来，允许已购公房上市交易，个人成为购房主体，商品房开发量和销售量稳步增加，存量房交易不断升温，租赁市场迅速崛起，为房地产经纪行业快速发展提供了基础。2001 年之后，互联网逐渐普及，信息技术变革影响着每个行业，网站成为房地产经纪机构发布房源信息、交易当事人获取房源信息的重要途径，互联网为房地产经纪行业快速发展提供了支撑。

房地产经纪机构采用连锁经营扩展模式，规模不断增大，实力不断增强。快速发展时期，房地产经纪行业内已成长起一批"门店过千、人员过万"的大型房地产经纪机构，在国内外资本市场上市的房地产经纪机构也越来越多。房地产经纪服务向纵深发展，作用不可替代。房地产经纪人员的专业服务已经从提供交易信息、中介撮合，扩展到顾问咨询、协助签约、交易资金托管、贷款手续和产权手续代办、房屋查验、装修咨询以及新建商品房的开发前期筹划、营销策划、销售代理等领域。通过房地产经纪服务完成的存量房交易比重不断提高。快速发展时期的房地产经纪行业呈现问题与成绩并存的特点，行业内出现了诸如虚假房源、隐瞒信息、非法赚取差价等违法违规行为，甚至发生了房地产经纪机构卷款潜逃等恶性案件。

快速发展时期，房地产经纪管理不断加强。2001 年 12 月 18 日，人事部、建设部联合颁发了《关于印发〈房地产经纪人员职业资格制度暂行规定〉和〈房地产经纪人执业资格考试实施办法〉的通知》（人发〔2001〕128 号）①，决定对房地产经纪人员实行职业资格制度，纳入全国专业技术人员职业资格制度统一规划，建立了全国房地产经纪人员职业资格制度。2004 年 12 月 10 日，建设部印发《建设部关于改变房地产经纪人执业资格注册管理方式有关问题的通知》（建办住房〔2004〕43 号），建立了房地产经纪人员职业资格注册管理制度，并将房地产经纪人执业资格注册工作转交给中国房地产估价师学会。2011 年 4 月 1 日，住房和城乡建设部、国家发展和改革委员会、人力资源和社会保障部共同发布《房地产经纪管理办法》（2016 年修订），行业管理有了专门规章。2004 年 7 月 12 日，民政部批准中国房地产估价师学会更名为中国房地产估价师与房地产经纪人学会，中国房地产估价师与房地产经纪人学会成为主管部门认定的全国性房地产经纪行业组织。针对房地产经纪行业管理，开通房地产经纪信用档案，开展房地产经纪资信评价，并发布了一系列房地产经纪行业自律文件，为加强行业自律管理，规范房地产经纪行为，中国房地产估价师与房地产经纪人学会发布了一系列行业自律文件，主要包括《房地产经纪执业规则》《房地产经纪服务合同推荐文本》（包括房屋出售、购买、出租和承租)、《房屋状况说明书推荐文本》（包括房屋租赁和买卖）等。

（4）转型发展阶段：2019 年至今

2019 年以来，受房地产调控、市场转型升级，以及科技进步的影响，房地产经纪行业发生深刻变革。近年来，随着我国经济发展进入新常态，国家坚持"房住不炒"的房地产调控主基调，房地产市场从快速发展向平稳发展过渡，尤其是 2019 年以来，房地产市场平稳健康发展长效机制、因城施策、一城一策稳妥实施，房地产市场运行总体平稳，"租购并举"住房制度建设成为共识。此外，叠加房地产市场逐步由增量市场、卖方市场转向存量市场、买方市场，城镇化格局及人口形势变化等重大趋势性、结构性变化，为房地产经纪行业转型发展提供了较好的市场环境。

房地产经纪行业转型发展主要有以下几方面表现：一是房源客源渠道发生变化，行业技术手段应用普遍提高，从过去以线下门店为主逐渐转变为线上线下结合为主，互联网已经成为行业必备的基础设施。据中国房地产估价师与房地产经纪人学会问卷调查，2020 年新冠肺炎疫情缓解后，上半年全国 40% 的经纪门店

---

① 2015 年 6 月 25 日废止，同时发布了《人力资源社会保障部 住房城乡建设部关于印发〈房地产经纪专业人员职业资格制度暂行规定〉和〈房地产经纪专业人员职业资格考试实施办法〉的通知》（人社部发〔2015〕47 号）。

VR看房量增加，23％的门店线上签约服务量增加，52％的门店在线咨询业务增加。二是商业模式悄然改变，网络平台从信息平台向多样化、智能化服务平台转变；头部房地产经纪机构探索向数字化转型，除二手房买卖经纪业务，新房买卖经纪、租赁经纪及售后业务普遍开展，服务链条延长；腾讯、阿里、字节跳动、快手等互联网巨头争相进入房地产经纪行业，为行业注入了资金和技术，也带来了新的改变和能量。三是行业规则正在重新构建，企业和地方行业组织多方探索房源联卖机制，如21世纪中国不动产的M＋系统、贝壳找房的ACN网络、58同城（含安居客）和房天下与经纪机构的系统打通对接等；深圳市房地产中介协会推出"单方代理、房源联卖"新规则，截至2022年12月31日，深圳自实施"单方代理、房源联卖"新规则以来的一年多时间，通过跨机构合作完成的房屋交易（买卖）达8 234宗，占成交总量的28％。四是开始注重消费体验及经纪人的价值，经纪机构纷纷通过深耕社区、拓展线上服务场景等优化升级服务品质，提高市场竞争力。

随着行业发展与行业管理的不断加强，此前制约行业发展的假房源、非法赚取差价等问题得到有效缓解，但在行业发展新阶段、新形势下，又出现了一些新的问题并逐渐被主管部门关注，如客户个人信息保护问题、平台企业涉嫌垄断问题等。2022年2月21日，最高检发布房地产经纪行业侵犯个人信息指导性案例（检例第140号，柯某侵犯公民个人信息案），明确了包含房产信息和身份识别信息的业主房源信息属于公民个人信息，对限定用途、范围的信息，他人在未经信息所有人另行授权的情况下，非法获取、出售，情节严重、构成犯罪的，应当以侵犯公民个人信息罪追究刑事责任。

主管部门不断加强房地产经纪行业信用管理，信用管理成为行业管理的主要方向和重要手段。住房和城乡建设部于2018年10月发布《住房城乡建设领域信用信息管理暂行办法（网上征求意见稿）》，深圳、广州、杭州、厦门、武汉、南京、长沙、南宁、湖州、嘉兴、潍坊、泰安、济南等多地主管部门或行业组织也陆续发布了房地产经纪等住房城乡建设领域信用体系建设有关文件，推动开展行业信用评级、评价等，引导房地产经纪机构和经纪人员树立诚信意识等。

总的来说，房地产经纪行业不论在自身发展途径、经营模式和技术创新，还是行业管理上都在经历一场大的变革。

二、房地产经纪行业发展现状

（一）房地产经纪行业归属

按照《国民经济行业分类》GB/T 4754—2017，房地产业包括房地产开发经营、物业管理、房地产中介服务、房地产租赁经营及其他房地产业。其中，房地产中介服务包括房地产咨询、房地产价格评估和房地产经纪（表1-2）。

国民经济行业分类：房地产业　　　　　　　　　　　　表1-2

代码				类别名称
门类	大类	中类	小类	
K				房地产业
	70			房地产业
		701	7 010	房地产开发经营
		702	7 020	物业管理
		703	7 030	房地产中介服务
		704	7 040	房地产租赁经营
		709	7 090	其他房地产业

（二）房地产经纪行业规模

根据中国房地产估价师与房地产经纪人学会对代表性经纪机构调研测算，2022年全国房地产经纪从业人员数量超过184万人，其中取得全国房地产经纪人资格人数为15.6万人、取得房地产经纪人协理资格人数为24.1万人，二者合计约40万人。取得职业资格的人员中，7万房地产经纪人、7.5万房地产经纪人协理办理了职业资格登记，二者合计14.5万人。截至2022年12月底，全国市场主体登记且存续的房地产经纪机构共36.6万家。据中国房地产发展报告的数据，2020年全年存量房和新建商品房的GTV（Gross Transaction Value，即总交易额）约25万亿，通过房地产经纪的综合成交率约占50%，按照2%的佣金率计算，房地产经纪行业的营业收入总规模约2 500亿元。

（三）头部企业规模情况

根据中国房地产估价师与房地产经纪人学会统计，近两年受新冠肺炎疫情反复、房地产市场下行等因素影响，头部房地产交易平台企业和房地产经纪机构规模有所下降。从经纪人员数量情况来看，与2020年相比，贝壳找房的经纪人员数量由49万余人缩减至39.4万人，其他头部企业的经纪人员数量均有不同程度的下降；各企业门店数量有升有降，其中21世纪中国不动产、我爱我家、麦田、到家了的门店数量有所增加，贝壳找房、儒房地产、乐有家的门店数量有所减少，目前5 000个以上门店的企业有贝壳找房、21世纪中国不动产、儒房地产等；从进入城市数来看，儒房地产目前已进入700多个城市（表1-3）。

2020 年、2022 年代表性房地产交易平台企业和房地产经纪机构规模情况①　表 1-3

序号	房地产经纪品牌 （成立时间）	年份	经纪人员数 （万人）	门店数 （个）	进入城市数 （个）
1	贝壳找房（2017 年）	2022 年	39.4	40 516	—
		2020 年	49＋	46 900＋	—
	链家（2001 年）	2020 年	15	8 000＋	131
	德佑（2002 年）	2020 年	9	15 000	100
2	21 世纪中国不动产（2000 年）	2022 年	6.2	10 039	174
		2020 年	6.8	9 401	161
3	我爱我家（2000 年）	2022 年	3.9	4 409	35
		2020 年	5.5	3 600	22
4	中原地产（1978 年）	2022 年	5＋	2 400	39
		2020 年	5.3	2 400	61
5	麦田房产（2000 年）	2022 年	1.1	800	3
		2020 年	1.2	600	3
6	儒房地产＋鲁房置换（2009 年）	2022 年	6.5＋	7 000＋	700＋
		2020 年	10	7 200	621
7	乐有家（2008 年）	2022 年	2.3	3 800	26
		2020 年	3	5 000	150
8	到家了（2016 年）	2022 年	1.1	1 119	4
		2020 年	1.2	1 000＋	3

（四）房地产经纪业务范围

房地产经纪的本质是房地产流通服务，为房屋需求者和供给者提供房源、客源、市场价格等信息，并提供住房交易咨询、房屋状况查验、协商议价以及代办或协助办理抵押贷款、税费缴纳、不动产登记等相关专业服务。传统房地产经纪多以二手房交易服务为主，现在越来越多的房地产经纪机构利用渠道优势进入新房领域，并成为新房销售的主要渠道；传统房地产经纪多以住房交易服务为主，

---

① 备注：进入城市数包括新房和二手房，直营和加盟；链家和德佑为贝壳找房旗下直营品牌和加盟品牌；21 世纪中国不动产于 2000 年进入中国市场；中原集团创始于 1978 年，1990 年首次涉足中国内地市场，1994 年成立北京中原分公司；儒房地产＋鲁房置换均为容客集团下的品牌经纪机构；数据来源于实际调研、公司官网及有关公开数据；2022 年数据，其中到家了的全部数据，21 世纪中国不动产进入城市数截至 2023 年 3 月 31 日，其他数据为 2022 年情况。

现在越来越多的房地产经纪机构利用专业优势进入商业、办公、康养、仓储、文旅等非居住房地产领域，并发挥重要作用；传统房地产经纪多以居间、代理为服务主要方式，现在出现了拍卖、资管、信托等衍生服务方式，服务创新还在快速发展中；传统房地产经纪以信息居间和交易撮合为主，现在房地产经纪机构普遍提供从信息咨询到签约成交，再到贷款、缴税、过户和房屋交接的一条龙服务，服务覆盖交易全过程。总之，房地产经纪行业在保障房地产交易安全、促进房地产交易公平、提高房地产交易效率、降低房地产交易成本、优化房地产资源配置等方面的作用日益加强。

三、房地产经纪行业发展展望

（一）房地产经纪人员职业化

职业化是房地产经纪人员的服务行为带给委托人、交易当事人和社会公众一种专业、优秀、满意的综合感知，房地产经纪人员工作中表现出的职业技能、职业形象和职业礼仪都符合标准化、规范化、专业化的要求。内在的职业素养、职业心态、职业理念、职业道德和职业精神都符合甚至超出客户对专业、成熟经纪人的需求。美国等发达国家的房地产经纪人已实现了职业化，他们大多是学历高、经验丰富的"老人"，学士及以上学历的占比 61%，平均年龄 53 岁，60 岁以上的经纪人占比 37.8%，工作年限 14 年以上的占比 40.6%。美国的房地产经纪人是被个人、行业和社会高度认可的职业，很多房地产经纪人是从管理、商业、金融、教育、计算机、法律等行业转行过来的。在美国，房地产经纪人员是一个"越老越值钱""越老越吃香"的职业。

我国房地产经纪人员的职业化程度还不高，据有关统计数据，目前房地产经纪行业的平均从业年限不足 1 年，六成以上的房地产经纪人员从业年限不足 3年，房地产经纪人员平均年龄 26 岁。行业流失率高和人员从业年限短，直接造成房地产经纪人员职业化水平低。当前我国房地产经纪人员职业化进程正在加速，参照美国等发达国家和地区，房地产经纪人员职业化一定是趋势，未来房地产经纪人员一定会跟美国等发达国家的经纪人一样，是一个有尊严、有地位、受人尊重的职业。

实现房地产经纪人员的职业化，需要在两个方面下功夫。一是要坚持专业主义，专业主义意味着房地产经纪人员要超越世俗偏见，避免急功近利，不仅仅把房地产经纪当作一个职业，要把它当作一份神圣事业，要有为之献身的热情、决心和毅力，把工作视为天职，要专注和敬业。二是要坚持长期主义，房地产经纪从业人员不能把房地产经纪作为临时工作，不能当临时工，要找到工作的价值感，树立职业的认同感，志愿长期甚至终生以提供房地产经纪服务为业。

（二）房地产经纪服务线上化

近年来，随着互联网、大数据、物联网、VR、AR 和 AI 等技术的快速发展和广泛应用，产业互联网进程全面加速，数字经济迸发出强大活力。房地产经纪作为房地产业和现代服务业的重要组成部分，在新技术、新模式的赋能之下，进入高质量发展的新阶段。特别是科技赋能之后的房地产经纪行业，线上发布房源、线上营销获客、线上看房讲房、线上咨询、线上投诉等房地产经纪人员作业和服务新模式被越来越多的消费者接受，房地产经纪行业正在加速迈入以线上化、数字化、智能化、品质化为特点的专业服务时代。在互联网＋政务服务的驱动下，房地产交易服务、管理线上化趋势日渐明显。房源核验、购房资格核验、合同签订、资金划转和监管等交易行为进一步向线上迁移。

目前线上发布房源信息已经成为作业常态，来自线上的客源信息已经超过线下，互联网＋房地产经纪服务的模式和场景已形成。房地产经纪服务线上化的时代是服务者和消费者平权的时代，房地产经纪机构和房地产经纪人员更加注重主体信誉和服务口碑，如房地产经纪人员借助社交、短视频、自媒体平台等线上渠道拓客，通过经营个人品牌，打造私域流量、转化促成交易。据有关平台统计，目前选择私域流量、短视频及直播等方式作业的房地产经纪人员占比已达到21％；消费者也能更加便捷地在线找房、看房、选房，在线筛选经纪人员，在线委托业务。

（三）房地产经纪管理法制化

与房地产经纪管理密切相关的《住房租赁条例》已公开征求意见，住房和城乡建设部也正在制定《住房销售管理条例》，房地产经纪管理法制化进程不断加快。未来出台的行业管理法规，将从房地产经纪机构和房地产经纪人员的准入、信息发布和披露、合同签订和服务收费、客户个人信息保护等方面进行规范，并加大对违法经纪活动的处罚力度。这是继《房地产经纪管理办法》以来，又两部规范经纪活动的行政法规。此外，地方相关立法取得重要进展，2022 年以来，《北京市住房租赁条例》《上海市住房租赁条例》等地方性法规相继施行，为规范北京、上海等地房地产经纪机构住房租赁活动提供了法律依据，也为各地相关立法提供了参考。行业法制化建设必将进一步加强。

房地产经纪行业的标准规范体系也进一步完善。近年来，中国房地产估价师与房地产经纪人学会和各地方行业组织，制定发布了一系列相关规范和标准，如《房地产经纪执业规则》等，一些头部企业和网络平台也积极通过制定企业标准来提升经纪服务质量和行业形象，房地产经纪服务标准体系逐步完善，如《房地产经纪线上服务规范》《互联网房地产信息界定标准》等。目前国家非常重视标准化工作，出台了国家标准化体系建设规划，对标准化法进行了修订，并拟充分发挥行业协会作用，加强团体标准建设。中国房地产估价师与房地产经纪人学会也将与各地方组织一起，加强团体标准的制定、修订，进一步推动房地产经纪服务的规范化、标准化，如《电子证照规范 房地产经纪专业人员登记证书》团体标准已于 2023 年 8 月发布，《房地产经纪服务中客户个人信息保护指南》团体标准已公开征求意见，《武汉市住房租赁服务基本规范》和《武汉市房地产经纪规范服务（门店）评价规则》两个团体标准已于 2023 年 3 月发布，房地产经纪相关团体标准正在加速推进。

复 习 思 考 题

1. 什么是房地产经纪？

2. 房地产经纪与房地产中介的区别是什么？

3. 房地产居间与房地产代理的区别是什么？

4. 什么是房地产包销（包租）？

5. 房地产经纪按服务方式可以分为哪两大类？

6. 房地产的特性有哪些？

7. 房地产经纪的特性有哪些？

8. 房地产经纪是如何产生和发展的？

9. 房地产经纪的必要性主要表现在哪些方面？

10. 房地产经纪的具体作用有哪些？

11. 按照《国民经济行业分类》GB/T 4754—2017 的分类标准，房地产中介服务业包括哪几类？

12. 房地产经纪行业发展趋势有哪些？

第二章 房地产经纪专业人员

房地产经纪专业人员是房地产经纪活动的基本主体，是房地产经纪服务的直接提供者。本章介绍了房地产经纪专业人员职业资格的考试、互认、登记和房地产经纪专业人员的继续教育，阐述了房地产经纪专业人员的权利和义务、职业素养和职业技能、职业道德和职业责任。

第一节 房地产经纪专业人员职业资格

一、房地产经纪专业人员职业资格概述

职业资格本质上是对从事某一职业所必备的知识、技能和职业道德的基本要求。职业资格制度是社会主义市场经济条件下科学评价人才的一项重要制度。

（一）房地产经纪专业人员职业资格制度的建立

房地产经纪专业人员是指已取得相应级别的房地产经纪专业人员职业资格证书，并经登记从事房地产经纪服务的人员，英文为 Real Estate Agent Professionals。为加强房地产经纪专业人员队伍建设，提高房地产经纪专业人员素质，规范房地产经纪活动秩序，建立了房地产经纪专业人员职业资格制度。

我国房地产经纪专业人员职业资格制度的建立经历了一个过程。1994 年 7 月 5 日发布的《中华人民共和国城市房地产管理法》明确规定，房地产中介服务机构包括房地产咨询机构、房地产价格评估机构、房地产经纪机构等，并应当具备足够数量的专业人员，确立了房地产经纪机构和房地产经纪专业人员的法律地位。1996 年 1 月 8 日发布的《城市房地产中介服务管理规定》（已废止）细化了房地产经纪行业管理规定，明确规定房地产经纪人必须是经过考试、注册，并取得《房地产经纪人资格证》的人员。2001 年 12 月 18 日，根据国际惯例，人事部、建设部联合发布《关于印发〈房地产经纪人员职业资格制度暂行规定〉和〈房地产经纪人执业资格考试实施办法〉的通知》（人发〔2001〕128 号），建立了房地产经纪人员职业资格制度。2011 年 1 月 20 日，住房和城乡建设部、国家发展和改革委员会、人力资源和社会保障部联合发布《房地产经纪管理办法》，

再次强调国家对房地产经纪人员实行职业资格制度，纳入全国专业技术人员职业资格制度统一规划和管理。2012 年 5 月 11 日，人力资源和社会保障部发布《关于清理规范职业资格第一批公告》（人社部公告〔2012〕1 号），将房地产经纪人职业资格归入职业水平评价类职业资格。2015 年 6 月 25 日，根据《国务院机构改革和职能转变方案》和《国务院关于取消和调整一批行政审批项目等事项的决定》（国发〔2014〕27 号）有关取消"房地产经纪人职业资格许可"的要求，为加强房地产经纪专业人员队伍建设，适应房地产经纪行业发展，规范房地产经纪市场，在总结原房地产经纪人员职业资格制度实施情况的基础上，人力资源和社会保障部、住房和城乡建设部制定了《房地产经纪专业人员职业资格制度暂行规定》和《房地产经纪专业人员职业资格考试实施办法》。2017 年 9 月 12 日，经国务院同意，人力资源和社会保障部公布《国家职业资格目录》，2021 年 11 月 23 日，人力资源和社会保障部公布《国家职业资格目录（2021 年版）》，对《国家职业资格目录》进行了优化调整。房地产经纪专业人员职业资格被纳入国家职业资格目录中，是我国房地产经纪行业的唯一职业资格。

（二）房地产经纪专业人员职业资格制度的主要内容

房地产经纪专业人员职业资格的设定依据是《中华人民共和国城市房地产管理法》和《房地产经纪专业人员职业资格制度暂行规定》，实施部门是住房和城乡建设部、人力资源和社会保障部、中国房地产估价师与房地产经纪人学会。住房和城乡建设部、人力资源和社会保障部共同负责房地产经纪专业人员职业资格制度的政策制定，两部委按职责分工对房地产经纪专业人员职业资格制度的实施进行指导、监督和检查。房地产经纪专业人员职业资格的评价与管理工作由中国房地产估价师与房地产经纪人学会具体承担。

根据国家公布的职业资格目录，职业资格分为专业技术人员职业资格和技能人员职业资格，按照职业资格性质，又分为准入类职业资格和水平评价类职业资格。房地产经纪专业人员职业资格属于专业技术人员职业资格和水平评价类专业技术人员职业资格。

设立房地产经纪人员职业资格的分级认证制度是国际通行做法。例如，美国将房地产经纪人员分为房地产经纪人和房地产销售员，我国香港地区将房地产经纪人员分为地产代理（个人）和营业员，我国台湾地区将房地产经纪人员分为不动产经纪人和经纪营业员。我国参照国际通行做法，结合我国实际情况，将房地产经纪人员职业资格分为房地产经纪人协理、房地产经纪人和高级房地产经纪人 3 个级别。其中，房地产经纪人协理和房地产经纪人职业资格实行统一考试的评价方式。通过房地产经纪人协理、房地产经纪人职业资格考试，取得相应级别职业资格证书的人员，表明其已具备从事房地产经纪专业相应级别专业岗位工作的职业能力和水平。

取得房地产经纪人协理职业资格证书的人员应当具备的职业能力包括：

（1）了解房地产经纪行业的法律法规和管理规定；

（2）基本掌握房地产交易流程，具有一定的房地产交易运作能力；

（3）独立完成房地产经纪业务的一般性工作；

（4）在房地产经纪人的指导下，完成较复杂的房地产经纪业务。

取得房地产经纪人职业资格证书的人员应当具备的职业能力包括：

（1）熟悉房地产经纪行业的法律法规和管理规定；

（2）熟悉房地产交易流程，能完成较为复杂的房地产经纪工作并处理解决房地产经纪业务的疑难问题；

（3）能运用丰富的房地产经纪实践经验，分析判断房地产经纪市场的发展趋势，开拓创新房地产经纪业务；

（4）能指导房地产经纪人协理和协助高级房地产经纪人工作。

综上所述，房地产经纪专业人员职业资格是指由住房和城乡建设部与人力资源和社会保障部指定的专业水平评价组织进行评价，表明具有相应职业能力、可从事相应级别房地产经纪专业岗位工作的职业资格，包括房地产经纪人协理职业资格、房地产经纪人职业资格和高级房地产经纪人职业资格。

（三）房地产经纪专业人员职业资格的价值

从理论上说，房地产安全高效地交易离不开房地产经纪，房地产经纪的规范发展离不开房地产经纪人员职业资格制度。从实践看，我国古代及当今发达国家和地区，都把房地产经纪人员职业资格制度作为行业管理的基本制度。伴随着我国存量房时代和互联网时代的来临，房地产经纪已成为房地产业和现代服务业的重要组成部分，作为新时代新阶段的房地产经纪从业人员，必须适应消费者对高水平房地产交易服务的新要求，必须高度重视房地产经纪专业人员职业资格的价值。

1. 房地产经纪专业人员职业资格是专业人员的独有标识

《中华人民共和国城市房地产管理法》规定，房地产中介机构应当具备足够数量的专业人员。《房地产经纪管理办法》将此规定进行细化，明确专业人员为房地产经纪人协理和房地产经纪人。《房地产经纪专业人员职业资格制度暂行规定》又按照专业技术人员管理规定，把房地产经纪人员准确界定为房地产经纪专业人员（包括房地产经纪人协理、房地产经纪人和高级房地产经纪人），明确国家设立房地产经纪专业人员水平评价类职业资格制度，面向全社会提供房地产经纪专业人员能力水平评价服务，纳入全国专业技术人员职业资格证书制度统一规划。据此，只有取得房地产经纪专业人员职业资格并经登记执业的人员，才能以房地产经纪专业人员的名义从事房地产经纪活动，换言之，其他房地产经纪从业人员都不是专业人员。

2. 房地产经纪专业人员职业资格是合规经营的必要条件

在实际工作中，房地产经纪机构和分支机构办理备案，要具有相应数量的房地产经纪专业人员职业资格登记证书；房地产经纪服务合同需要1名房地产经纪人或者2名房地产经纪人协理的签名，房屋状况说明书、房地产经纪服务告知书等其他业务文书上，也需要有房地产经纪专业人员的签名。没有房地产经纪专业人员签名的房地产经纪服务合同，通常被认为是不规范的或者经纪服务有瑕疵的。现实中，通过存量房交易服务平台进行购房资格核验、房源核验和网上签约等操作，一般都需要与房地产经纪专业人员绑定的钥匙盘或者密钥，也就是说，只有取得房地产经纪专业人员职业资格证书的人员，才有权办理购房资格核验、房源核验和网上签约。

3. 房地产经纪专业人员职业资格具有国家的权威认证

房地产经纪专业人员职业资格已列入国家职业资格目录清单，属于国家专业技术人员职业资格。房地产经纪专业人员职业资格证书由人力资源和社会保障部、住房和城乡建设部监制，中国房地产估价师与房地产经纪人学会用印，在全国范围有效，是获得与我国香港地产代理等资格互认的前提条件。通过房地产经纪专业人员职业资格考试就得到了专业、权威的资历和能力认证。另外，房地产经纪专业人员职业资格与专业技术资格（职称）全面打通，建立了对应关系。根据《房地产经纪专业人员职业资格制度暂行规定》和《房地产经纪专业人员职业资格考试实施办法》有关规定，通过考试取得相应级别房地产经纪专业人员资格证书，且符合《经济专业人员职务试行条例》中助理经济师、经济师任职条件的人员，用人单位可根据工作需要聘任相应级别经济专业职务。换言之，房地产经纪专业人员职业资格证书属于初级或中级职称证书。房地产经纪专业人员职业资格证书与其他专业技术人员的职业资格证书一样，都带有国徽，具有国家的权威认证。

4. 房地产经纪专业人员职业资格是获得更多机会的法宝

取得了房地产经纪专业人员职业资格证书，虽然在业务上不能取得立竿见影的效果，但客观上一定能在众多没有证书的"散兵游勇"中脱颖而出，一定能增加被委托人选中的"商机"，一定能获得更多的业务委托和业务合作机会。另外，虽然在公司内不一定马上就能实现职位晋升，但现实中确实存在房地产经纪机构对考取职业资格的员工予以数千元奖励的做法，也存在房地产经纪机构会让持证人升职加薪更快，因为物以稀为贵，人无我有、人有我优，就是优势，就会获得先机。

5. 取得房地产经纪专业人员职业资格可以享有各种补贴

持有房地产经纪专业人员职业资格证书可以领取职业技能提升补贴。根据《人力资源社会保障部　财政部关于失业保险支持参保职工提升职业技能有关问题的通知》（人社部发〔2017〕40号）有关规定，全国各地已结合实际制定了具体的职业技能提升补贴政策。房地产经纪专业人员职业资格属于《国家职业资格目录（2021年版）》第44项，国家承认的72项职业资格之一，符合申领条件，补贴金额在1 000～3 000元之间不等，而且直接发放至个人银行账户。以北京为例，根据北京市人社局相关政策通知，房地产经纪人协理职业资格证书（初级）和房地产经纪人职业资格证书（中级）分别按照1 000元和1 500元标准给予个人技能提升补贴。另外，根据《国务院关于印发个人所得税专项附加扣除暂行办法的通知》（国发〔2018〕41号）有关规定，2019年1月1日起，纳税人计算个税应纳税所得额时，纳税人接受技能人员职业资格继续教育、专业技术人员职业资格继续教育支出，在取得相关证书的当年，按照3 600元定额扣除。

6. 房地产经纪专业人员申请居住证和积分落户可以加分

房地产经纪专业人员的未来发展空间尤为广阔，工作内容涵盖采集和发布房源、寻找客户、带领客户看房、议价成交、代办贷款、代办登记、物业交接等。正是如此，全国各地对房地产经纪人的需求量越来越大，而且陆续推出了持有房地产经纪专业人员职业资格证书就能够作为积分落户的加分项等一系列政策措施，从落实效果上看，力度还是非常大的。持有房地产经纪人职业资格证书，在北京可以按照中级职称申请工作居住证，在上海办理居住证可以按照中级职称积100分，在杭州、成都、南京、武汉等城市，持有中级职称和一定时长的当地社保记录可以直接落户（近些年落户政策经常发生变化）。

二、房地产经纪专业人员职业资格考试

（一）考试组织管理

1. 考试组织

房地产经纪人协理、房地产经纪人职业资格实行全国统一大纲、统一命题、统一组织的考试制度。原则上每年举行1次考试，2018年上半年开始，在北京、上海等部分城市试点，每年举行2次考试。

住房和城乡建设部、人力资源和社会保障部指导中国房地产估价师与房地产经纪人学会确定房地产经纪人协理、房地产经纪人职业资格的考试科目、考试大纲、考试试题和考试合格标准，并对其实施房地产经纪人协理、房地产经纪人职业资格考试工作进行监督、检查。

中国房地产估价师与房地产经纪人学会负责房地产经纪专业人员职业资格评价的管理和实施工作，组织成立考试专家委员会，研究拟定考试科目、考试大纲、考试试题和考试合格标准。

2. 考试科目

房地产经纪人协理职业资格考试设《房地产经纪综合能力》和《房地产经纪操作实务》2 个科目。考试分 2 个半天进行，每个科目的考试时间均为 1.5 小时。

房地产经纪人职业资格考试设《房地产交易制度政策》《房地产经纪职业导论》《房地产经纪专业基础》和《房地产经纪业务操作》4 个科目。考试分 4 个半天进行，每个科目的考试时间均为 2.5 小时。

3. 成绩管理

房地产经纪专业人员职业资格各科目考试成绩实行滚动管理的办法。在规定的期限内参加应试科目考试并合格，方可获得相应级别房地产经纪专业人员职业资格证书。

参加房地产经纪人协理职业资格考试的人员，必须在连续的 2 个考试年度内通过全部（2 个）科目的考试，才能获得房地产经纪人协理职业资格；参加房地产经纪人职业资格考试的人员，必须在连续的 4 个考试年度内通过全部（4 个）科目的考试，才能获得房地产经纪人职业资格。

4. 免试规定

符合相应级别考试报名条件之一的，并具备下列一项条件的，可免予参加房地产经纪专业人员职业资格部分科目的考试：

（1）通过全国统一考试，取得经济专业技术资格"房地产经济"专业初级资格证书的人员，可免试房地产经纪人协理职业资格《房地产经纪综合能力》科目，只参加《房地产经纪操作实务》1 个科目的考试；

（2）按照原《房地产经纪人员职业资格制度暂行规定》和《房地产经纪人执业资格考试实施办法》要求，通过考试取得房地产经纪人协理资格证书的人员，可免试房地产经纪人协理职业资格《房地产经纪操作实务》科目，只参加《房地产经纪综合能力》1 个科目的考试；

（3）通过全国统一考试，取得房地产估价师资格证书的人员；通过全国统一考试，取得经济专业技术资格"房地产经济"专业中级资格证书的人员；或者按照国家统一规定评聘高级经济师职务的人员，可免试房地产经纪人职业资格《房地产交易制度政策》1个科目，只参加《房地产经纪职业导论》《房地产经纪专业基础》和《房地产经纪业务操作》3个科目的考试。

参加1个或3个科目考试的人员，须在1个或连续的3个考试年度内通过应试科目的考试，方可获得房地产经纪专业人员职业资格证书。

截至2022年年底，我国共举办了24次全国房地产经纪人职业资格考试，11次全国房地产经纪人协理职业资格考试。共有约39万人取得全国房地产经纪专业人员职业资格，其中，约15万人取得房地产经纪人职业资格，约24万人取得全国房地产经纪人协理职业资格。已取得房地产经纪专业人员职业资格的从业人员中，约有13万人申请了登记。

（二）报考条件

符合房地产经纪专业人员职业资格考试报名基本条件和相应级别报考附加条件之一的，均可申请参加相应级别的考试。

1. 房地产经纪专业人员职业资格考试报名基本条件

申请参加房地产经纪专业人员职业资格考试应当具备以下基本条件：

（1）遵守国家法律、法规和行业标准与规范；

（2）秉承诚信、公平、公正的基本原则；

（3）恪守职业道德。

2. 房地产经纪人协理职业资格考试报名附加条件

申请参加房地产经纪人协理职业资格考试的人员，除具备基本条件外，还必须具备中专或者高中及以上学历。

3. 房地产经纪人职业资格考试报名附加条件

申请参加房地产经纪人职业资格考试的人员，除具备基本条件外，还必须符合下列条件之一：

（1）通过考试取得房地产经纪人协理职业资格证书后，从事房地产经纪业务工作满6年；

（2）取得大专学历，工作满6年，其中从事房地产经纪业务工作满3年；

（3）取得大学本科学历，工作满4年，其中从事房地产经纪业务工作满2年；

（4）取得双学士学位或研究生班毕业，工作满3年，其中从事房地产经纪业务工作满1年；

（5）取得硕士学历（学位），工作满2年，其中从事房地产经纪业务工作满

1年；

　　(6) 取得博士学历（学位）。

　　4.境外人员报考

　　获准在中华人民共和国境内就业的外籍人员及我国港、澳、台地区的专业人员，符合《房地产经纪专业人员职业资格制度暂行规定》要求的，也可报名参加房地产经纪人和房地产经纪人协理资格考试。根据《关于做好香港、澳门居民参加内地统一举行的专业技术人员资格考试有关问题的通知》，凡符合房地产经纪人资格考试规定的我国香港、澳门居民，均可按照规定的程序和要求，报名参加房地产经纪人资格考试。香港、澳门居民申请参加房地产经纪人资格考试，在报名时应向当地考试报名机构提交本人身份证明、国务院教育行政部门认可的相应专业学历或学位证书，以及从事房地产经纪业务工作年限的证明。根据《关于向台湾居民开放部分专业技术人员资格考试有关问题的通知》，凡符合房地产经纪人资格考试报名条件的我国台湾地区居民，均可按照就近和自愿原则，在大陆的任何省、自治区、直辖市房地产经纪人资格考试考务管理机构指定的地点报名并参加考试。在报名时，我国台湾地区居民应向当地考试报名机构提交《台湾居民来往大陆通行证》、国务院教育行政部门认可的相应专业学历或学位证书和本人从事房地产经纪业务工作年限的证明等资料。

　　（三）房地产经纪专业人员职业资格证书

　　房地产经纪人协理、房地产经纪人职业资格考试合格，由中国房地产估价师与房地产经纪人学会颁发，由住房和城乡建设部、人力资源和社会保障部监制，中国房地产估价师与房地产经纪人学会用印的相应级别中华人民共和国房地产经纪专业人员职业资格证书（以下简称"房地产经纪专业人员资格证书"）。该证书在全国范围有效。对以不正当手段取得房地产经纪专业人员资格证书的，按照国家专业技术人员资格考试违纪违规行为处理规定处理。

　　三、房地产经纪专业人员职业资格互认

　　目前，内地房地产经纪人与香港地产代理实现了专业资格互认，香港地产代理可以通过资格互认获得内地房地产经纪人职业资格。

　　2003年，中华人民共和国商务部与中华人民共和国香港特别行政区财政司签署了《内地与香港关于建立更紧密经贸关系的安排》。2004年，中国房地产估价师与房地产经纪人学会与香港地产代理监管局开始商谈资格互认工作。经过多次磋商和多方努力、协调，2009年1月16日，中国房地产估价师与房地产经纪人学会与香港地产代理监管局签署了《内地房地产经纪人与香港地产代理专业资格互认备忘录》。2010 年 11 月 3 日，经住房和城乡建设部、人力资源和社会保障部、商务部、国务院港澳事务办公室同意，中国房地产估价师与房地产经纪人学会与香港地产代理监管局签署了《内地房地产经纪人与香港地产代理专业资格互认协议书》。根据互认协议，2011—2015 年，中国房地产估价师与房地产经纪人学会和香港地产代理监管局相互推荐一定数量的房地产经纪人与香港地产代理进行资格互认，被推荐的人员参加面授培训课程，经考试合格后取得对方的专业资格。2011 年 7 月 18—19 日，来自内地的 67 名房地产经纪人和香港的 231 名地产代理参加了面授培训课程并进行了补充测试。其中 66 名内地房地产经纪人和 225 名香港地产代理人通过了补充测试。2017 年 12 月 7—8 日开展了第二批资格互认，28 名内地房地产经纪人与 138 名香港地产代理接受了面授培训和补充测试。

内地房地产经纪人申请香港地产代理资格的条件为：

（1）申请人为中华人民共和国公民（内地）；

（2）取得房地产经纪人执业资格并经登记；

（3）申请人为中国房地产估价师与房地产经纪人学会会员；

（4）申请人从事房地产经纪业务不少于 2 年，或者为房地产中介机构负责人；或者为大学房地产方面的教授、副教授；

（5）申请人关心房地产经纪行业发展，具有良好的职业道德，无犯罪记录，信用档案中无不良记录。

内地房地产经纪人申请香港地产代理资格的程序分为个人申报、省级房地产主管部门或省级房地产主管部门委托的行业组织进行初审和推荐、中国房地产估价师与房地产经纪人学会审核并向香港地产代理监管局推荐、参加香港地产代理监管局组织的面授培训和补充测试、缴纳牌照注册费取得《地产代理（个人）牌照》等几个环节。

四、房地产经纪专业人员职业资格登记

房地产经纪专业人员资格证书实行登记服务制度。登记服务制度也曾被称为注册管理制度，是准确反映房地产经纪专业人员执业状态的核心制度，房地产经纪专业人员只有按照规定定期办理职业资格登记，房地产交易当事人及管理部门才能了解其执业机构、从业年限和继续教育等情况，房地产经纪专业人员登记证书是从业时必须向委托人出示的执业证件。房地产经纪专业人员登记证书上明确印着：本证书表明持证人已取得房地产经纪专业人员职业资格证书并完成登记，可在中华人民共和国境内以房地产经纪专业人员名义从事房地产经纪活动。按照

有关规定和行业惯例，只有经登记的房地产经纪人员才能以房地产经纪专业人员的名义执业。

　　房地产经纪人员登记制度的建立和完善经历了以下过程。2001 年，《房地产经纪人员职业资格制度暂行规定》确立了房地产经纪人员职业资格注册制度，规定"取得《中华人民共和国房地产经纪人执业资格证书》的人员，必须经过注册登记才能以注册房地产经纪人名义执业"。2004 年 6 月 29 日，建设部印发了《关于改变房地产经纪人执业资格注册管理方式有关问题的通知》，决定将房地产经纪人执业资格注册工作转交中国房地产估价师学会（2004 年 7 月中国房地产估价师学会更名为中国房地产估价师与房地产经纪人学会），将房地产经纪人执业资格注册与房地产经纪行业自律管理结合了起来。2011 年 10 月 20 日中国房地产估价师与房地产经纪人学会二届四次理事会暨二届六次常务理事会原则通过了《房地产经纪人注册办法》。2015 年 6 月，人力资源和社会保障部、住房和城乡建设部发布《房地产经纪专业人员职业资格制度暂行规定》，确定房地产经纪专业人员资格证书实行登记服务制度，登记服务的具体工作由中国房地产估价师与房地产经纪人学会负责。2015 年 10 月 28 日，中国房地产估价师与房地产经纪人学会印发《关于开展房地产经纪人职业资格证书登记服务的通知》，对 2014 年以前取得房地产经纪人资格的人员开展登记服务。2017 年 6 月 20 日，中国房地产估价师与房地产经纪人学会印发《房地产经纪专业人员职业资格证书登记服务办法》，全面开展房地产经纪专业人员资格证书登记服务。

　　按照《房地产经纪专业人员职业资格证书登记服务办法》，登记服务的具体工作由中国房地产估价师与房地产经纪人学会（以下简称"中房学"）负责。中房学建立全国房地产经纪专业人员职业资格证书登记服务系统（以下简称"登记服务系统"），登记服务工作在登记服务系统上实行。申请登记的房地产经纪专业人员（以下简称"申请人"）通过登记服务系统提交登记申请材料，查询登记进度和登记结果，打印登记证书。中房学、地方登记服务机构通过登记服务系统办理登记服务工作。

　　（一）登记条件

　　房地产经纪专业人员职业资格证书登记申请人应当具备下列条件：

　　（1）取得房地产经纪专业人员职业资格证书；

　　（2）受聘于在住房城乡建设（房地产）主管部门备案的房地产经纪机构（含分支机构，以下简称"受聘机构"）；

　　（3）达到中房学规定的继续教育合格标准；

　　（4）最近 3 年内未被登记取消；

（5）无法律法规或者相关规定不予登记的情形。

（二）登记程序

房地产经纪专业人员职业资格证书登记按照下列程序办理：

（1）申请人通过登记服务系统提交登记申请材料；

（2）地方登记服务机构自申请人提交登记申请之日起 5 个工作日内提出受理意见，逾期未受理的，视为同意受理；

（3）中房学自收到地方登记服务机构受理意见起 10 个工作日内公告登记结果。

予以登记的，申请人自登记结果公告之日起可通过登记服务系统打印登记证书。不予登记的，申请人可通过登记服务系统查询不予登记的原因。

申请人应当对其提交的登记申请材料的真实性、完整性、合法性和有效性负责，不得隐瞒真实情况或者提供虚假材料。

登记申请材料的原件由申请人妥善保管，以备接受检查。中房学、地方登记服务机构认为有必要的，可要求申请人提供登记申请材料的原件接受检查。

（三）登记类别

房地产经纪专业人员职业资格证书登记服务工作（以下简称"登记服务工作"）包括初始登记、延续登记、变更登记、登记注销和登记取消。

1. 初始登记

初始登记是指申请人取得房地产经纪专业人员职业资格证书后首次申请登记。登记注销、登记取消后重新申请登记的，也应当申请初始登记。

2. 延续登记

登记有效期届满继续从事房地产经纪活动的，按照延续登记办理，并应当于登记有效期届满前 90 日内申请延续登记。

3. 变更登记

在登记有效期间有下列情形之一的，应当申请变更登记：

（1）变更受聘机构；

（2）受聘机构名称变更；

（3）申请人姓名或者身份证件号码变更。

4. 登记注销

有下列情形之一的，本人或者有关单位应当申请登记注销：

（1）已与受聘机构解除劳动合同且无新受聘机构的；

（2）受聘机构的备案证明过期且不备案的；

（3）受聘机构依法终止且无新受聘机构的；

（4）中房学规定的其他情形。

5. 登记取消

有下列情形之一的，中房学予以登记取消，记入信用档案并向社会公告其登记证书作废：

（1）以欺骗、贿赂等不正当手段获准登记的；

（2）涂改、转让、出租、出借登记证书的；

（3）受到刑事处罚的；

（4）法律法规及中房学规定应当予以登记取消的其他情形。

有上述情形之一的，地方登记服务机构、有关单位和个人应当及时报告中房学，经查实后，予以登记取消；情节严重的，收回其职业资格证书。

（四）登记有效期及登记证书的使用与管理

初始登记、延续登记的有效期为 3 年，有效期起始之日为登记结果公告之日。初始登记、延续登记有效期间的变更登记，不改变初始登记、延续登记的有效期。

取得中华人民共和国房地产经纪专业人员职业资格的人员，按照《房地产经纪专业人员职业资格证书登记服务办法》，经中国房地产估价师与房地产经纪人学会登记，取得《中华人民共和国房地产经纪人员登记证书》（以下简称"房地产经纪人员登记证书"）。房地产经纪专业人员登记证书是房地产经纪专业人员从事房地产经纪活动的有效证件，执行房地产经纪业务时应当主动向委托人出示。按照《房地产经纪管理办法》及相关规定，未经登记的人员，不得以房地产经纪专业人员的名义从事房地产经纪活动，不得在房地产经纪服务合同上签名。

中国房地产估价师与房地产经纪人学会定期向社会公布房地产经纪专业人员资格证书的登记情况，建立持证人员的诚信档案，并为用人单位提供取得房地产经纪专业人员资格证书的信息查询服务。

取得房地产经纪专业人员资格证书的人员，应当自觉接受中国房地产估价师与房地产经纪人学会的管理和社会公众的监督。其在工作中违反相关法律、法规、规章或者职业道德，造成不良影响的，由中国房地产估价师与房地产经纪人学会取消登记，并收回其职业资格证书。

房地产经纪专业人员死亡、不具有完全民事行为能力或者登记有效期届满未申请延续登记的，其登记证书失效。

五、房地产经纪专业人员继续教育

房地产经纪专业人员应当参加继续教育，不断更新专业知识，提高职业素质和业务能力，以适应岗位需要和职业发展的要求。房地产经纪机构应当保障房地产经纪专业人员参加继续教育的权利，有责任督促、支持本机构的房地产经纪专业人员参加继续教育。

（一）继续教育的组织管理

继续教育是房地产经纪专业人员职业资格制度的重要内容。房地产经纪专业人员定期参加继续教育或者后续培训是国际通行做法，美国房地产经纪人、中国香港地产代理和中国台湾不动产经纪人都要定期参加相应的培训。中国的职业资格制度建立之初，就同时规定了具有职业资格的专业技术人员要定期参加培训。人事部于 1996 年发布的《职业资格证书制度暂行办法》对再次注册的条件做出规定，要求"再次注册者，应经单位考核合格并取得知识更新、参加业务培训的证明"。《房地产经纪人员职业资格制度暂行规定》明确规定"再次注册者，除符合本规定第十七条规定外，还须提供接受继续教育和参加业务培训的证明"。2006 年，《建设部 中国人民银行关于加强房地产经纪管理规范交易结算资金账户管理有关问题的通知》（建住房〔2006〕321 号）要求"房地产经纪行业组织要建立健全对房地产经纪人员的继续教育制度，不断提高房地产经纪人员整体素质"。2015 年 8 月 3 日，人力资源和社会保障部印发《专业技术人员继续教育规定》（人力资源和社会保障部令 25 号），提高对房地产经纪专业人员等专业技术人员继续教育的要求，规定专业技术人员参加教育的时间每年累计不少于 90 学时，其中，专业科目一般不少于总学时的三分之二。2017 年 6 月 20 日，中国房地产估价师与房地产经纪人学会印发《房地产经纪专业人员继续教育办法》。

中国房地产估价师与房地产经纪人学会（以下简称"中房学"）负责房地产经纪专业人员继续教育工作的统筹规划、管理协调、组织实施工作。经中房学授权的省、自治区、直辖市或者设区的市房地产经纪行业组织（以下简称"地方继续教育实施单位"），根据《房地产经纪专业人员继续教育办法》的规定负责所在行政区域内房地产经纪专业人员继续教育的实施工作。经中房学授权的房地产经纪机构负责本机构房地产经纪专业人员的继续教育实施工作。

（二）继续教育学时

房地产经纪专业人员参加专业科目继续教育的时间，应每年累计不少于 60 学时。其中，中房学组织实施 20 学时（以下简称"全国学时"）；地方继续教育实施单位组织实施 20 学时（以下简称"地方学时"）；其余 20 学时（以下简称

"自选学时")由中房学授权的房地产经纪机构实施或者由房地产经纪专业人员以《房地产经纪专业人员继续教育办法》规定的其他方式取得。

（三）继续教育方式

继续教育学时可以通过下列方式取得：

（1）参加网络继续教育；

（2）参加继续教育面授培训；

（3）参加房地产行政主管部门或者房地产经纪行业组织主办的房地产经纪相关研讨会、经验交流会、专业论坛、座谈会、行业调研、行业检查，以及境内外考察、境外培训等活动，或者在活动上发表文章；

（4）担任中房学或者地方继续教育实施单位举办的继续教育培训班、专业论坛或专题讲座演讲人；

（5）在房地产行政主管部门或者房地产经纪行业组织主办的刊物、网站、编写的著作上发表房地产经纪相关文章，或者参与其组织的著作、材料编写；

（6）承担房地产行政主管部门或者房地产经纪行业组织立项的房地产经纪相关科研项目，并取得研究成果；

（7）向房地产行政主管部门或者房地产经纪行业组织提交房地产经纪行业发展、制度建设等建议被采纳或者认可；

（8）参加全国房地产经纪专业人员职业资格考试大纲、用书编写，以及命题、审题等工作；

（9）公开出版或者发表房地产经纪相关著作或者文章；

（10）在高等院校房地产相关专业进修学习并取得相关证书；

（11）参加中房学授权的房地产经纪机构组织的内部培训；

（12）中房学或者地方继续教育实施单位认可的其他方式。

（四）继续教育内容

继续教育培训内容应当具有先进性、针对性和实用性，主要包括：

（1）房地产经纪专业人员的职业道德和社会责任、行业责任；

（2）房地产经纪相关法律、法规、政策、标准和合同示范或者推荐文本；

（3）国内外房地产经纪行业发展情况；

（4）房地产经纪业务中的热点、难点和案例分析，新技术的应用；

（5）房地产市场、金融、税收、建筑、不动产登记等相关知识；

（6）从事房地产经纪业务所需要的其他专业知识。

第二节　房地产经纪专业人员的权利和义务

一、房地产经纪专业人员的权利

依法保障房地产经纪专业人员的权利是房地产经纪专业人员顺利执业的前提。《房地产经纪管理办法》《房地产经纪专业人员职业资格制度暂行规定》《房地产经纪执业规则》等规定了房地产经纪专业人员的主要权利。主要包括：

（1）依法发起设立房地产经纪机构的权利。房地产经纪专业人员有权按照《中华人民共和国公司法》《中华人民共和国合伙企业法》及《中华人民共和国城市房地产管理法》等法律发起设立房地产经纪机构，并可以管理运营房地产经纪机构。

（2）受聘于房地产经纪机构，担任相关岗位职务的权利。房地产经纪专业人员作为具有房地产经纪专业人员职业资格的专业技术人员，有权受聘于房地产经纪机构，并依据其房地产经纪专业技能的水平，担任相应工作岗位的职务。

（3）执行房地产经纪业务的权利。房地产经纪专业人员受聘到房地产经纪机构之后，享有执行或承办房地产居间、代理等经纪业务的权利。但是，房地产经纪专业人员执行房地产经纪业务需要由受聘房地产经纪机构指派。房地产经纪业务由房地产经纪机构统一承接，房地产经纪服务报酬由房地产经纪机构统一收取，房地产经纪人不能以个人名义承接房地产经纪业务和收取费用，所以房地产经纪人员只能受聘到房地产经纪机构从事房地产经纪业务。

（4）在房地产经纪服务合同等业务文书上签名的权利。房地产经纪是一项专业性很强的工作，房地产经纪服务合同等业务文书关系到当事人的权利义务，关系到交易成败，所以只有专业的房地产经纪专业人员才能在房地产经纪服务合同等业务文书上签名。关于房地产经纪服务合同的签字制度，早有明文规定。《建设部 中国人民银行关于加强房地产经纪管理规范交易结算资金账户管理有关问题的通知》（建住房〔2006〕321号）规定"房地产经纪合同应当有执行该业务的注册房地产经纪人的签名"。《房地产经纪执业规则》也规定"在房地产经纪业务合同中应当有执行该项经纪业务的房地产经纪执业人员的签名及注册号"。《房地产经纪管理办法》规定"房地产经纪机构签订的房地产经纪服务合同，应当加盖房地产经纪机构印章，并由从事该业务的一名房地产经纪人或者两名房地产经纪人协理签名"。

（5）要求委托人提供与交易有关资料的权利。房地产交易的顺利进行和安全完成，离不开委托人提供房地产权属证书、身份证明等与交易有关的资料。委托人为房屋出售人或者出租人的，房地产经纪专业人员有权要求其提供交易房屋的权属证书和委托人的身份证明等有关资料；委托人为房屋承购人或者承租人的，房地产经纪专业人员有权要求其提供委托人身份证明等有关资料。

（6）拒绝执行受聘机构或者委托人发出的违法指令的权利。现实中，房地产经纪机构、委托人为了机构或者个人利益最大化，会要求房地产经纪专业人员隐瞒与房屋有关的真实信息、订立阴阳合同、改变房屋内部结构分割出租等，这些都是违法指令，房地产经纪专业人员有权也应当拒绝执行。

（7）获得合理报酬的权利。房地产经纪专业人员依据劳动合同约定和有关规定，享有获得合理报酬的权利。虽然房地产经纪服务报酬由房地产经纪机构统一收取，但房地产经纪专业人员有权从自己负责或参与完成的房地产经纪项目中分享一部分服务报酬。

（8）其他权利。我国有些城市还规定，只有房地产经纪专业人员才能发布房源信息，才有资格核验房源和办理交易合同网签。另外，在同等条件下，有职业资格的房地产经纪专业人员比无资格的一般从业人员拥有优先获得业务的权利。

二、房地产经纪专业人员的义务

房地产经纪专业人员除应当承担《中华人民共和国宪法》所规定的公民的基本义务之外，还应当承担从事房地产经纪职业所应尽的特殊义务。主要包括：

（1）遵守法律、法规、规章、政策和职业规范，恪守职业道德的义务。遵纪守法是每个公民的义务，房地产经纪专业人员也不例外。房地产经纪专业人员除应当遵守一般的法律、法规外，还要遵守专门的部门规章《房地产经纪管理办法》和针对房地产经纪行业的一系列规范性文件及行业自律文件。

（2）不得同时受聘于两个或两个以上房地产经纪机构执行业务的义务。房地产经纪专业人员只能受聘并登记在一家房地产经纪机构执业，而且，房地产经纪专业人员不能在两家及两家以上房地产经纪机构执业，依据如下：一是《中华人民共和国城市房地产管理法》规定"房地产经纪机构应当具备足够数量的专业人员"，专业人员应当特指房地产经纪专业人员，房地产经纪专业人员兼职就会造成同一房地产经纪人或房地产经纪人协理既属于甲房地产经纪机构又属于乙房地产经纪机构的情况，违反房地产经纪机构专业人员的界定和要求；二是《中华人民共和国劳动合同法》规定"非全日制用工，是指以小时计酬为主，劳动者在同一用人单位一般平均每日工作时间不超过四小时，每周工作时间累计不超过二十四小时的用工形式"。目前，房地产经纪专业人员每天的工作时间远远超过 4 小时，有的甚至超过 8 小时，另外房地产经纪专业人员的工作成效体现在促成的交易上，一个交易通常会长达数周甚至数月，难以以小时计酬。所以房地产经纪专业人员不得同时受聘于两个或两个以上房地产经纪机构执行业务。

（3）依法维护当事人的合法权益的义务。房地产经纪专业人员是具备房地产专业知识和经验的专业技术人员，在经纪活动中，有义务依法维护当事人的合法权益。对居间服务来说，房地产经纪专业人员需要在诚实守信的前提下，维护交易双方的合法权益；对代理服务来说，房地产经纪专业人员应当在合法、诚信的前提下，维护委托人的最大权益。

（4）向委托人披露相关信息的义务。搜集并如实向委托人提供房源客源等相关信息，是房地产经纪服务的基本内容。房地产经纪活动中，为了减少信息不对称，房地产经纪人有义务确认信息的真实性，并向委托人披露与房地产交易相关的有利和不利的信息。

（5）为委托人保守个人隐私及商业秘密的义务。在执业过程中，房地产经纪专业人员会获得委托人的个人隐私及商业秘密。房地产经纪专业人员有义务保守委托人的个人隐私及商业秘密，不得将有关信息擅自泄露给他人，或利用信息牟取不正当利益。

（6）接受继续教育，不断提高业务水平的义务。房地产业快速发展，其制度与政策不断完善，房地产经纪知识也不断更新，房地产经纪专业人员为了增强职业能力和提升服务水平，应当不断接受职业继续教育。

（7）不进行不正当竞争的义务。不进行不正当竞争是所有经营者的义务，房地产经纪专业人员也不例外。房地产经纪专业人员不得违反相关规定，通过商业贿赂、虚假广告、盗取客户信息等行为损害其他房地产经纪专业人员的合法权益，扰乱房地产经纪行业秩序。

（8）接受住房和城乡建设（房地产）行政主管部门和政府相关部门的监督检查的义务。接受和配合主管部门的监督检查，是房地产经纪专业人员的应有义务。房地产经纪专业人员在接受检查时，应当主动提供相关资料，如实反映执业问题。

除以上各项义务外，房地产经纪人还有义务指导房地产经纪人协理进行房地产经纪业务。因为房地产经纪人的职业能力和业务水平比房地产经纪人协理高，执业经验也比房地产经纪人协理丰富。房地产经纪业务琐碎、复杂，房地产经纪人应指导和帮助房地产经纪人协理开展房地产经纪业务，同时，房地产经纪人协理也有义务协助房地产经纪人开展房地产经纪业务。

第三节 房地产经纪专业人员的职业素养与职业技能

一、房地产经纪专业人员的职业素养

（一）房地产经纪专业人员的知识结构

由于房地产经纪活动的专业性和复杂性，房地产经纪专业人员必须拥有完善的知识结构（图 2-1）。这一知识结构的核心是房地产经纪专业知识，即房地产经纪的基本理论与实务知识。该核心的外层是与房地产经纪相关的专业基础知识，包括经济知识、法律知识、社会知识、房地产专业知识、互联网知识、科学技术知识，最外层则是能对房地产经纪人员的文化修养和心理素质产生潜移默化影响的人文（如文学、艺术、哲学等）和心理方面的知识。

房地产经纪专业人员要掌握经济学基础知识，特别是市场和市场营销知识。要懂得市场调查、市场分析、市场预测的一些基本方法，熟悉商品市场，特别是房地产市场供求变化和发展的基本规律、趋势，了解经济模式、经济增长方式对房地产活动的影响。

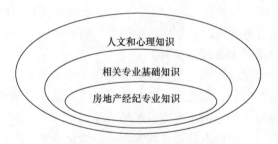

图 2-1 房地产经纪专业人员的知识结构

社会主义市场经济是法治经济，房地产经纪专业人员从事经纪活动要有法治意识和法律观念，要依法开展经纪活动并依法维护自己和其他当事人的合法权益。房地产经纪专业人员要认真学习和掌握基本法律知识，如《中华人民共和国民法典》《中华人民共和国城市房地产管理法》《中华人民共和国广告法》《中华人民共和国反不正当竞争法》《中华人民共和国个人信息保护法》《中华人民共和国消费者权益保护法》《房地产经纪管理办法》以及税法等与房地产经纪有关的法律法规。

房地产经纪专业人员的工作是频繁与人打交道的工作，因此，社会方面的知识也是其必须要掌握的。从基本的方面来讲，房地产经纪专业人员应掌握的社会

知识主要包括人口、家庭等社会因素对房地产市场的影响，国家的社会发展形势和政府的主要政策，大众心理，消费心理等。

房地产经纪专业人员是为房地产投资者、开发企业、房地产消费者等各类房地产经济活动的主体服务的，因此其必须要掌握一定的房地产专业知识，主要包括房屋建筑、房地产金融与投资、房地产市场营销、房地产估价、物业管理、房地产测量等。在强调房地产理论知识的同时，不可忽略产权交易中的程序性知识和日常生活中的房屋使用知识。程序性知识可通过操作来训练。房屋使用知识，如厨房应怎样合理布置、钻石形状的客厅该如何处理等，虽然与交易本身无直接关系，但掌握这些实用的知识，可以为客户提供更切合实际的建议。此外，一些体验性知识，即房屋使用者的感受，也非常重要。一旦具有体验性的知识，不但可以清楚地了解对象房屋的优点和缺点，为客户提供确切的信息，更能与客户默契沟通，从而更容易说服客户。体验性的知识可以通过调查或客户访谈获得，如访问对象房屋的租户。

知识经济时代对房地产经纪专业人员知识方面的要求越来越高。如随着计算机和互联网的普及、大数据和人工智能的出现，优秀的房地产经纪专业人员必须掌握一定的计算机知识等技术，能够进行数据的录入、检索、输出，以及进行数据库的维护，能够进行文档输入、编辑、打印，能够运用局域网和广域网进行数据信息交换、数据信息共享以及数据信息检索，能够使用互联网及手机应用软件（App）、VR 和 AI 等工具处理业务等。

目前，经济全球化对我国的影响日益显著，国外企业和人员大量进入，并日益频繁地进行房地产交易。因此，房地产经纪专业人员还必须熟练掌握至少一门外语，才能更好地为各类外籍人士提供经纪服务。

此外，房地产经纪专业人员还必须有较高的文化修养，应尽可能多地阅读和欣赏文学、艺术作品，提高自己的艺术品位和鉴赏力。同时，房地产经纪专业人员要培养自己良好的心理素质，就必须学习一些心理学方面的知识。

（二）房地产经纪专业人员的心理素质

1. 自知、自信

所谓自知，是指对自己的了解。房地产经纪专业人员对自己的职业应有充分而正确的认识，要对这一职业的责任、性质、社会作用和意义、经济收益等各个方面有一个全面和客观的认识。所谓自信，对于房地产经纪专业人员来讲，是指在自知基础上形成的一种职业荣誉感、成就感和执业活动中的自信力。

房地产交易是房地产的流通环节，其活跃程度和运行效率对整个房地产市场有重要的影响。房地产经纪专业人员的职业责任就是促进房地产交易。因此，房地产经纪专业人员的工作，不仅对房地产市场，乃至对整体经济的发展，都具有很大的积极作用。而且，房地产市场上交易量最大的是普通住宅，普通住宅作为人们的基本生活资料，其市场交易活动实际上也是基本生活资料的优化配置活动。通过市场交易，更多的人得到了适合自己的住房。因此，房地产经纪工作，又是一项造福于民的工作。房地产经纪专业人员应对自己的职业持有充分的荣誉感。曾经有一位房地产经纪公司的经理充满自豪地说："我们每成交一笔，就意味着又有一家人可以搬进自己选中的房子里去了，所以，为点亮万家灯火，同志尚需努力！"这就是一种职业荣誉感的体现。拥有这样强烈的职业荣誉感，就一定会努力地去做好每一笔交易。

房地产经纪的佣金是根据交易标的金额的一定比例来确定的。由于房地产价值高昂，房地产交易的成交额通常都是很高的，因此房地产经纪专业人员的单笔业务收入相对较高。对这一问题，房地产经纪专业人员应有正确的认识。首先，要认识到较高的收入是对专业化劳动的一种回报，它的背后是脑力加体力的艰辛劳动，如果看不到这一点，不肯付出，或者不能够不断提高自己的专业水平，而单纯因为高收入来从事这一行业，那很可能是做不好也得不到较高收入的；其次，要看到这种较高的收入来自社会对房地产经纪行业的肯定，房地产经纪专业人员不应对自己的收入沾沾自喜，更不应在言谈举止中自夸、自傲。在一些经济发达国家，房地产经纪人员大多以专业人士的形象出现，绝不会有自夸、自傲的浅薄言行。

房地产经纪工作是与人打交道的工作。房地产经纪专业人员会在工作中遇到各种各样的人。通常，人们在遇到地位比自己高的人时，会产生拘束、压抑的感觉。此外，与一些性格较特殊的人打交道，常常也是令人头痛的。但是，房地产经纪专业人员则必须学会与各种不同的人，特别是地位比自己高的人，进行沟通。这就需要房地产经纪专业人员具有充分的自信心。一方面，自信来源于自知，房地产经纪专业人员如果能充分了解自己工作的社会意义，知道自己可以为客户带来效益，就会对自己的社会地位产生自信心，不至于在客户面前自惭形秽。另一方面，房地产经纪专业人员自身的专业水平也是自信心的重要保证。不管客户在别的领域有多高的地位，但在房地产交易方面都必须承认房地产经纪专业人员的专业地位，房地产经纪专业人员完全可以通过自己专业化的服务，来赢得客户尊重。当然，这也要求房地产经纪专业人员要不断地提高自己的专业水平。

2. 乐观、开朗

在人与人的交往中，乐观、开朗的人更容易接近，因而更受人欢迎。房地产经纪专业人员如果本身不具备这种性格，就应主动培养自己乐观、开朗的气质。首先，要在心态上调整自己。相比普通商品而言，房地产交易属于大宗金额交易，交易成功的概率相对较低。因此，房地产经纪专业人员在促使交易的过程中，被拒绝从而导致失败的情形是经常有的，房地产经纪专业人员一定要懂得几次业务的失败不等于这项工作的失败，要对自己所从事的职业保持乐观的心态。房地产经纪专业人员心态的另一个重要方面，是与同事、同行之间的关系。房地产经纪专业人员如果能树立与同事、同行积极合作、公平竞争的心态，就不会因竞争而产生消极、悲观情绪，更不会产生嫉妒、敌视之类的卑下心理，乐观、开朗的气质也就容易形成。

其次，要多接触美好的事物，培养积极的心态。如利用宜人的风景、优美的艺术品，这些美好的事物来陶冶自己乐观的气质。同时，应注意在自己的表情、仪容、姿态、语言中增加积极、美好的元素，以及"我相信我能做成这笔交易""我一定能想出办法解决这个问题"等积极的自我心理暗示。

3. 积极、主动

房地产经纪是一种中介服务，无论是房源还是客源，都要靠房地产经纪专业人员自己去寻找。因此房地产经纪专业人员必须具有积极、主动的心理素质，每天都要积极、热情地投入工作之中，主动做好每一件事。一天工作结束时再反思一下当天的工作过程，找出不完善之处，第二天再主动消灭这种不完善，争取"每天进步一点点"，然后进行自我表扬，鼓励自己今后做得更好。

由于房地产交易的复杂性，房地产经纪专业人员的工作经常遇到交易不成功的情况。对此，应始终以积极的心态去思考：如果没有这些挡在前面的问题和困难，那么它们后面的机会也许早被别人获得，而不会等到今天让我来获得；即使最后我也未能解决这些问题和困难，至少我也能从这个过程中得到锻炼和教训。同时，房地产经纪专业人员应学会运用积极的心理暗示，比如"不是我不行，是我还不够努力""不是我不行，是我还没找到好的方法"等，从而使自己更积极。因工作的挫折和失败而产生沮丧、悲观等负面情绪在所难免，但只要具有积极的心态，主动采用一些方法来调整自己的情绪，就可以尽快摆脱负面情绪，从而避免负面情绪产生明显的破坏作用。比如，沮丧的时候想一些自己高兴的事情，想一些自己过去取得的优秀成绩；暗示自己"我今天没有做好，不代表我明天还不能做好"。房地产经纪人员平时应注意通过一些方法来培养自己积极的心态，如多与同事交流；经常参加快乐和美好的活动，如与儿童一起玩，听听相声、笑话，看看喜剧，欣赏音乐和绘画；学会理解他人，不要把拒绝和冷遇转化为对自己的失望。

4. 坚韧、奋进

在实践中，房地产经纪工作中会经常遭遇到挫折，房地产经纪专业人员不仅要以乐观的心态来面对挫折，还需要以坚韧不拔的精神来化解挫折。挫折是由多种原因造成的，找出原因，再认真研究对策并予以实施，就有可能化解挫折。如有些交易不成功，可能是房源与购房者的需求不能完全匹配，那就可以从进一步了解购房者需求和搜寻更多的房源入手；有些交易不成功，可能是买卖双方对价格的认识不一致造成的，那就可以分析各方对价格的认识是否存在偏差，进而通过沟通使其认识到这种偏差，并说服其接受合理的价格。因此，房地产经纪专业人员一定要具备坚韧不拔的精神。要做到这一点，首先要认识到房地产交易的复杂性。房地产是特殊性极强的商品，又是价值特别昂贵的商品，影响它的因素又很复杂。一宗交易合同的达成，经历种种反复和曲折是很自然的。因此，房地产经纪专业人员应视挫折为正常，而将一帆风顺的交易视作偶然。否则，整天期盼着简单、顺利、高额的交易而不得，心态自然变坏，更不可能去做好不顺利的交易。其次，要树立吃苦耐劳的精神，才能不厌其烦地去化解种种挫折。

房地产经纪专业人员还应具有积极向上的奋进精神，因为激烈的市场竞争造成了不进则退的局面。一方面，房地产经纪专业人员应充分认识到时代、环境在不断地发生巨变，很多过去自己熟悉、掌握的知识、技能、信息可能变得过时、陈旧，不能发挥作用了。专业水平的形成不是一劳永逸的，因此要"与时俱进"，要不断地学习新知识、新技术，了解新信息，接受再教育。另一方面，房地产经纪专业人员在业务上要有不断开拓的意识和勇气。市场需求瞬息万变，房地产经纪专业人员切不可故步自封，只局限于自己所熟悉的领域，要不断地开拓新市场，建立新的客户群，形成新的业务类型。

二、房地产经纪专业人员的职业技能

（一）信息收集的技能

信息是房地产经纪专业人员开展经纪业务的重要资源。只有具备良好的信息搜集技能，房地产经纪专业人员才能源源不断地掌握大量真实、准确和系统的房地产经纪信息。

首先，一般信息搜集技能，包括对日常得到的信息进行搜寻、鉴别、分类、整理、储存和快速检索的能力。如对平时上网、读书看报、看电视时得到的信息，或与同事、同行、客户等谈话中得到的信息，能准确地鉴别其真实性，并运用适当的形式（如剪报、文献复印件、笔记、电子文档等）保存下来，并建立检索方便的分类系统，一旦需要，能迅速找到所需要的信息。

其次，特定信息搜集技能，包括根据特定业务需要，准确把握信息搜集的内容、重点、渠道，并灵活运用各种信息收集方法和渠道，快速有效地搜集到针对性信息。如根据某委托人需要购买一个大型商铺的要求，迅速搜寻有关该类大型商铺的房源、市场供求、市场价格等方面的信息。

（二）房屋分析的技能

房屋分析技能要求房地产经纪专业人员要"识货"，是指房地产经纪专业人员能够识别房屋的好坏，能运用相关分析方法，从标的房地产的物质特征、权属特征、区位和市场吸引力等方面分析其优劣，从而判断其可能的交易对象、交易难度乃至交易价格的范围的能力。其中，物质特征包括规模、房地产的功能用途、地块大小、地块形状、临街类型、临街深度、临街位置、地形地质条件、建筑结构、建筑类型与风格、内部装修及设备配置等，对于存量房地产，还包括已使用年限、建筑质量、功能折旧和外部折旧状况等。权属特征包括权属类型、他项权利设置状况，其中土地还包括土地出让合同对土地使用的规定（年限、用途、容积率）。区位包括中观的城市区位和微观的位置，中观的城市区位指对象房地产在城市空间结构中所处的位置，如什么圈层、什么区域、与城市空间发展轴的空间关系。微观的位置主要包括对象房地产与周边重要设施和其他房地产的空间关系、出入口、可视性（即从所临接的街道上看到对象房地产的可能性）、周边房地产的用途、交通流量、邻近地区的供求状况及地区声誉。市场吸引力主要指对象房地产所具有的特别吸引投资者（购买者）或使用者的特殊品质，如独特的建筑设计、优美的景观。对于存量收益性房地产，其市场吸引力还涉及对象房地产的一些经济特征，如租赁收入状况、经营费用、管理水平、租客类型与结构、租赁状况（包括租赁期、是否有租金折让、现有租约到期日、续租条件等）。

（三）市场分析的技能

市场分析技能是指房地产经纪专业人员根据所掌握的信息，采用一定的方法对其进行分析，进而对市场供给、需求、价格的现状及变化趋势进行判断。对信息的分析方法包括：简单统计分析（根据已有的数据信息计算某些数据指标，如平均单价、收益倍数等）、比较分析（不同地区或不同类别房源的比较、同类房源在不同时间段上的比较等）、因果关系分析等。对市场的判断包括定性的判断，如某种房源的供求状况，是供大于求、供小于求还是供求基本平衡；今后数月是趋涨还是趋跌；某例交易的成交价格是否属于正常市场价格；也包括定量的判断，如某类房地产的市场成交价格在最近三个月内上涨了百分之几；某笔交易因交易情况特殊而使其成交价格比正常市场高多少百分点等。小至每一笔业务的进展，大至房地产经纪专业人员、房地产经纪机构业务重心的调整，都离不开准确的市场分析。因此，市场分析技能也是房地产经纪专业人员必须掌握的职业技能。

（四）人际沟通的技能

房地产经纪的服务性决定了房地产经纪专业人员需要不断与人打交道，不仅要与各种类型的客户打交道，还要与客户的交易对手、有可能提供信息的人，以及银行、房地产交易中心、物业服务企业等机构的人员打交道。房地产经纪专业人员需要通过与这些人的沟通，将自己的想法传达给对方，并对对方产生一定的影响，使对方在思想上认同自己的想法，并在行动上予以支持，如购买房地产经纪专业人员所推荐的房源；向房地产经纪人员提供有关的信息；为房地产经纪专业人员办理某项手续等。要使这些人际沟通能较好地达到服务目的，不仅要求房地产经纪专业人员具有良好的心理素质，还要求其必须掌握良好的人际沟通技能。它包括了解对方心理活动和基本想法的技能、适当运用向对方传达意思方式（如语言、面部表情、肢体动作等）的技能、把握向对方传达关键思想的时机的技能等。

经纪服务是帮助客户做出选择和达成交易。最重要的一点就是要迅速判断每个客户的心理，并用适合他们的方式为其服务，最忌千篇一律呆板的言语应对和接待方式。

（五）供需搭配的技能

房地产经纪专业人员是以促成交易为己任的，因此不论是在居间业务，还是代理业务中，都需要同时考虑交易双方的需求，其实质也就是要使供需双方在某一宗（或数宗）房地产交易上达成一致。由于房地产商品具有特殊性，每一宗房地产都是与众不同的，这就要求房地产经纪专业人员准确把握买方的具体要求，并据此选择匹配度高的房源供其参考。房地产经纪专业人员不仅要充分知晓这种搭配的具体方法，更要能熟练掌握，从而使之内化为自身的一种能力，这就是供需搭配的技能。它在实务操作中，常常表现为房地产经纪专业人员是否能在较短的时间内完成供需搭配，从而尽可能实现每一个交易机会。如房地产经纪人进行商品房销售代理时，在售楼处接待了一组来访客户，经过十几分钟，甚至几分钟的交谈，就必须能准确了解并把握他们的需求，并推荐恰当的房源。在实际工作中，供需搭配技能较高的房地产经纪专业人员，工作效率高，成交量大，每笔业务的完成速度也快，而供需搭配技能较差的房地产经纪人员则常常劳而无功，工作效率低下。

（六）议价谈判的技能

房地产经纪专业人员的日常工作中，议价谈判是一项重要的工作内容。一方面，客户常常会就佣金金额与经纪人员讨价还价；另一方面，房地产经纪专业人员要代表委托人与交易对家议价谈判。议价谈判中，最为重要的是两点：一是要将坚持原则与适当让步有机结合；二是要将把控主动权与营造良好的谈判氛围有机结合。坚持原则就是要明确自身的谈判诉求并保证其得以实现，但如果没有适当的让步，常常就会使谈判陷入僵局，因此要把握好坚持原则与妥协的平衡点，这是议价谈判技能的要点之一。为此，应在谈判之前，对对方的情况进行仔细分析，在谈判过程中，要认真、仔细地倾听对方讲话，以推断其主要意图及可能让步的方面。同时，对自己可能让步的方面进行筹划。在谈判过程中，可能会有多次让步，必须坚持让步幅度逐步减小的原则，防止对方无止境地要求让步。房地产经纪专业人员在谈判过程中，还要时刻关注对方的情绪变化，对其产生的负面情绪给予照顾，比如通过和气的语言、态度安抚对方，使其负面情绪减弱，或及时给予对方宣泄负面情绪的机会，以免其累积，或通过一定的解释，化解对方由于误解而产生的一些不必要的负面情绪，从而影响谈判的顺利进行。

（七）交易促成的技能

交易达成，是房地产经纪专业人员劳动价值得以实现的基本前提，因此它是房地产经纪业务流程中关键的一环。然而，由于房地产商品的复杂性、特殊性以及价值量大等特点，房地产商品的买卖双方（尤其是买方）常常会在最终决定成交的时候产生犹豫。房地产经纪专业人员虽然不能不顾客户的实际情况只求成交，更不能诱使客户成交，但也不能贻误合适的成交时机。因为客户的某些犹豫是不必要的，如不具备专业知识而不能做出正确的判断，甚至是由于其自身心理或者性格上的特点引起的，如多疑、优柔寡断等。因此，房地产经纪专业人员应能准确判断客户犹豫的真正原因和成交的条件是否成熟，如果成交条件已经成熟则能灵活采用有关方法来消除客户的疑虑，从而使交易达成，这就是把握成交时机的技能。例如，某客户对其选中的一套房子（在同一楼层中景观最好）犹豫不决，主要原因是这套房子的单价比它隔壁的另一套房子略贵一些。这时如果房地产经纪专业人员能准确判断这一情况，并能针对性地向其解释房地产稀缺性与价格之间的关系，并用自己所了解的某些已成交案例来证明，常常就能打消客户的疑虑而欣然成交。

房地产经纪专业人员如能把握好成交时机，不仅能提高自己的工作效率和经济收益，同时也能增加客户的利益。因为成交时机的准确把握，意味着客户借助房地产经纪专业人员的专业能力克服了自身的某些不足，从而实现了自己的需求，降低了交易成本。由于房地产商品具有个别性的特点，一次成交时机的贻误，可能导致买方再也无法买到自己中意的那套房子，或者需要再次花费较长的时间等待或再次寻找合意的房子。

（八）关系营销的技能

面对激烈的市场竞争，房地产经纪专业人员需要具备关系营销技能来吸引、维护和提升客户关系。在房地产经纪行业，关系营销的应用非常普遍，关系营销有助于增加客户满意度与忠诚度，提升房地产经纪专业人员业绩和房地产经纪机构市场占有率。常见的关系营销策略为打造个人品牌，形成个人影响圈、系统化客户接触。

个人品牌有助于吸引潜在客群，建立信任关系。随着现代信息技术的发展，越来越多的客户选择在线找房、看房甚至选房，房地产经纪专业人员可以通过社交媒体等网络营销方式打造个人品牌，吸引潜在客户，加强沟通互动。

个人影响圈是指围绕个人品牌形成的、可反复触达的潜在客群。房地产经纪专业人员可以通过网络交流、老客户推荐、社区深耕等方式形成个人影响圈，并根据客户不同需求细分个人影响圈中的客户类别，实现精准营销。

系统化客户接触是指持续进行客户接触。随着房地产市场进入存量时代，存量房交易"连环单"业务的比例将会越来越高，房地产经纪专业人员可以通过系统性客户接触，建立和维护长期客户关系，为客户提供深度咨询，增加复购率和推荐率。

（九）防控风险的技能

房地产交易特别是房地产买卖具有标的额高、交易低频、周期长、环节多等特点，交易过程中存在各种不确定性，经常发生房屋产权被查封、交易资金被挪用、银行贷款批不下来等交易风险，目前改善性购房快速增加，卖小买大、卖旧买新、卖远买近等情况的连环交易越来越多，交易过程中上一家和下一家的情况变化，都可能会导致交易不成功的风险。房地产经纪专业人员必须树立风险意识，加强风险研判，能够做到识别和预判常见的交易风险。预防风险的技能，通常表现为能明确知道哪些房屋不能交易和特殊房屋交易的有关规定，哪些主体不能交易房屋以及无民事行为能力人和法人组织交易房屋的有关规定，交易合同有哪些缔约风险以及如何规范使用示范文本签约，交易资金有哪些风险以及如何办理交易资金监管手续，房屋交接容易出现哪些纠纷以及如何规范签署房屋交割单等。在服务过程中，还要能够通过风险提示、风险告知、规范使用交易合同、房屋状况说明书、服务事项告知书等规避风险，特别是要严格按照有关规定协助交易当事人进行交易资金监管，预防交易资金相关风险。事后风险也经常发生，如户口迁出、拖欠的物业费、水电气暖等费用的缴纳扯皮等，能了解协商解决、纠纷调解、诉讼和仲裁等常见的解纠纷解决方式。

房地产经纪专业人员职业技能的培养并非一蹴而就，需要长时间的实践积累。房地产经纪专业人员应把房地产经纪当作长久职业乃至终身职业，通过长期深耕行业持续增强专业素养，提升职业技能，为客户提供更好的服务。

第四节   房地产经纪专业人员的职业道德与职业责任

一、房地产经纪专业人员职业道德的内涵、形成及作用

（一）职业道德的内涵、形成及作用

在我国，"道德"一词是指人的行为应合于理，利于人。在西方，"道德"一词源于拉丁语的"mores"，原意指风尚、习俗。现在通常所说的道德，是指人们在社会生活实践中所形成的关于善恶、是非的观念、情感和行为习惯，并依靠社会舆论和良心指导的人格完善以调节人与人、人与自然关系的规范体系。

职业道德是指人们在从事各种职业活动的过程中应该遵循的思想、行为准则和规范。由于社会分工的产生，在原始社会末期出现了畜牧业、农业、手工业。此后，随着社会分工的不断深化，人们的生产活动逐渐演变成各种职业活动。每一种职业一经产生，社会就赋予了它一定的社会责任。同时，由于同一职业的从业者从事同一种劳动，依赖于同一类资源，服务于同一类主体，因而相互间形成了一种特定的关系。为了协调每个职业与社会以及同一职业中各从业主体之间的关系，就逐渐形成了职业道德。

据史书记载，我国原始社会时就已出现了猎手的职业道德——"敖敖尔"，即猎手打到猎物后，必须把地上的血迹擦净，否则其他野兽嗅到血腥味后就会立即逃离，以后其他猎手在此处就打不到猎物了。可见，职业道德萌芽于人们维护自己所从事行业的整体利益的基本意识。在当今社会，职业活动是人们最重要的活动，因为所有的社会财富都是人们在职业活动中创造的，而且在各种社会活动中，一方以职业身份出现或双方均以职业身份出现的活动占据很大的比例。因此，职业道德是道德的重要组成部分，它与家庭道德、社会公德共同构成了整个社会的道德体系，职业道德又受总体道德体系的约束，服从于社会的基本道德规范。

职业道德具有以下特点：第一，职业道德具有适用范围的有限性。由于职业道德是与一定的职业相联系的，每种职业都担负着一种特定的职业责任和职业义务。由于各种职业的职业责任和义务不同，从而形成各自特定的职业道德的具体规范。第二，职业道德具有发展的延续性。由于职业具有不断发展和世代延续的特征，不仅其技术世代延续，其管理成员的方法、与服务对象打交道的方法，也

有一定历史继承性。如教师职业的"因材施教、有教无类"，医生职业的"治病救人、救死扶伤"，都是从古至今始终未变的职业道德。第三，职业道德具有表达形式的多样性。由于各种职业道德的要求都较为具体、细致，因此其表达形式多种多样。第四，职业道德兼有强烈的纪律性。纪律也是一种行为规范，但它是介于法律和道德之间的一种特殊的规范。它既要求人们能自觉遵守，又带有一定的强制性。就前者而言，它具有道德色彩；就后者而言，又带有一定的法律的色彩。

（二）房地产经纪专业人员职业道德的内涵

房地产经纪专业人员职业道德是指房地产经纪行业的道德规范，是房地产经纪专业人员就这一职业活动所共同认可并拥有的思想观念、情感和行为习惯的总和。就思想观念而言，它包括对涉及房地产经纪活动的一些基本问题的是非、善恶的根本认识，这种认识是指在房地产经纪专业人员思想观念中所形成的一种内在意识。从内容上讲，主要涉及三个方面：职业良心、职业责任感和执业理念。职业良心涉及对执业活动中"自愿""平等""公平"和"诚实信用"等执业原则，以及经纪人员收入来源、经纪服务收费依据和标准等一些重大问题的认识。职业责任感涉及房地产经纪专业人员对自身责任及应尽义务的认识。执业理念主要是指对市场竞争、同行合作等问题的认识和看法。

房地产经纪专业人员职业道德的情感层面涉及房地产经纪人员的职业荣誉感、成就感及在执业活动中的心理习惯等。

行为习惯是最能显化职业道德状况的层面。房地产经纪专业人员职业道德在行为习惯方面包括其遵守有关法律、法规和行业规则的习惯以及在执业过程中仪表、言谈、举止等方面的修养。

房地产经纪专业人员职业道德的表现形式多种多样，从行业服务实践活动的实际出发，采用制度、规则、守则、公约、承诺、誓言以及标语口号等形式。

（三）房地产经纪专业人员职业道德的形成

如上所述，房地产经纪专业人员职业道德是一种在房地产经纪专业人员的思想、情感和行为等方面所形成的内在修养。

从整个行业的角度讲，职业道德是通过广大从业人员的长期实践摸索，有关管理者或研究者的总结、提炼以及一些杰出人物的身体力行，并经由行业团体的集体约定而形成的。如在美国房地产经纪业，19世纪90年代当房地产经纪业还存在诸多不诚信、不规范操作时，一些诚信、优秀的房地产经纪人联合起来，率先践行他们所共同奉行的职业道德标准。1908年全美房地产经纪人协会（NAR）成立后，综合了各地区房地产经纪人协会在职业道德规章方面的精华，形成了约束全体 NAR 会员（截止到 2023 年 5 月底有超过 150 万人宣誓恪守该规范）的职业道德规章。该规章从经纪人对于客户的责任（Duties to Clients）、经纪人对社会大众的责任（Duties to the Public）以及经纪人对于其他经纪人的责任（Duties to Realtor）三个方面，对 NAR 会员提出了比各州法律对房地产经纪人的责任义务所要求的标准更高的职业道德规范。

对于从业人员个体而言，职业道德是通过一定的教育训练、行业氛围的熏陶、社会公众的监督以及行业组织的约束而形成的。在很多发达国家，职业道德规范都是取得房地产经纪职业资格所必须进行的基础培训和基本考核内容。大多数房地产经纪企业也会对房地产经纪从业人员进行职业道德的教育，一些企业还将房地产经纪职业道德纳入自己的企业文化。同时，公众和行业组织的监督、约束使房地产经纪人员违反职业道德的成本大大增高。这些对于每一个房地产经纪从业人员形成自身的职业道德修养，起到了关键的作用。

（四）房地产经纪专业人员职业道德的作用

第一，调整房地产经纪专业人员之间及其与服务对象的关系。房地产经纪专业人员职业道德与房地产经纪的有关法律法规、行业规范有着共同的作用，即调整房地产经纪行业专业人员与服务对象，以及专业人员之间的关系。但两者在作用机制上有明显的区别。法律法规和行业规范均属于外在的规定，主要通过法律手段、行政手段及行业管理手段来约束房地产经纪人员。而职业道德则是内化于房地产经纪人员思想意识和心理、行为习惯的一种修养，它主要通过良心和舆论来约束房地产经纪专业人员。职业道德虽然不如法律、法规和行业规则那样具有强制性，但它一旦形成，则会从房地产经纪专业人员的内心深处产生很大的约束力，并促使其更加主动地遵守有关法律、法规和行业规则。因此，房地产经纪专业人员职业道德对房地产经纪行业的规范运作和持续发展具有重大的积极作用。

第二，维护房地产经纪行业形象和信誉。当前房地产经纪行业形象和社会口碑欠佳，社会上"去中介"呼声不断，行业公信力亟待提升。形成社会公众普遍认可、高度认同的房地产经纪人员言行习惯和服务模式，才可能建立全社会对房地产经纪行业的根本信任。加强房地产经纪专业人员职业道德建设有助于树立、维护房地产经纪行业形象和信誉，从而保障每一个专业人员的综合利益——经济收入、社会地位等。例如，美国房地产经纪人较高的收入水平（平均收入水平与律师、医生相当）和社会地位，就是与美国房地产经纪行业在各行业中率先建立了高水准的职业道德规范密切相关。

第三，提高全社会的道德水平。房地产经纪专业人员职业道德虽然是在特定的房地产经纪职业生活中形成的，但不能离开社会道德而独立存在，是整个社会道德的重要内容。房地产经纪专业人员职业道德涉及每个房地产经纪专业人员如何对待职业，如何对待工作，是其生活态度、价值观念的表现，是其道德意识、道德行为发展的成熟阶段，具有较强的稳定性和连续性。如果每个房地产经纪专业人员都具备优良的道德，树立热爱本职工作的责任感和荣誉感，相信和践行社会主义核心价值观，有助于提高社会道德水平。

二、房地产经纪专业人员职业道德的主要内容

（一）遵纪守法

遵纪守法是每个公民的基本道德修养。房地产经纪专业人员也应牢固树立这一思想观念，并理解其对于自己职业活动的特殊意义。

房地产是不动产，它的产权完全依靠有关的法律文件来证明其存在，其产权交易也必须通过有关的法律程序才能得以完成。房地产经纪专业人员是以促使他人的房地产交易成立作为自己的服务内容的，因此，必须严格遵守有关的法律、法规；否则，自己的服务就不能实现其价值，自己也就失去了立身之本。

由于房地产交易涉及复杂的法律程序，再加上房地产商品的综合性、复杂性及国家和地方的有关规定，房地产经纪工作会涉及很多专业知识和技能。因此，在世界各国，政府为了保证经纪活动的有效性，都要对从业人员和机构进行行业管理。只有取得了房地产经纪职业资格和资质，并遵守相关行业管理规定的人员和机构，才能从事这一专业活动。因此，房地产经纪专业人员首先必须遵守政府对房地产经纪行业上岗、开业的规定，不得无照、无证执业和经营；其次在房地产经纪活动的各个环节，如接受委托、签订合同、发布广告、收取佣金等环节，都必须遵守有关法律、法规的规定。目前，房地产经纪行业中存在的服务不规范、违规收费、违法收集使用客户个人信息等现象，就反映出一些房地产经纪从业人员和机构"守法经营"意识淡薄，对此必须及时纠正。

（二）规范执业

房地产经纪是一种服务活动，具有"生产与消费同时性"特征。因此，房地产经纪服务质量体现在服务过程之中，一旦出现质量问题，难以通过"返工"来改正。正因为如此，房地产经纪行业组织与一些品牌房地产经纪企业制定了行业或企业的房地产经纪规范，旨在通过规范房地产经纪活动的行为，来保证房地产经纪服务的质量。自觉、自愿地遵守、维护这些规范是每一个行业从业人员安身立命的根本。只有规范执业的房地产经纪专业人员，才能长期获得客户的认可和回报。房地产经纪专业人员应充分认识并自觉遵守行业或企业的各种规范，保证行业或企业的服务品质，从而保持、提升房地产经纪行业或企业的社会形象。

（三）诚实守信

房地产经纪专业人员提供的服务主要是促成他人达成房地产交易，这种服务实质上是一种以信息沟通为主的动态过程。因为与普通的商业服务业相比，房地产经纪专业人员及其受聘的房地产经纪机构并不实际占有具有实体物质形态的商品。因此，房地产经纪服务更需要建立在信任的基础上。也就是说，房地产经纪专业人员要促成交易，首先必须使买卖双方信任自己。而要想使买卖双方信任自己，最基本的要诀就是：诚。

诚信是广大房地产经纪人安身立命的基本准则，也是衡量人品的基本标准之一。中国人不仅把诚信作为一种优良品质，还把诚信视为一种道德能力，将其作为所有能力的统帅和核心。一个缺乏诚信的人，他的其他能力就失去了用武之地——没有任何一个组织、单位愿意使用一个缺乏诚信的人，哪怕这个人身怀绝技；也没有一个人愿意委任一个缺乏诚信的人，哪怕这个人专业超群。而有了诚信，即使能力差一些，人们也坚信其能够胜任委托或交给的一切任务。一个房地产经纪人有了诚信，就具有了道德基础。一个房地产经纪人有了诚信就有了灵魂，就不会去干违法违规、伤天害理的事情，努力把受托的任务如期如约保质保量完成，就不会尸位素餐，力求在自己的所作所为上不愧怍于职业理想，下不愧怍于委托人信任。在老百姓眼里，人偏离了忠诚，就没有资格谈道德、情操、气节、教养。对于广大房地产经纪人来说，诚信不但是重要的社会伦理，更是重要的核心的职业伦理。

"诚"的第一要义是真诚，即真心以客户的利益为己任。一些成功的房地产经纪专业人员总结经验时常说自己的任务就是为客户寻找最合适的交易对象。这种真诚不仅仅靠房地产经纪专业人员的语言来表达，更主要的是以行动来体现，其中最主要的是在房地产经纪机构的经营方式和服务费用的收取上。如果房地产经纪机构以佣金为基本收入来源，并且以成交为收取佣金的前提，这就表明，房地产经纪专业人员的利益与客户的利益在方向上保持一致，客户自然会相信房地产经纪专业人员会尽最大力量为自己寻找交易对象。因此，一个房地产经纪机构如果在交易未成交时即收取所谓的"看房费"，往往会失信于客户。所以，从"真诚"的要求出发，房地产经纪专业人员一定要树立"不成交不收费"的观念。

"诚"的第二要义是坦诚，即诚实地向客户告知自己的所知。房地产市场是一个非常复杂的市场，普通客户常常无法了解其实质，因而房地产经纪专业人员应该凭借自己的专业知识和经验来帮助客户。当出现一些可能不利于成交的因素时，应诚实地向客户告知。当客户由于不懂专业知识或不具备专业经验而对成交价格等产生不恰当期望时，不能一味迎合客户，应客观地帮客户进行分析。坦诚的结果是使客户充分知晓影响交易的方方面面，并完全按自己的意愿做出决定。这样的交易不容易产生后续纠纷，同时也有助于客户对房地产经纪专业人员及其机构产生信赖感。

在现代商业社会中，信用是保持经济活动运行的重要因素。房地产经纪业是以促成客户交易为服务内容的，良好的信用可以给房地产经纪专业人员带来更多的客户，为经纪机构创造良好的品牌和收益。房地产经纪专业人员应牢固树立"信用是金"的思想观念。一方面，要言必行，行必果；另一方面，应注意不随意许诺，避免失信。

房地产交易是一个持续较长的动态过程，许多环节都有一个先预约、后执行的过程，因此房地产经纪专业人员在从事经纪服务的过程中会不断遇到需要事先约定或承诺的情况。如约定看房时间、承诺代办交易过户登记手续等。如果这类约定和承诺不能如约履行，必然影响买卖双方的交易，并在损害客户利益的同时损害房地产经纪专业人员及其机构的信誉。

由于房地产交易活动的复杂性，房地产经纪专业人员作为具有房地产专业知识和经验的人员，是客户最重要的参谋和具体事务代办者，客户会不断地向房地产经纪专业人员提出服务的要求。那么房地产经纪专业人员如何来处理这些要求呢？一方面，房地产经纪专业人员要掌握区分合理正当要求和不合理、不合法要求，对不合理、不合法要求，应说明道理后，态度和蔼但立场坚决地拒绝；另一方面，对客户正当合理的要求，还要注意分析、判断满足其要求的可能性，对于因各种客观原因明显不能满足的要求，不要轻易承诺，要客观地向客户进行解释，争取客户的谅解。

（四）尽职尽责

每一种职业活动都是社会经过专业分工后向某一特定职业人群分配的社会任务，每一个职业人都是通过自己的职业活动来实现自身价值并索取社会财富的。房地产经纪人员的责任，就是安全高效地促成他人房地产交易。房地产经纪专业人员应当把提高房地产的流通配置使用效率作为核心价值追求，为当事人提供勤勉尽责、优质高效的经纪服务，努力维护当事人合法权益，引导当事人依法理性交易，合理消费，维护房地产市场秩序。房地产经纪专业人员应尽最大努力去实现这一目标。

第一，房地产经纪活动中的许多环节都是必不可少的，因此房地产经纪专业人员绝不能为图轻松而省略，也不能马马虎虎，敷衍了事。比如，对卖家委托的房源，应充分了解，不仅要通过已有的文字资料了解，还要到现场进行实地勘察，核实业主身份及房源能否出售。因此，房地产经纪专业人员要不断地走街串巷，非常辛苦。如果没有尽职守责的敬业精神，是不能胜任这一工作的。

第二，房地产经纪专业人员是以自己拥有的房地产专业知识、信息和市场经验来为客户提供服务的。因此，房地产经纪专业人员要真正承担起自己的职业责任，还必须不断提高自己的专业水平。一方面要加强理论知识学习，掌握日新月异的房地产专业知识及相关科学技术；另一方面要不断地通过实践，与同行及相关人群交流来充实自己的信息量，提高专业技能。

第三，房地产属于大宗资产，一些房地产交易活动，常常是涉及客户的商业机密或个人隐私。在房地产经纪活动中，房地产经纪专业人员由于工作的需要，接触到客户机密。除非客户涉及违法，否则房地产经纪专业人员决不能将客户的机密泄露出去，更不能以此谋利，应该替客户严守秘密，充分保护客户的利益。

第四，在我国目前的体制下，房地产经纪专业人员都是以自己所在的房地产经纪机构的名义来从事业务活动的，因此房地产经纪专业人员对自己所在的机构也承担着一定的责任。这种责任一是要帮助公司实现盈利目标，二是要维护公司信誉、品牌。从承担自身责任的要求出发，房地产经纪专业人员首先必须做到在聘用合同期内忠于自己的机构，不随意"跳槽"或"脚踩数条船"；同时，在言谈举止和经纪行为上都要从维护公司信誉出发，决不做有损公司信誉、品牌的事情。

（五）公平竞争

市场经济是以优胜劣汰为基本原则的，激烈的市场竞争是市场经济的必然现象。房地产经纪活动中，也存在激烈的同行竞争。房地产经纪专业人员首先必须不怕竞争、勇于竞争。这就要求其以坦然的心态、公平的方式参与竞争。那些诋毁同行、恶意削价等不正当的竞争方式，实质上是不敢进行公平竞争的表现。这种心态和行为对房地产经纪行业危害很大，如果盛行，将阻碍整个行业的发展，并祸及行为人自身。

值得注意的是，在市场竞争中，合作这一看似与竞争不同的方式，实际上常常是房地产经纪专业人员和经纪机构提高市场竞争力的重要手段。通过合作，房地产经纪专业人员和经纪机构可以取他人之长、补己之短，在做大业务增量的同时，提高自己的市场份额和收益。比如，以"上家"客户资源见长的经纪人员，通过与掌握大量"下家"客户资源的经纪人员合作，可以提高自己的业务量。房地产经纪专业人员应当把同行合作作为基本职业理念，牢固树立合作意识。在执业中坚持资源共享、合作共赢，遵守合作纪律，与同事、同行建立良好的合作关系，提升房地产交易效率，提升房地产经纪服务质量。当然，合作中也存在竞争，如果房地产经纪专业人员不能持续提高自己的市场竞争力，就会逐渐丧失自身的合作价值，最终被合作者淘汰甚至取而代之。但如果在合作中不能以公平的方式进行竞争，合作也无法达成。因此，竞争与合作是房地产经纪专业人员时刻面对的问题。而"公平竞争，注重合作"是制胜的前提。

三、房地产经纪专业人员的职业责任

（一）房地产经纪专业人员职业责任的内涵

责任是一种客观需要，也是一种主观追求；是自律，也是他律。一切追求文明和进步的人们，应该基于自己的良知、信念、觉悟，自觉自愿地履行责任，为国家、为社会、为他人做出自己的奉献。无论是道德责任，还是法定责任，都不以个人意志为转移。不履行道德责任，会受到道德的谴责和良心的拷问；不履行法定责任，会受到法律的追究和制度的惩处。

房地产经纪专业人员的职业责任是指其在从事房地产经纪活动时所应尽的义务，以及因自己在职业活动中的违纪、违法甚至犯罪行为而应承担的民事、行政和刑事等法律责任。

就义务层面而言，尽管房地产经纪专业人员在从事职业活动时受到各种规范、规章的约束，但规范、规章不可能包罗万象，总有一些未能列入其中的内容，常常以房地产经纪人员职业道德的形式出现。如尽自己所能向客户提供最充足的信息，以利于客户的交易决策。违反职业道德的行为，会受到同行和社会的谴责和良心的拷问，这是房地产经纪人员职业责任中的道德责任。它与房地产经纪专业人员的职业责任感密切相关。职业责任感是职业人对自身职业责任的认知和态度。与其他任何职业一样，增加职业责任感是房地产经纪专业人员成就事业的可靠途径。责任出勇气，出智慧，出力量。有了责任心，房地产经纪专业人员才能使自己的潜在能力得到充分的挖掘和发挥，从而取得良好的工作业绩。

就法律责任而言，房地产经纪专业人员在履行自己职责的过程中，因违反有关行政法规、法律，违反合同或不履行其他法律义务，侵害国家集体财产，侵害他人财产、人身权利的，应承担相应的行政责任或民事责任。如果房地产经纪专业人员的行为触犯了刑法，则要承担相应的刑事责任。

（二）房地产经纪专业人员执业中的民事法律责任

房地产经纪专业人员执业过程中可能涉及的民事法律责任有违约责任和侵权责任。违约责任是指违反房地产经纪服务合同约定而应承担的民事法律后果，侵权责任是指实施侵权行为而应承担的民事法律后果。广义上的侵权行为指对他人的财产或人身造成损害并应承担民事责任的行为，包括一般侵权行为和特殊侵权行为；狭义上的侵权行为指因过错侵害他人的财产或人身并应承担民事责任的行

为，仅指一般侵权行为。本书所称侵权行为仅指狭义上的侵权行为。侵权责任的构成要件，一是有侵权行为，二是无免责事由。

侵权行为的构成要件有：①行为违法。违法行为包括作为和不作为。作为是指法律规范规定或约定了当事人禁止为某种行为，而为此种行为，造成损害结果。不作为是指法律规范规定或约定当事人有特定义务，而当事人不履行义务，放任损害结果的发生。②有损害事实。损害包括财产损害和人身损害。财产损害又包括积极损害和消极损害，积极的财产损害指财产的毁损灭失、财产权利的消灭或财产价值的减少；消极的财产损害指侵权人妨碍他人取得本可以取得的财产利益。③违法行为与损害事实之间有因果关系。只有当损害事实是由于违法行为造成的时候，行为人才应当承担侵权责任，如果行为人进行了违法行为，但权利人所受到的损害是由于其他原因造成的，则行为人不应承担侵权责任。④主观过错。过错包括故意和过失。故意指行为人明知自己的行为可能给他人造成损害，却希望或放任这种结果发生的心理状态。过失指对自己的行为可能给他人造成损害这种情况缺乏足够的注意。

免责事由包括：①阻却违法性事由，包括正当防卫和紧急避险；②不可抗力；③受害人过错。

承担侵权责任的主要方式有：①停止侵害；②排除妨碍；③消除危险；④返还财产；⑤恢复原状；⑥赔偿损失；⑦消除影响、恢复名誉；⑧赔礼道歉。

（三）房地产经纪专业人员违纪执业的行政责任

房地产经纪专业人员违反有关行政法规和规章的规定，行政主管部门或其授权的部门可以在其职权范围内，对违规房地产经纪人员处以与其违规行为相应的行政处罚。行政处罚的种类包括：警告、通报批评、罚款、没收违法所得、没收非法财物、暂扣或者吊销房地产经纪人员职业资格证书和登记证书、行政拘留和法律、行政法规规定的其他行政处罚。

根据《房地产经纪管理办法》，有下列行为之一的，由县级以上地方人民政府建设（房地产）主管部门责令限期改正，记入信用档案；对房地产经纪人员处以1万元罚款；对房地产经纪机构处以1万元以上3万元以下罚款：

（1）房地产经纪人员以个人名义承接房地产经纪业务和收取费用的；

（2）房地产经纪机构提供代办贷款、代办房地产登记等其他服务，未向委托人说明服务内容、收费标准等情况，并未经委托人同意的；

（3）房地产经纪服务合同未由从事该业务的一名房地产经纪人或者两名房地产经纪人协理签名的；

（4）房地产经纪机构签订房地产经纪服务合同前，不向交易当事人说明和书面告知规定事项的；

（5）房地产经纪机构未按照规定如实记录业务情况或者保存房地产经纪服务合同的。

（四）房地产经纪专业人员的刑事责任

房地产经纪专业人员在经纪活动中，触犯刑法的，司法机关必将追究有关责任人的刑事责任，包括限制人身自由的管制、拘役、有期徒刑、无期徒刑，乃至死刑。与民事责任重在补偿性不同，刑事责任重在惩罚性。如《中华人民共和国刑法》第二百五十三条规定，违反国家有关规定，向他人出售或者提供公民个人信息，情节严重的，处三年以下有期徒刑或者拘役，并处或者单处罚金；情节特别严重的，处三年以上七年以下有期徒刑，并处罚金。违反国家有关规定，将在履行职责或者提供服务过程中获得的公民个人信息，出售或者提供给他人的，依照前款的规定从重处罚。窃取或者以其他方法非法获取公民个人信息的，依照第一款的规定处罚。

复 习 思 考 题

1. 房地产经纪专业人员的职业资格有哪些类型？
2. 房地产经纪人员有哪些权利和义务？
3. 房地产经纪人员应具有怎样的知识结构？
4. 房地产经纪人员的心理素质有哪些方面的要求？
5. 房地产经纪人员应具有哪些职业技能？
6. 职业道德是什么？它包含哪些内容？
7. 房地产经纪人员在职业道德方面应符合哪些基本要求？
8. 房地产经纪专业人员的职业责任是什么？

第三章　房地产经纪机构组织管理

　　房地产经纪机构是房地产经纪服务市场主体，房地产经纪分支机构是房地产经纪机构开展房地产经纪业务的基本场所，房地产经纪机构和分支机构的管理水平不仅直接影响企业的运作效率，关乎企业的发展，同时还影响整个房地产经纪行业的运行质量和服务水平。本章阐述了房地产经纪机构的设立与备案，房地产经纪门店开设的工作程序，以及经纪门店日常管理的基本内容。

第一节　房地产经纪机构的设立与备案

　　房地产经纪机构是房地产经纪服务市场主体，是开展房地产经纪业务活动的基本法律主体，也是房地产经纪从业人员从事房地产经纪业务必须依附的经济实体。我国房地产经纪机构要不断加强企业自身管理，不断进行管理创新，以适应企业自身和行业发展的需要。

一、房地产经纪机构的界定、特点与类型

（一）房地产经纪机构的界定

　　房地产经纪机构（包括分支机构），是指依法设立并到市场主体登记所在地的县级以上人民政府建设（房地产）主管部门备案，从事房地产经纪活动的中介服务机构。

　　《房地产经纪管理办法》第十四条明确规定："房地产经纪业务应当由房地产经纪机构统一承接，服务报酬由房地产经纪机构统一收取。分支机构应当以设立该分支机构的房地产经纪机构名义承揽业务。房地产经纪人员不得以个人名义承接房地产经纪业务和收取费用。"由此可见，房地产经纪机构是房地产经纪业运行的基本载体，是开展房地产经纪业务的基本法律主体，是将房地产市场中交易双方联系在一起的桥梁。同时，房地产经纪机构是统一承接房地产经纪业务、统一收取服务报酬的法律主体，也就是说，房地产经纪机构是房地产经纪从业人员从事房地产经纪活动、获得报酬所必须依附的经济实体。

（二）房地产经纪机构的特点

1. 房地产经纪机构是企业性质的中介服务机构

房地产经纪机构是依法设立的企业，其主营业务是从事中介性质的房地产经纪活动。房地产经纪机构致力于为房地产市场中的交易各方提供居间和代理服务，有效解决房地产交易过程中因当事人对房地产市场行情、交易标的、交易程序等不了解而造成的交易阻滞等问题。房地产经纪机构所提供的服务使交易各方能够较为准确、及时地了解市场行情、交易标的和交易程序等信息，从而削弱房地产交易中的信息不对称，提高交易效率，保障交易安全。房地产经纪活动的成果以房地产成交来体现，其服务收入的基本形式是佣金。

2. 房地产经纪机构是轻资产类型的企业

房地产经纪机构是通过经纪人员提供中介服务从而获取佣金收入的轻资产行业，其资金密集度低，持有资产相对较少，经营效益的高低主要取决于企业治理结构、内部管理、人员培训、企业文化等"软"实力。尽管在信息化的时代，房地产经纪机构也必须配备大量的信息技术设备，但与钢铁、机械制造、物流等行业的企业相比较，房地产经纪机构的资产中，固定资产所占的比例较少，其核心资产主要是商业模式、品牌、管理制度和专有技术等无形资产。与重资产类型企业相比，轻资产类型企业往往具有更好的成长性。随着房地产市场竞争的加剧，轻资产也是企业转型和变革发展的重要趋势之一。我国一些优秀的房地产经纪机构超高速的成长，不仅借势于中国房地产市场的快速发展，也得益于其轻资产的企业特性。同时，房地产经纪机构的轻资产特性，使得房地产经纪行业的进入门槛较低，也导致房地产经纪行业变化快。

3. 房地产经纪机构的企业规模具有巨大的可选择范围

无论在发达国家还是在中国，房地产经纪机构的企业规模都具有巨大的可选择范围。在美国，约有80％的房地产经纪公司为1～4人的小公司，但同时也存在着房地产经纪人数量达到1 000人以上的大公司。目前在中国，员工逾万、分支机构过千家的超大型房地产经纪机构与10名以下员工的小微房地产经纪机构并存，在市场中都有生存和发展的空间。由于房地产的不可移动性，房地产经纪服务具有地域性，大多数房地产经纪机构通常会选择在其所熟悉的城市、市区或某一区域设店并提供相应的经纪服务。因此，大型房地产经纪机构规模扩张不可能覆盖全部房地产市场，这为大量中小型房地产经纪机构创造了广阔的生存空间。

（三）房地产经纪机构的类型

房地产经纪机构有多种分类标准，如按主营业务范围划分、按企业组织形式划分、按企业规模划分以及按经营模式划分等。在此主要介绍前两种。

1. 按主营业务范围划分的房地产经纪机构类型

根据主营业务范围的不同，目前我国房地产经纪机构可分为以下几种类型：

（1）以存量房经纪业务为主的房地产经纪机构

这类机构主要从事存量房经纪业务，以存量住宅的买卖、租赁经纪业务为主。这类机构大多数设立经营门店，主要承接个人或机构委托的存量住宅买卖、租赁经纪业务，如链家、我爱我家、麦田、21世纪不动产、易居房友、中原地产、信义房屋等。目前这类机构在存量住房交易市场上极为活跃，参与度较高。据中国房地产估价师与房地产经纪人学会不完全统计，全国房地产经纪机构超过34.1万家，分支机构（门店）10.8万家。各大城市的存量住宅交易中，通过房地产经纪机构成交的数量占成交总量的60%～80%，部分城市高达90%。目前，随着一些一、二线城市房地产市场中存量房交易占比不断上升并超过新房交易市场，存量房经纪业务在房地产经纪行业的业务总量中的比重已在50%以上，并持续上升。值得注意的是，由于这类房地产经纪机构可以依托现有的存量房门店，发挥潜在的客户资源和渠道资源的价值，向新房市场渗透，新建商品房代理业务也日益成为此类房地产经纪机构愈发重要的业务线。

（2）以新建商品房代理业务为主的房地产经纪机构

这类机构主要为房地产开发企业提供新建商品房销售、租赁代理服务。如世联地产、新联康、同策、同致行等。这类机构是我国房地产经纪行业中较早发展起来的机构，依靠其专业的案场营销能力，帮助开发商销售楼盘，并向开发商收取佣金。

（3）以房地产策划、顾问业务为主的房地产经纪机构

这类机构专注于房地产投资管理与服务，房地产市场分析、房地产投资项目的可行性研究、房地产营销方案策划等咨询服务业务占据了很大比例。这种类型的房地产经纪机构主要是一些境外来中国大陆的房地产服务企业，如世界知名的五大房地产咨询机构戴德梁行、世邦魏理仕、第一太平洋戴维斯、仲量联行、高力国际。这些机构通常也提供房地产租售代理业务，一般侧重于办公楼、综合性商业物业和高端住宅，同时，也提供高水平的不动产资产运营管理和物业管理服务。

（4）综合性房地产经纪机构

这类机构同时经营存量房经纪业务、新建商品房经纪业务，以及房地产咨询、顾问、策划等多种业务。易居（中国）、中原地产、合富辉煌、富阳（中国）、我爱我家等就属于这类机构。它们大多在原来相对单一的主营业务的基础

上通过业务多元化发展而成长起来的。这种多元化发展，改变了我国房地产经纪行业发展初期，房地产经纪机构往往只经营某一类业务，或专注于新建商品房经纪业务，或主营存量房经纪业务的局面，拓宽了房地产经纪服务领域，提高了房地产经纪服务的综合化水平，也使我国房地产经纪业进入了一个新的发展阶段。

（5）房地产互联网企业

房地产互联网企业这类经纪机构，最初由互联网企业与房地产经纪机构融合发展起来，有的从线下到线上，有的从线上到线下，最终都线上线下融合，以平台化企业的形式运营，如58同城（含安居客）、贝壳找房等。房地产互联网企业主要提供房源信息发布服务，本质上是房地产交易服务链条中的一环。另外还有一类大型电商平台的某个频道或某个板块从事房源信息发布服务的，这类企业因其主营业务不是房地产信息发布，通常不认为其属于房地产经纪机构。2016年，《住房城乡建设部等部门关于加强房地产中介管理促进行业健康发展的意见》（建房〔2016〕168号）规定，通过互联网提供房地产中介服务的机构，应当到机构所在地省级通信主管部门办理网站备案，并到服务覆盖地的市、县房地产主管部门备案。北京、上海等地依据地方的租赁条例，也都将房地产互联网企业纳入行业管理。

（6）其他类型的房地产经纪机构

除以上类型的房地产经纪机构外，随着产业分化与融合的不断发展，中国房地产市场上也出现了一些边缘性的房地产经纪机构（它们的名称中常常没有"房地产经纪"的字样），它们往往是其他行业渗入房地产经纪行业，或房地产经纪行业与其他行业结合后的产物，如物业服务企业涉足房地产经纪业而形成的管理型房地产经纪机构，从事办公楼的管理、租赁代理业务；由大型商业零售企业分化出的商业物业服务企业，从事商业物业的代理租赁业务。其他行业的机构从事房地产经纪业务也应当符合房地产经纪管理的要求和规定。

2. 按企业组织形式划分的房地产经纪机构类型

目前在我国，按房地产经纪机构的组织形式可以将其分为以下几种类型：

（1）公司制房地产经纪机构

房地产经纪公司是指依照《中华人民共和国公司法》和有关房地产经纪的管理规定，在我国境内设立的从事房地产经纪业务的有限责任公司和股份有限公司。有限责任公司和股份有限公司都是企业法人。有限责任公司是指股东以其出资额为限对公司承担责任，有限责任公司以其全部资产对公司的债务承担责任。股份有限公司是指其全部资本分为等额股份，股东以其所持股份为限对公司承担责任，股份有限公司以其全部资产对公司的债务承担责任。出资设立房地产经纪公司的出资者可以是自然人也可以是法人，出资可以是国内资产也可以是国外投资，出资形式可以是货币资本也可以是实物、工业产权、非专利技术、土地使用权等的作价出资。现实中，公司制房地产经纪机构数量最多，占主体地位。

（2）合伙制房地产经纪机构

合伙制房地产经纪机构一般是普通合伙企业，是指依照《中华人民共和国合伙企业法》和有关房地产经纪的管理规定在我国境内设立的由合伙人订立合伙协议、共同出资、合伙经营、共享收益、共担风险，并对合伙机构债务承担无限连带责任的从事房地产经纪活动的营利性组织。合伙人可以用货币、实物、土地使用权、知识产权或者其他财产权利出资；上述出资应当是合伙人的合法财产及财产权利。对货币以外的出资需要评估作价的，可以由全体合伙人协商确定其价值，也可以由全体合伙人委托法定评估机构进行评估。经全体合伙人协商一致，合伙人也可以用劳务出资，其评估办法由全体合伙人协商确定。合伙机构存续期间，合伙人的出资以及所有以合伙企业名义取得的收益（合伙企业财产）由全体合伙人共同管理和使用。合伙人原则上以个人财产对合伙企业承担无限连带责任，但如果合伙人是以家庭财产或夫妻共同财产出资并把合伙收益用于家庭或夫妻生活的，应以家庭财产或夫妻共同财产对合伙企业承担无限连带责任。现实中，合伙制房地产经纪机构数量较少。

（3）个人独资房地产经纪机构

个人独资房地产经纪机构是指依照《中华人民共和国个人独资企业法》和有关房地产经纪的管理规定在我国境内设立，由一个自然人投资，财产为投资人个人所有，投资人以其个人财产对机构债务承担无限责任的，从事房地产经纪活动的经营实体。现实中，个人独资的房地产经纪机构也不多见。

（4）房地产经纪机构设立的分支机构

在中华人民共和国境内设立的房地产经纪机构（包括房地产经纪公司、合伙制房地产经纪机构、个人独资房地产经纪机构）、国外房地产经纪机构，都可以依法在我国境内设立分支机构。分支机构能独立开展房地产经纪业务，但不具有法人资格。房地产经纪机构的分支机构独立核算，首先以自己的财产对外承担责任，当分支机构的全部财产不足以对外清偿到期债务时，由设立该分支机构的房地产经纪机构对其债务承担清偿责任；分支机构解散后，房地产经纪机构对其解散后尚未清偿的全部债务（包括未到期债务）承担清偿责任。房地产经纪机构承担责任的形式按照机构的组织形式决定，股份有限公司和有限责任公司以其全部财产承担有限责任，合伙企业和个人独资企业承担无限连带责任。国外房地产经纪机构的分支机构撤销、解散及债务的清偿等事宜按照我国法律的相关规定进行。现实中，房地产经纪门店多以分支机构形式存在。

二、房地产经纪机构的设立

（一）房地产经纪机构设立的条件

房地产经纪机构的设立应符合《中华人民共和国公司法》《中华人民共和国合伙企业法》《中华人民共和国个人独资企业法》等法律法规及其实施细则以及工商登记管理的具体规定。

房地产经纪机构是以盈利为目的从事房地产经纪等经营活动的市场主体，在我国从事房地产经纪活动必须设立房地产经纪机构。不设立房地产经纪机构开展房地产经纪活动，属于无照经营行为，由市场监管管理部门责令改正，没收违法所得；拒不改正的，处1万元以上10万元以下的罚款；情节严重的，依法责令关闭停业，并处10万元以上50万元以下的罚款。设立房地产经纪机构要依据《中华人民共和国市场主体登记管理条例》，在所在地的县级以上地方人民政府市场监督管理部门申请登记。

房地产经纪机构的组织结构形式包括公司、非公司企业法人、个人独资企业、合伙企业以及其分支机构等。房地产经纪机构的登记包括设立登记、变更登记和注销登记。按照《房地产经纪管理办法》的规定，房地产经纪机构及其分支机构应当自领取营业执照之日起30日内，到所在直辖市、市、县人民政府建设（房地产）主管部门备案。因此，未经登记备案的，不得以房地产经纪机构的名义提供房地产经纪服务，从事房地产中介经营活动。

房地产经纪机构的一般登记事项包括：名称，主体类型，经营范围，住所或者主要经营场所，注册资本或者出资额，法定代表人、执行事务合伙人或者负责人姓名、房地产经纪专业人员职业资格登记信息等。此外，不同组织形态的房地产经纪机构还应当分别登记其他相关事项，例如有限责任公司股东、股份有限公司发起人、非公司企业法人出资人的姓名或者名称，个人独资企业的投资人姓名及居所，合伙企业的合伙人名称或者姓名、住所、承担责任方式等。另外，房地产经纪机构还需向市场监督管理部门的备案事项包括：房地产经纪机构的章程或者合伙协议；经营期限或者合伙期限；有限责任公司股东或者股份有限公司发起人认缴的出资数额，合伙企业合伙人认缴或者实际缴付的出资数额、缴付期限和出资方式；公司董事、监事、高级管理人员；登记联络员、外商投资企业法律文件送达接受人；公司、合伙企业等市场主体受益所有人相关信息事项等。

房地产经纪机构的名称和经营范围中应当包括"房地产经纪"，而且只能登记一个名称，经登记的名称受法律保护；经营范围包括一般经营项目和许可经营项目。房地产经纪机构只能登记一个住所或者主要经营场所。房地产经纪机构的注册资本或者出资额实行认缴登记制，以人民币表示。公司股东、非公司企业法人出资人不得以劳务、信用、自然人姓名、商誉、特许经营权或者设定担保的财产等作价出资。

有下列情形之一的，不得担任房地产经纪机构的法定代表人：

（1）无民事行为能力或者限制民事行为能力；

（2）因贪污、贿赂、侵占财产、挪用财产或者破坏社会主义市场经济秩序被判处刑罚，执行期满未逾 5 年，或者因犯罪被剥夺政治权利，执行期满未逾 5 年；

（3）担任破产清算的公司、非公司企业法人的法定代表人、董事或者厂长、经理，对破产负有个人责任的，自破产清算完结之日起未逾 3 年；

（4）担任因违法被吊销营业执照、责令关闭的公司、非公司企业法人的法定代表人，并负有个人责任的，自被吊销营业执照之日起未逾 3 年；

（5）个人所负数额较大的债务到期未清偿；

（6）法律、行政法规规定的其他情形。

房地产经纪机构实行实名登记，申请人应当配合登记机关核验身份信息。房地产经纪机构的申请人可以委托其他自然人或者中介机构代其办理登记。申请人应当对提交材料的真实性、合法性和有效性负责。受委托的自然人或者中介机构代为办理登记，不得提供虚假信息和材料。

房地产经纪机构的营业执照分为正本和副本，具有同等法律效力。电子营业执照与纸质营业执照具有同等法律效力。房地产经纪机构设立分支机构，应当向分支机构所在地的登记机关申请登记。房地产经纪机构变更登记事项，应当自做出变更决议、决定或者法定变更事项发生之日起 30 日内向登记机关申请变更登记。房地产经纪公司、非公司房地产经纪企业法人的法定代表人在任职期间发生不得担任法人列情形之一的，应当向登记机关申请变更登记。

因自然灾害、事故灾难、公共卫生事件、社会安全事件等原因造成经营困难的，房地产经纪机构可以自主决定在一定时期内歇业。房地产经纪机构应当在歇业前与职工依法协商劳动关系处理等有关事项。并应在歇业前向登记机关办理备案。房地产经纪机构歇业的期限最长不得超过 3 年。房地产经纪机构在歇业期间开展经营活动的，视为恢复营业。

房地产经纪机构因解散、被宣告破产或者其他法定事由需要终止的，应当依法向登记机关申请注销登记。经登记机关注销登记，房地产经纪机构终止。房地产经纪机构注销登记前依法应当清算的，清算组应当自成立之日起 10 日内将清算组成员、清算组负责人名单通过国家企业信用信息公示系统公告。清算组可以通过国家企业信用信息公示系统发布债权人公告。清算组应当自清算结束之日起30日内向登记机关申请注销登记。房地产经纪机构申请注销登记前，应当依法办理分支机构注销登记。

按照《房地产经纪管理办法》的规定，房地产经纪机构向所在直辖市、市、县人民政府建设（房地产）主管部门的备案信息包括房地产经纪机构及其分支机构的名称、住所、法定代表人（执行合伙人）或者负责人、注册资本、房地产经纪人员等。

设立房地产经纪机构应当具备一定数量的注册资金和足够数量的房地产经纪专业人员，具体数量由各省、自治区、直辖市建设（房地产）主管部门制定。

（二）房地产经纪机构设立的程序

1. 市场主体登记

设立房地产经纪机构，应当首先向当地市场监督管理部门申请办理市场主体登记。企业名称应以"房地产经纪"作为其行业特征，经营项目统一核定为"房地产经纪"，并按规定提供一定数量的经登记房地产经纪专业人员信息。

根据2018年国家工商总局等十三部门联合出台的《关于推进全国统一"多证合一"改革的意见》，房地产经纪机构申请工商登记时，由住房和城乡建设部门向工商登记部门提出至少一名房地产经纪专业人员的职业资格登记证书的登记号。

2. 备案

房地产经纪机构及其分支机构应当自领取营业执照之日起30日内，到所在直辖市、市、县人民政府建设（房地产）主管部门，将房地产经纪机构及其分支机构的名称、住所、法定代表人（执行合伙人）或者负责人、注册资本、房地产经纪人员等信息进行备案。

根据《房地产经纪管理办法》，直辖市、市、县人民政府建设（房地产）主管部门应当构建统一的房地产经纪网上管理和服务平台，为备案的房地产经纪机构提供下列服务：

（1）房地产经纪机构备案信息公示；

（2）房地产交易与登记信息查询；

（3）房地产交易合同网上签订；

（4）房地产经纪信用档案公示；

（5）法律、法规和规章规定的其他事项。

经备案的房地产经纪机构可以取得网上签约资格。

网上签约资格通过网签系统的密钥实现，网签密钥归属房地产经纪机构，但要与登记在房地产经纪机构执业的房地产经纪专业人员绑定。

三、房地产经纪机构的变更与注销

（一）房地产经纪机构的变更

房地产经纪机构（含分支机构）的名称、法定代表人（执行合伙人、负责人）、住所、登记房地产经纪专业人员等备案信息发生变更的，应当在变更后 30日内，向原备案机构办理备案变更手续。

（二）房地产经纪机构的注销

房地产经纪机构的注销，标志着其主体资格的终止。房地产经纪机构注销应按机构所在地政府主管部门的相关规定进行办理。注销后的房地产经纪机构不再有资格从事房地产经纪业务，注销时尚未完成的房地产经纪业务应与委托人协商处理，可以转由他人代为完成，也可以终止合同并赔偿损失，在符合法律规定的前提下，经委托人约定，还可以用其他方法进行处理。

房地产经纪机构的备案证书被撤销后，应当在规定的期限内向所在地的市场监管部门办理注销登记。房地产经纪机构歇业或因其他原因终止经纪活动的，应当在向市场监管部门办理注销登记后 30 日内向原办理登记备案手续的房地产管理部门办理注销手续，逾期不办理视为自动撤销。

房地产经纪机构注销备案的，其下设的分支机构一并注销备案。

四、房地产经纪机构的权利和义务

（一）房地产经纪机构的权利

房地产经纪机构享有以下权利：

（1）在市场主体登记的经营范围内的经营，依法开展各项经营活动，并按约定标准收取佣金及其他服务费用；

（2）按照国家有关规定制定各项规章制度，并以此约束本机构中房地产经纪专业人员的执业行为；

（3）在委托人隐瞒与委托业务有关的重要事项、提供不实信息或者要求提供违法服务时，中止经纪服务；

（4）当委托人给房地产经纪机构或房地产经纪从业人员造成经济损失时，向委托人提出赔偿要求；

（5）向房地产管理部门提出专业培训的要求和建议；

（6）法律、法规和规章规定的其他权利。

（二）房地产经纪机构的义务

房地产经纪机构承担如下义务：

（1）依照法律、法规和政策开展经营活动；

（2）在经营场所公示营业执照、备案证明文件、服务项目、业务流程、收费标准等；

（3）认真履行房地产经纪服务合同，督促房地产经纪人员认真开展经纪业务；

（4）维护委托人的合法权益，按照约定为委托人保守商业秘密；

（5）按照约定标准收取佣金及其他服务费用；

（6）依法缴纳各项税费；

（7）接受房地产管理部门的监督和检查；

（8）法律、法规和规章规定的其他义务。

五、房地产经纪机构与房地产经纪从业人员的关系

房地产经纪机构是房地产经纪人员开展房地产经纪执业活动的载体，是房地产经纪活动的组织者。同时房地产经纪从业人员又是房地产经纪机构设立和运营的主体。两者具有相辅相成的关系。

房地产经纪从业人员与房地产经纪机构之间的关系通过签订劳动合同来确定，除了具有劳动关系之外，还有以下几层关系：

（一）执业关系

一方面，房地产经纪业务必须由房地产经纪机构统一承接，房地产经纪服务合同也必须由房地产经纪机构与委托人签订，也就是说房地产经纪从业人员从事经纪活动必须以房地产经纪机构的名义进行，不能以个人的名义进行；房地产经纪专业人员执业也必须登记在一家房地产经纪机构内，否则不能以房地产经纪专业人员的名义执业；另一方面，房地产经纪机构聘用的员工里，一定有足够数量的房地产经纪专业人员，房地产经纪业务必须由房地产经纪机构指定具体的房地产经纪专业人员去承办和完成。根据《房地产经纪执业规则》，房地产经纪机构对每宗房地产经纪业务，应当选派或者由委托人选定登记在本机构的房地产经纪专业人员作为承办人，并在房地产经纪服务合同中载明。房地产经纪服务合同应当由承办该宗经纪业务的一名房地产经纪人或者两名房地产经纪人协理签名。

（二）法律责任关系

房地产经纪业务是由房地产经纪机构统一承接的，房地产经纪合同是由委托人和房地产经纪机构签订的。因此，一方面，如果房地产经纪从业人员在执业活动中由于故意或过失给委托人造成损失的，应先由房地产经纪机构统一承担责任，房地产经纪机构应首先对委托人进行赔偿，再向承办该业务的房地产经纪专业人员进行追偿，受到行政处罚的，房地产经纪机构和违规的房地产经纪人员会同时被处罚；另一方面，如果是由于委托人的故意或过失给房地产经纪机构或房地产经纪从业人员造成了损失，应由房地产经纪机构向委托人提出赔偿请求，由委托人对房地产经纪机构进行赔偿，然后，房地产经纪机构再对房地产经纪从业人员的损失进行相应的补偿。由房地产经纪机构统一承接经纪业务并承担法律责任有利于保护委托人、房地产经纪从业人员和房地产经纪机构三方的合法权益，也有利于提高房地产经纪机构的内部监管水平，以更加有效地规避风险。

（三）经济关系

由于房地产经纪业务是由房地产经纪机构统一承接的，房地产经纪合同是由委托人和房地产经纪机构签订的，因此，佣金等服务费用应由房地产经纪机构统一向委托人收取，并开具相应的发票。房地产经纪机构收取佣金后再按约定向具体承办和执行经纪业务的房地产经纪专业人员支付相应的报酬，报酬的具体金额或分配比例由房地产经纪机构与房地产经纪专业人员协商约定，但通常应与当地当时提供同类服务的社会正常报酬水平相一致，以维持正常的市场竞争和市场秩序。

第二节　房地产经纪分支机构的开设与管理

房地产经纪分支机构，即常见的房地产经纪门店，是房地产经纪机构开展房地产经纪业务的基本场所，是房地产经纪机构基层组织和房地产经纪从业人员开展日常工作的场所。房地产经纪门店的管理，是影响房地产经纪机构经营效益的基础环节。

一、房地产经纪门店的开设

（一）门店的开设程序

目前在我国，以存量住房经纪业务为主的房地产经纪机构，大多采用有店铺经营模式。门店是房地产经纪机构承接、开展存量房经纪业务的基层组织和具体场所，是房地产经纪机构企业形象展示的主要窗口。开设房地产经纪门店必须充分考虑房地产经纪机构的经营范围和目标市场定位，以符合房地产经纪机构自身的长远发展为前提，周密筹划，合理设置。具体而言，一般应按照以下步骤依次进行：

第一，区域选择。也就是确定在哪个（或哪些）区域设置门店。首先要确定目标市场，找准服务对象，然后再依据目标市场、服务对象选择最佳的区域。

第二，店址选择。也就是在所确定的城市区域内选择最佳位置的店铺，且能符合办理营业执照的要求。

当门店所在区域确定后，必须进行周密的市场调查，对区域内现有的商业网点，包括竞争的门店、客流集中地段、客流量和客流走向、交通路线、停车位等情况进行实地调查。如果区域内有竞争对手，还要深入调查竞争对手的客户上门量、看房量等指标。

在市场调查充分完成的前提条件下，一般同一区域应确定若干备选店址（不低于两个），对备选店址的经营成本、展示性、客流量、潜在交易量等指标进行对比分析，并在此基础上测算每个门店的投资回报率，比较并选择最优店址。

第三，租赁谈判和签约。选定门店后，应及时与门店业主商谈租赁事宜。通过市场调查及筛选，确保谈判具有客观性及合理性，能切入谈判要点和重点。待双方达成租赁共识，便签订正式的租赁合同。

第四，开业准备。确定门店的具体位置后，应到当地市场监督管理部门领取营业执照，并到所在地县级以上建设（房地产）管理部门办理房地产经纪机构备案，在二手房交易需要网签的地区，还应办理相关网签入网申请，获得密钥。需要抓紧时间投资改造、装修，并拟定切实可行的开业实施方案，以保证门店开业前的准备工作有条不紊地进行。

（二）门店设置的区域选择

由于城市内部不同区域存量房市场的客源、房源以及市场状况均有差异，房地产经纪机构应根据自身的目标市场定位来选择设置存量房业务门店的具体区域。

具体而言，就是要根据各区域客户的消费形态、结构，同类型客户和业主的集中程度，以及房地产的存量、户型、周转率、价格等因素与房地产经纪机构目标市场的吻合程度来选择设置门店的区域。对于房地产经纪机构而言，目标区域的选择是否准确，将直接关系着经营的好坏。

选择目标区域前，房地产经纪机构首先应对所在城市各区域的存量房市场进行调查和分析。调查和分析的内容主要应包括下列四方面内容。

1. 房源状况

（1）房屋存量情况，调查区域内存量房屋的总套数，以及套型、面积等情况，可按空置、出租、自住等房屋状态进行区分。

（2）业主情况，包括现有业主的户主名、年龄、性别、职业、文化程度、置业情况（初次置业、二次置业、多次置业）等基本情况。

（3）房屋转让率及出租率，这两个指标将直接影响到区域内市场开拓的潜力。

2. 客源状况

客源状况主要是指客流量，包括现有客流量和潜在客流量，客流量大小是门店经营成功的关键因素。通常门店应尽量设置在潜在客流量最多、最集中的地点，以便最大限度地吸纳客户。影响客流量的因素包括：

（1）客流类型。门店的客流通常分为三种类型：自身的客流，指专门为购房或租房而寻求经纪服务的客流；分享客流，指从邻近的竞争对手的客流中获得的客流；派生客流，指事先没有购买目标，无意中进店了解相关知识及信息等所形成的客流。

（2）客流的目的、速度和滞留时间。不同区域客流规模虽可能相同，但其目的、速度、滞留时间存在较大差异，须经过实地调查和分析后，再作为门店选址的重要依据。

3. 竞争程度

同业竞争是不可避免的，同业门店与门店之间的竞争所产生的影响是不可忽视的，所以，在门店选址时必须分析将来可能面临的竞争形势。通常情况下，在开设地点附近如果同业竞争对手众多，如门店经营独具特色，会吸引一定的客流。与之相反，则要避免与同业门店毗邻。经营差异化是避免同业竞争的方式之一，随着房地产市场对交易服务专业化程度要求的不断提升，房地产经纪服务市场细分也是必然的。

4. 周边环境

门店周围是否有商业集中区域、居民社区、主要交通站点或人流旺地等因素，都对门店选址有较大的影响。

（三）门店的选址

1. 门店选址的原则

（1）保证充足的客源和房源

门店应保证有一定规模的目标客户，目标客户量主要是房源量和客源量。通常情况下，门店的影响力在区域内通常有一个相对集中、稳定的范围。一般是以门店为中心，以周围 1 000m 距离为半径划定的范围作为该门店的可辐射市场。半径在 500m 以内的区域为核心区域，在该区域内获取的客户通常占本门店客户总数的 55%～70%；半径在 500～1 000m 的区域为中间区域，门店从中获取的客户通常占本门店客户总数的 15%～25%；半径在 1 000m 以外的区域为外围区域，门店从中获取的客户通常占本门店客户总数的5%左右。门店选址时，应力求较大的目标市场，以吸引更多的目标客户，故门店所处位置不能偏离选定区域的核心。

（2）保证良好的展示性

房地产经纪门店不仅是直接承揽存量房经纪业务的场所，还是房地产经纪机构对外展示企业形象的主要窗口，因此选择店址应尽量保证其有良好的展示性。具体而言，一个好的门店必须具有独立的门面，而且门面应尽量宽一些。同时，门店前不应有任何遮挡物。可在门店大门处用大幅招牌或灯箱展示机构的企业形象。另外，需考虑相邻环境是否存在不利因素，如垃圾房、影响美观的行业（重油的餐饮、修车店等）。

（3）保证顺畅的交通和可达性

门店周围的交通是否畅通是检验店址优良与否的重要标志之一。一般来说，要求与门店有关的街道人流量大且集中，交通方便，道路宽阔，车辆进出自由且停车方便。

（4）保证经营的可持续性

门店选址时，必须具有发展眼光，不仅要对目前的市场状况进行深入的研究，同时对未来的市场发展也要有一个评估和预测。在门店的经营过程中，外部环境时刻都在变化，如交通状况、同行竞争等因素时常会发生变化，所有这些可变的因素最好能在门店创建初期就有所考虑。就门店选址而言，选定的地址应具有一定的商业发展潜力，在该地区具有竞争优势，以保证在今后一段时期内能够持续经营并盈利。

（5）满足工商登记和机构备案的要求

工商登记对企业的注册地址有相应的要求，比如房屋为商业用途或办公用途，而且须有房屋权属证明或租赁合同。房地产经纪门店的选址如果与这些管理部门的要求不符，则无法完成工商登记和机构备案从而影响门店开业。因此，选址时不能忽视这一重要条件。

2. 竞争对手分析

房地产经纪机构在进行门店选址时，首先要对竞争对手进行详尽的调查，即以选定门店的地点为中心，对1 000m半径，尤其是500m半径距离内的同业门店的发展状况、营运状况进行调查。调查竞争对手的目的是了解竞争对手的经营动向、服务手段及技巧。一般可以采取观察法、电话咨询法等。通过对竞争对手分析还可以掌握选择区域目标客户群的真实特性，并针对客户的真正需求，有针对性地制定诸如改进服务形象、完善售后服务等经营策略。

另外，对竞争对手经营效益的分析也是至关重要的工作。经营效益分析的主要内容包括：各竞争门店的经营成本和成交额估算、所占市场份额、区域市场的潜在成交额及目前市场的饱和程度、介入竞争后可能获取的区域内市场份额等。

3. 周边环境研究

（1）临路状况

门店所面临的街道是门店客流来源的通道，其通达程度对门店的客流量有很大影响。大多数情况下，街道与街道的交接之处（如转角、十字路口、三岔路口），客流较为集中，越往道路中间，客流则逐渐减少。门店如能设置在街道交接处，店面会较为显眼，便于吸引客流。同时，在门店布置时，应尽量将门店的正门设置在人流量最大街道的一面。

（2）方位

方位是指门店正门的朝向。门店正门的朝向会影响到门店的日照程度、时间和通风情况，从而在一定程度上影响客流量。通常门店正门朝南为佳。

（3）地势

门店的地势高于或低于所面临的街道，都有可能会减少门店的客流。因此通常门店与道路基本同处一个水平面上是最佳的。

（4）与客户的接近度

客户的接近度是指目标客户接近门店的难易程度。接近度是衡量待选门店客户是否容易接近门店的准则。门店与客户的接近度越高越好。通常衡量客户的接近度应考虑的因素包括：门店前路的宽度、人流量及停留性；人流的结构及行为特点；道路的特性；邻居类型、同业门店的情况；离社区主入口的距离以及是否便于停车等。

4. 门店开设的财务可行性研究

门店开设的财务可行性研究是在对区域的市场存量、客户需求程度、周转率、交易的活跃和关注程度等因素分析的基础上，通过盈亏分析，以确定是否投资、投资的方式、投资的数额及规模等的过程。门店开设的财务可行性研究中关键的指标包括经营成本、损益平衡点销售额和区域必要市场占有率等。其中经营成本的估算，包括以下项目：

（1）门店购买费用或门店租金，一般采用租赁的形式，租金按合同采用年付、季度付或其他付款方式；

（2）门店装修费；

（3）门店登记注册费；

（4）办公设备购置费；

（5）员工工资福利；

（6）广告费；

（7）水电费、物业管理费；

（8）税费和管理费；

（9）办公用品费（纸、笔、宣传手册及单张等）；

（10）其他杂费。

其中，门店租赁费用、员工工资福利费用、办公设备购置费、广告费是主要费用。房地产经纪机构可根据自身的发展规划进行适当的调整，由以上费用的累计总和，可以估算出计划期限（如月、季度）内的经营成本。

计划期限内的经营成本加上同期门店应得的正常利润，即为门店的损益平衡点销售额。损益平衡点销售额占门店所在区域市场规模的比例即为该门店的区域必要占有率。若选择区域销售额所要求的区域必要市场占有率比较低，则风险较低；反之，风险就较高。假设选择区域的市场规模为每月 1 000 万元，如果销售额达 300 万元即可达到损益平衡点，即区域必要占有率为 30％。如果销售额每月需达 700 万元才可达损益平衡点，那么区域必要占有率为 70％，相对于前者，风险是非常高的。当然，区域必要市场占有率具体多少才可作为门店选址的依据，应根据目标区域内的行业竞争情况，以及本公司门店在类似区域市场上的市场占有率情况来决定。

（四）门店的租赁

1. 确认出租人是否有权出租店铺

确认出租人是否具有不动产权证或预售合同及银行抵押合同等证明产权的文件非常重要。应要求出租人出示身份证件，对照是否与产权证明文件吻合。若店铺为公司所有，应该由公司法人同意或董事会同意。如果是转租店铺，要有店铺所有权人同意转租的证明。

2. 确认门店实际状况

门店使用条件的好坏将直接影响门店以后的经营活动，所以一定要仔细查看包括门面大小、墙体、地板、空调系统、消防系统、水、电、通信及安全性能等实际情况是否符合开店需求。同时要了解周边门店租金大致的水平。对门店实际状况进行全面的了解和确认，有利于与出租人协商签约的细节，并详细写入合同中。

3. 协商租赁条件

门店经营成本中租金所占成本的比率很高，所以必须谨慎考虑和核算，应全面考虑门店经营的可行性和可持续性，特别要注意以下环节的协商：

（1）租金价格与税费

确定首年年租金，再确定递增的起始年度及其比例，同时还要确定租赁所产生的税费缴付问题。租赁税费通常包含在租金中，由产权人向店铺所在地相关税收部门纳税。租金价格的谈判以尽可能降低租赁成本为原则，应列出客观、合理的降价理由。

（2）租金支付方式

门店租金一般按月支付。租金交付时间的选择要根据房地产经纪机构自身情况和出租人条件来定。一般情况下，出租人会收取相当于 1～2 个月月租的资金作为押金（退租后应按双方合同签署条件退还），签约前两年租金一般不递增，两年后按双方约定比率逐年递增。

（3）附加条件

附加条件有潜力起到降低成本的作用，同时有利于房地产经纪机构在调整经营策略时妥善处理租赁双方的关系，因此必须重视。通常附加条件中最关键的有：免租装修期的协商；招牌位及停车位的实际确认，特别是真正使用时与选址时所观察到的招牌位大小是否一致；门店格局改造、系统修缮等费用是否由出租方承担或在租金中扣除；是否允许转租和优先续租等条件。

4. 租赁合同签署

签署租赁合同应遵照国家和所在城市政府有关房屋租赁管理的规定，签署由政府主管部门统一制定的房屋租赁合同，并在当地房屋租赁管理部门进行登记备案。这有助于保护门店租赁双方的利益，保证租赁关系的合法性。同时，在办理营业执照及税费登记时，也必须提供正式的房屋租赁合同。

（五）门店的布置

具有视觉冲击力和美感的门店形象设计、舒适的店堂布局及环境能增强对客户的吸引力，提升员工工作的舒适度和满意度，进而有助于提升门店的竞争力。

1. 门店的形象设计

（1）门店形象设计的基本原则

门店的形象设计与装潢，要符合房地产经纪行业的基本特征，并充分考虑客户的消费心理等因素。它必须符合下列基本原则：

① 符合经纪机构的品牌形象。根据经纪业务的经营特征，制定相应的装修措施。设计风格要与经纪机构的品牌形象、主色调等保持一致，尽量给人简约、干练的视觉感受。

② 注重个性化。设计风格要独具匠心、个性化、便于识别，做到"出众"

但不"出位"。这一点对新开业的经纪机构来说尤为重要。门店设计既要显示出房地产经纪行业的特点，又要显示出自身与众不同的个性特点。

③ 注重人性化。门店设计要符合房地产经纪机构自身目标客户群的"品味"，突出针对性，提升门店给客户带来的亲切感。

（2）门店形象设计的要点

① 招牌的设计。门店招牌往往就是吸引顾客的首要因素。门店招牌是一种十分重要的宣传工具。招牌的种类较多，通常情况下门店所拥有的招牌位是上横招牌，即位于门店正上方的条形招牌。

招牌在设计的时候可突出房地产经纪机构的形象标识、业务范围及经营理念等元素，字形、图案造型要适合房地产经纪机构的经营内容和形象。在顾客的招揽中，招牌起着不可缺少的作用。招牌应是门店最引人注意的地方，必须符合易见、易读、易懂、易记的要求。

② 门面与橱窗的设计。门店的门面和橱窗十分重要，是门店形象的重要组成部分。精心设计的门面与橱窗是门店形象设计的重要内容。

门面一般采用半封闭型的设计。门店入口适中、玻璃明亮，客户能一眼看清店内情形，然后被引入店内。橱窗是向客户展示房源信息及塑造公司形象的窗口，所以在设计时一定要便于客户观看，同时要突出经纪机构的特色，注重美观和良好品质。

2. 门店的内部设计

门店的形象设计是一个整体，内外和谐统一才算成功。原则上内部设计风格要与外观风格保持一致，重视统一性、协调性，注重灯光效果，合理利用墙体等展示空间。

门店的内部设计包括建筑表面的装饰和布局的设计。门店的布局设计包含内部场地的分配、通道设置、设备与用具的摆放等。良好的布局会给客户和业主带来一种宾至如归的享受。基于房地产经纪业务具有标的价值大、隐私性强等特点，并结合经纪业务流程的特点，在布局方面应进行适当的功能区分，设置接待区、会谈区、签约区、工作区及洗手间等功能区域，满足为客户服务流程各阶段对环境的需求。在设计风格上住宅类门店可突出居家的特征，可考虑音乐背景等的衬托，增强客户的舒适感及安全感。

另外，在布局设计方面还必须考虑网络及电话的合理布线、电脑配置等事宜。同时，房地产经纪从业人员的工作服装配备也是内部设计不可缺少的一个环节，这种重要性在面向高端客户群的门店设计中尤为明显。工作服装的颜色应考虑与整体色调的和谐，同时要注重工作服装的品质及领带、丝巾、工牌、名片等细节的搭配。因为工作服装的品质和细节的统一可以反映出经纪机构的实力和管理水平，而且还可能影响到客户对服务品质的感知和评价。

大型房地产经纪机构可以通过设计统一的 VI 系统（Visual Identity，视觉识别系统），对内加强员工凝聚力，对外树立机构的整体形象，并运用到门店的形象设计中。

（六）门店的人员配置

门店内应配置的主要人员就是房地产经纪从业人员和门店的管理人员（店长或店经理）。一个门店通常应该配置1名店长或店经理，从业人员通常应配置6～10名。对于发达城市，由于门店租金较高，为了充分提高门店资源的利用率，降低单位佣金收入的门店租金成本，可分两组（或以上）配置5～20名从业人员。可对各业务组配置经理，并由其中的1名经理兼任店长或店经理。对于单店模式的房地产经纪机构，应配置会计、出纳人员（可由具有相应资质的管理人员兼任）。

二、房地产经纪门店的日常管理

（一）店长岗位职责

店长是门店日常管理的责任主体，其岗位职责通常包括：

（1）门店日常管理工作，规范房地产经纪从业人员行为，确保完成和超额完成本门店的考核指标；

（2）接受公司领导及所在区域的总监、区域经理的指导和帮助；

（3）参与并了解本门店经纪人员的每单业务的洽谈，并促成合同的签订；

（4）关心本门店经纪人员的业务进程，协调解决门店内、外经纪人员之间的业务纠纷；

（5）经营门店业务，提高业绩，降低门店成本，对日常操作业务的风险严格把关；

（6）落实公司及各部门的各项工作要求；

（7）定时召开门店会议；

（8）参加公司的各类会议和培训；

（9）及时上交各类表单；

（10）及时了解并关心经纪人员的思想动态，与公司经常沟通；

（11）协助解决门店内的投诉、抱怨及其他各类问题；

（12）做好每套业务的售前、售中、售后服务的管理工作，特别是客户回访工作；

（13）建立业务档案；

（14）保管好相关客户的财务和资料，相关费用及时上交；

（15）严格执行公司的培训带教制度，严格培训带教所在门店的经纪人员。

（二）门店的任务目标管理

门店营业绩效的衡量标准通常是每月的业绩，而业绩目标的设定或分配原则上必须依据经营计划订立。只有控制好过程才能控制结果，因此业绩目标的内容不仅涵盖佣金收入金额，也包括委托数量、带看数量、成交单数、其他营业收入等其他项目。

1. 门店目标的设定与参考因素

店长根据门店年度营业计划及月度利润目标设定当月营业收入目标。设定目标时的参考因素包括：经纪人员上月业绩；经纪人员的数量；经纪人员操作技能及工作态度；营销及广告力度；未来市场及政策的动向及营业额的预测；季节性变动；新客户开发的可能性；利润目标及成本控制等。

2. 门店目标设定的原则

（1）数量化：必须有明确的数量表示；

（2）细分化：必须细分至分段时间及人员指标；

（3）挑战性：根据团队的能力，每月设定一定的超额量；

（4）可行性：避免设定不切实际的目标；

（5）及时调整：遇到条件因素影响或团队的不断成熟，需阶段性调整目标。

3. 营业目标的设定

房地产经纪门店的营业目标包括：营业业绩目标（团队及个人）；利润目标（成本控制目标）；租售签约单数（团队及个人）；需求/房源委托签约数量（团队及个人）。

4. 营业目标的分配方法

（1）店长自行估计法

由店长单方面授予经纪人员业务指标额的方法，实行此办法，店长必须正确地掌握每一个经纪人员的工作能力。但若完全由店长单方面设定业务指标额，经纪人员完全没有参与，经纪人员将缺乏达成目标的共识。

（2）经纪人员自行预估法

由经纪人员自行设定个人目标的方法，实施此办法的优点在于经纪人员会产生达成分配额的责任感，相反地，其缺点在于易产生因分配额过大或过小，导致公平性与可靠性的欠缺。

（3）历史实绩推估法

由过去的实绩算出其分配额的方法，此法唯一可取之点是具有数字上的客观性，其缺点就是目标确定只依据历史实绩情况，难以反映房地产经纪从业人员的达成动机。

（4）共同责任分担法

将团体目标额平均分配于各经纪人员的方法，必须将团队的目标融入个人的目标、团队的意愿融入个人的意愿。缺点在于若原封不动平均分配下去，长期不求变通，易流于形式化、表面化。

5. 制定个人目标的过程

（1）根据公司目标和个人历史业绩确定业务目标；

（2）确定月度目标，分解为成交量；

（3）确定开发房源目标；

（4）确定开发客户目标；

（5）确定每日工作量目标。

（三）门店的目标客户管理

目标客户基本上由其对应的经纪人员自行管理，但目标客户也是门店的重要资源，因此，对于房地产经纪机构而言，最可行、最有效的目标客户管理方式是：在经纪人员自行管理的基础上，结合店长的集中管理，确定成交可能性，进而运用店长丰富的房地产经纪经验，加速成交。

1. 目标客户的分类

门店的目标客户通常分为两大类：委托出售（或出租）目标客户和委托求购（或求租）目标客户。根据目标客户成交的可能性的大小，可将目标客户进行等级划分。

对于委托出售（或出租）目标客户进行等级划分时，应充分考虑的因素有客户出售（或出租）意愿的迫切程度，委托价格的市场竞争力、看房过程的配合度、对购房人（或承租人）支付能力的要求。在分类过程中对促进或影响成交的因素都需考虑在内。

对于委托求购（或求租）目标客户进行等级划分时，需考虑的因素包含客户购买（或承租）的需求迫切程度、经济实力大小、对市场的认识、对物业条件的包容性。从多个维度考虑客户的归类。

以上是通常的分类，但实际上由于店长的资历、能力有异，客户分类可有所不同，具体客户的级别也会因经纪人员的努力而不断提升直至成交，因此客户分类也是动态的。店长应灵活设定具体的指标，有效地指导经纪人员分类判断并实施有效跟进。

2. 目标客户管理的方式

房地产经纪门店的目标客户管理可以分为经纪人员个人管理和门店店内集中管理两种方式。这两种管理方式各有所长，其对比分析如表 3-1 所示。

目标客户管理的方式及差异分析　　　　　　　　　　　　表 3-1

项目	经纪人员个人管理	门店店内集中管理
优点	① 能整体掌握自己的目标客户； ② 可迅速掌握目标客户动向； ③ 店长较易查核； ④ 个人易订立工作计划、创造优异业绩； ⑤ 能切实掌握每个目标客户	① 较易实施目标客户的分类管理； ② 能准确把握目标客户的分类，易于整理； ③ 客户不易遗漏和流失
负责人	经纪人员本人	店长或行政助理
资料保管	经纪人员个人保管	店长或行政助理保存
注意事项	① 所制作的目标客户资料不仅可供本人使用，亦可与店内其他同仁交流沟通； ② 要与个人其他档案有所区别； ③ 对目标客户的补充、客户访问计划，需及时与店长进行沟通； ④ 要求经纪人员定期提交报告	① 资料不可遗失； ② 需落实具体跟进人员，不容懈怠； ③ 目标客户的真正需求及迅速跟进实施

结合房地产经纪业务的实际需要，应综合发挥上述两种方式的优点，在房地产经纪从业人员个人客户管理基础上实行店长集中管理的制度，即分段式集中管理办法。由于目标客户是经纪人员个人开发、募集或轮值门店接待而产生的，所以在第一个阶段的目标客户应由经纪人员自行管理（7～15 天）；第二阶段则应由店长以多年的实务经验来考量，评估目标客户是否值得继续跟进。

店长充分掌握目标客户资料，据此预估当月或下月全店成交的可能情况，并相应进行各经纪人员的时间安排与拜访洽谈；店长可根据每一个目标客户的特性，给予经纪人员相应的建议；店长应把握目标客户的总数，对目标客户适时补充，并对客户的成交可能性排列先后顺序且有所取舍，尽量减少目标客户的遗漏和流失。

最后，需要特别说明的是，本节所讨论的门店开设是以单一门店作为基本的分析单位，但目前有些大型直营连锁经纪机构为了达成其战略目标，在店址选择中会有不同的判断。如有的门店客源量小，但房源量大，考虑门店的资源匹配和优化，也会选择这类的店址。对这类门店的管理内容和方式也会有所不同。

三、房地产经纪门店的功能演变

房地产经济门店不仅是房地产经纪服务合同和房屋交易合同的签约场所、为客户提供线下咨询和找房的服务场所，同时还承担了会议室、培训教室等功能。随着社会的发展和时代的进步，房地产经纪门店的功能不断升级和迭代，不仅要满足房地产经纪人员的办公需求、交易当事人的服务需求，还要满足更多的社区邻里和社会大众的需求。越来越多的品牌房地产经纪机构，开始利用门店设施和经纪人优势，提供便民服务，例如在高考期间，利用门店承载的休憩、应急服务等资源，为考生及家长提供便利，门店扮演了高考服务站的角色。还有的门店长期提供应急服务，为社区居民长期提供应急打印复印、应急上网、应急充电、应急电话、应急雨具、便民饮水、问路指引、爱心图书捐赠、走失临时联络等多项服务，为社区居民提供了极大的便利。也有的门店参与社区助老服务，发起"我来教您用手机"社区公益项目，号召门店及经纪人，通过定期的手机培训课程和手机使用到店咨询答疑服务，帮助社区老人学会智能手机相关功能，享受便利的智能生活。

房地产经纪机构的管理者要与时俱进，不断按照社会的需求和发展升级门店功能，加强门店服务，这样才能赢得消费者的信任和社会大众的认可。例如北京链家置地房地产经纪有限公司的经纪门店不断迭代更新，已经升级到5.0版。1.0版是普通门脸房，买房租房标语贴在房门玻璃上，房源信息糊在外立面的墙壁上；2.0版门脸改为全落地窗，房源信息从内部贴满玻璃，大开间分隔出前台，用背景墙把经纪人作业区和前台接待区分隔开；3.0版重点强调"对客户好"的建筑属性，取消了店门脸满玻璃的纸质房源信息，改为室内展示，让路人能一眼看清门店内部，同时灯光设计也从大白灯变为色温3 000K的暖色灯光，地面用仿古砖取代了玻化砖，漫反射使得灯光反射后是哑光，实现了"整个空间色调温馨"；4.0版进一步强调"对经纪人好"，店内设立经纪人储物间、换衣区等空间，让经纪人在门店的工作体验和在写字楼的白领一样；5.0版在以往的基础上，更强调"对社区好"，门店不再是传统门店的单一经营属性，强化了服务共享的功能，为社区居民提供办公娱乐空间和定制化的社区服务，增加了便利店、共享会议室、读书卡座、儿童和老人的活动乐园等空间，让利更多的门店空间给社区居民。

第三节 房地产经纪机构的组织结构

一、房地产经纪机构的组织结构形式

(一) 企业的组织结构

企业的组织结构是企业组织内部各个有机构成要素相互作用的联系方式或形式。组织结构是企业资源和权力分配的载体，它在人的能动行为下，通过信息传递，承载着企业的业务流动，推动或者阻碍企业实现使命的进程。由于组织结构在企业中的基础地位和关键作用，企业所有战略意义上的变革，都必须首先从组织结构上开始，以求有效、合理地把企业内的全体成员组织起来，为实现共同目标而协同努力。

(二) 房地产经纪机构的组织结构形式

房地产经纪机构的组织结构是指其企业内部的部门设置及其相互关系的基本模式。对于小型的房地产经纪机构而言，其内部的组织结构较为简单，对机构的经营影响不大。而对规模较大，特别是大型房地产经纪机构而言，其内部组织结构的合理与否，对机构的运作效率有很大影响。以下主要介绍大中型房地产经纪机构常采用的内部组织结构。

1. 直线—职能制组织结构形式

直线—职能制（Line and Function System）又称直线—参谋制（Line and Staff System），是一种被广泛采用的企业组织结构形式。其特点是为各层次管理者配备职能机构或人员，充当各级管理者的参谋和助手，分担一部分管理工作，但这些职能机构或人员对下级管理者无指挥权（图 3-1）。这种形式的优点是：①职能机构和人员一般是按管理业务的性质（如销售、企划、财务、人事等）分工，分别从事专业化管理，能够较好地弥补管理者专业能力的不足，并减轻管理者的负担；②这些职能机构和人员只是同级管理者的参谋和助手，不能直接对下级发号施令，从而保证管理者的统一指挥，避免了多头领导。这种形式的缺点是：①高层管理者高度集权，可能出现决策不及时问题，对环境变化的适应能力差；②只有高层管理者对组织目标的实现负责，各职能机构都只有专业管理的目标；③职能机构和人员相互间的沟通协调性差，各自的视野有局限性。

2. 事业部制组织结构形式

对于一些大型或特大型的房地产经纪机构而言，由于企业规模很大，业务繁多，不适于采用高层管理者高度集权的直线—职能制形式，则可采用事业部制形

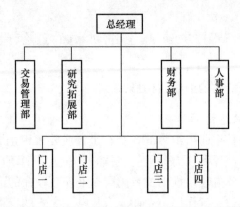

图 3-1 房地产经纪机构"直线—职能制"组织结构图

式或分部制（Division System）。这一形式的特点是在高层管理者之下按商品类型（如住宅、办公楼、商铺）、地区（如东城区、西城区、南城区、北城区）或顾客群体设置若干分部或事业部，由高层管理者授予分部处理日常业务活动的权力，每个分部近似于一个小组织，可按直线—职能制形式建立其结构。高层管理者仍然要负责制定整个组织的方针、目标、计划或战略，并将任务分解到各分部，在他下面仍可按管理业务性质分设非常精干的职能机构或人员，对各分部的业务活动实行重点监督（图 3-2、图 3-3）。

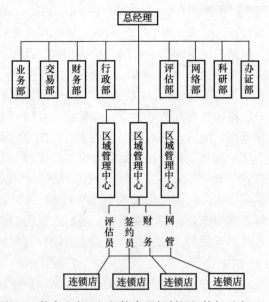

图 3-2 某房地产经纪机构事业部制组织构架示意（一）

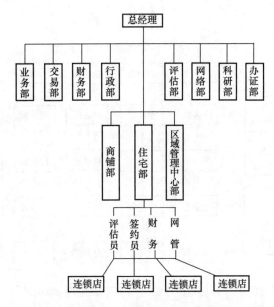

图3-3 某房地产经纪机构事业部制组织构架示意（二）

这种结构形式的优点是：①各分部有较大的自主经营权，有利于发挥各分部管理者的积极性和主动性，增强其适应环境变化的能力，由于房地产市场具有很强的地域性、细分市场纷繁复杂，这一点尤为重要；②有利于高层管理者摆脱日常事务，集中精力抓全局性、长远性的战略决策。这种结构形式的缺点是：①职能部门重叠，管理人员增多，费用开支较大；②如果机构内部权利分配不恰当，容易导致各分部各行其是，无法保障组织机构整体目标和利益的实现；③各分部之间的横向联系和协调比较困难。比较而言，这种形式更适用于特大型组织，在采用时应注意扬长避短。

3. 矩阵制组织结构形式

如前所述，在实行直线—职能制形式的机构中，职能部门按管理业务性质分设，横向沟通协调较为困难；在事业部制中也存在各分部之间难以协调的问题。为了通力协作，保证任务的完成，有时候需要按楼盘项目设置临时性的机构（如某楼盘项目组），由有关职能部门派人员参加。而对于大型房地产经纪机构，由于业务量大，不同区域市场特点不同，常常需要按区域分片设置常设性管理部门，并通过这些部门来整合各职能部门的人员。矩阵制（Matrix System）的组织结构形式由此产生（图3-4）。在一些大型的复合型房地产经纪机构中，这种矩阵制组织结构更为复杂，常常出现专业性职能部门、按房地产类型或区域分设

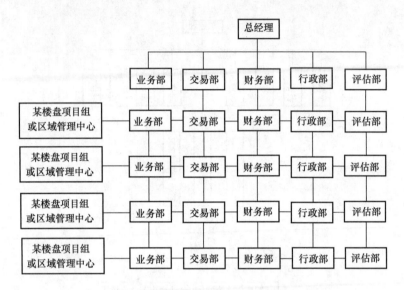

图 3-4   某房地产经纪机构矩阵制组织构架示意

的事业部和各种临时的项目部门同时并存的情况。

采用这种结构形式时，由职能机构派来参加横向机构（事业部或项目组）的人员，既受所属职能机构领导，又受横向机构领导。这种模式有利于加强横向机构内部各职能人员之间的联系，沟通信息，协作完成每一个横向机构的任务。事实上，矩阵制是介于直线—职能制与事业部制之间的一种过渡形态。它试图吸收这两种形式的主要优点而克服其缺点，但是矩阵制的双重领导违反了统一指挥原则，容易引起一些矛盾，导致职责不清、机构间相互扯皮的问题，所以在实际运用中高层管理者必须注意协调职能部门与横向机构间的关系，避免可能出现的矛盾和问题。

4. 网络制组织结构形式

网络制（Network System）是一种较新的组织形式。在这种组织机构中企业总部只保留精干的机构，而将原有的一些基本职能，如市场营销、生产、研究开发等工作，都分包出去，由自己的附属企业或其他独立企业去完成。在这种组织结构形式下，企业成为一种规模较小，但可以发挥主要商业职能的核心组织—虚拟组织（Virtual Organization），依靠长期分包合同和电子信息系统同有关各方建立紧密联系。与传统的组织结构形式中机构的各项工作需要依靠各职能部门来完成的情况不同，在网络制组织结构形式下，经纪机构从组织外部寻找各种资源，来实现各项职能。

例如，房地产经纪机构可以将有些业务发包出去，特别是一些与经纪业务密切相关的业务，如抵押贷款代办、权证代办业务等，房地产经纪机构如果认为这些业务由某些专业机构来做，会比自己做得更好或成本更低，就可以将这些业务介绍给这些专业机构来完成。

这种组织结构形式的优点在于能够给予机构以高度的灵活性和适应性，易于适应科技进步快、消费时尚变化快的外部环境；同时机构可集中力量从事自己具有竞争优势的专业化活动。这种组织形式的缺点是，将某些基本职能外包，必然会增加控制上的难度，使得对外包业务完成的质量和水平缺乏有力和有效的控制。因此，采用这种组织形式的机构中，管理人员的大部分时间将会用于协调和控制外部关系上。

综上所述，每一种组织形式都有它的优点和缺点，在选择模式时应该根据实际情况，包括对机构的战略、规模、技术、环境等因素进行综合考虑，注意扬长避短，灵活运用，克服各种组织形式的缺陷。在组织结构的设计中，要充分考虑控制跨度以及集权与分权之间的关系。从现在流行的趋势来看，即使是在传统的直线—职能制结构中，也开始出现控制跨度加宽、结构扁平化以及分权化的趋势。这些变化趋势都是为了应对激烈竞争情况下市场的千变万化，力求尽快做出反应，强化组织结构形式的灵活性。

二、房地产经纪机构的部门设置

不同类型的房地产经纪机构，如主营房地产代理业务的机构与主营房地产居间业务的机构，其部门设置会有很大差异，但不论这种差异有多大，各类房地产经纪机构内的部门不外乎四类：业务部门、业务支持部门、客户服务部门和基础部门。一个新设立的房地产经纪机构可以根据自身的情况设置具体的部门。以下以举例方式介绍这四类部门的一些可供选择的具体形式。

（一）业务部门

业务部门一般由隶属于房地产经纪机构总部的业务部门和分支机构（主要是连锁店）构成。

1. 公司总部的业务部门

在没有连锁店的经纪机构中，业务部门是直接从事经纪业务的部门。而在有连锁店的经纪机构中，其业务部门的主要工作是业务管理和负责规模较大的业务项目。两者会略有不同。一般情况下，公司总部的业务部门也可以根据需要进行不同的设置。

（1）根据物业类别不同进行设置。由于不同类型的房地产在其交易过程中客户对象、需求、交易手续等许多方面都具有不同的特性，因此，可以根据房地产类型来设置房地产经纪机构的业务部门，如住宅部、办公楼部、商铺部等。每一个部门负责各自类型的房地产经纪业务。

（2）根据业务类型不同进行设置。例如根据业务类型不同可以划分为买卖业务部、租赁业务部等部门。

（3）根据业务区域范围进行设置。例如根据业务覆盖区域不同划分为东区业务部、西区业务部、南区业务部、北区业务部等。

2. 连锁店（办事处）

一般在连锁店（办事处）必须有一名以上的取得房地产经纪人职业资格或两名以上取得房地产经纪人协理职业资格并登记的房地产经纪专业人员。

（二）业务支持部门

业务支持部门主要是为经纪业务开展提供必需的支持及保障的部门，包括交易管理部、网络信息部、研究拓展部、权证部等。这些部门的设置可以根据公司规模等实际情况的不同做一定的调整。

1. 交易管理部

房地产经纪机构要对其所属房地产经纪从业人员的行为承担法律责任。交易管理部门主要负责对房地产经纪人代表房地产经纪机构与客户签订的合同进行管理，保障交易安全，维护房地产经纪机构的利益。

2. 网络信息部

主要职责是负责信息系统软硬件的管理和维护。

3. 研究拓展部

主要职能包括负责市场调查分析、制定业务调整方案、研究开发新业务品种等。

4. 权证部

主要职能包括负责为客户到房地产交易中心办理房地产产权过户、合同登记备案，以及协助客户办理有关商业贷款、公积金贷款申请手续等。

5. 法务部

主要职能包括负责草拟房地产经纪合同文本，审校该经纪机构一切对外合同，为客户提供法律咨询服务。

（三）客户服务部门

客户服务部门的工作是综合性的。它的主要职能既包含客户服务，同时也包括对房地产经纪从业人员业务行为的监督。客户服务部门是机构对外的窗口，也是获得社会认可的重要渠道，是房地产经纪机构形象的代表。而对房地产经纪从业人员行为的监督则是保证经纪从业人员在提供服务时能够严格按照机构的要求提供规范服务的有效手段。

（四）基础部门

基础部门主要是指一些常设部门，如行政部、人事部、培训部、财务部等。

行政部主要负责机构的日常行政工作和事务性工作。

人事部主要负责人事考核、人员奖惩，制定员工培训方案，制定员工福利政策等事务。

培训部负责人员培训组织及培训考核。

财务部主要负责处理公司内的账务以及佣金、奖金结算等工作。

三、房地产经纪机构的岗位设置

（一）岗位设置原则

"因事设岗、因岗设人"是企业内部岗位设置的基本原则，这一原则要求以经纪机构的业务流程为基础，在对业务流程进行细致分析的基础上定编定员，保证每一个岗位都有明确清晰的功能，并且能够充分发挥员工的作用。房地产经纪机构在进行岗位设置时首先应该详细、清晰和准确地描述每个岗位应该具体做哪些工作，这种描述不应该是笼统的，应该阐明主要工作职责、主要目标、任职条件、培训需求、职业规划等。没有描述或描述笼统是岗位设置中容易出现的错误，而其直接后果是职责不明确而带来的岗位设置重叠、工作相互推诿和效率低下等问题。

"工作丰富化"是企业岗位设置时不容忽视的另一条原则。在岗位设置中，我们会容易过分强调岗位和工作分工的专业化，使得每一个岗位的工作内容过于固定、呆板，这种情况不利于员工的成长，也不利于员工主观能动性的发挥。而工作丰富化是指工作内容的纵向扩展，使员工所做的活动具有完整性，增强员工的自由度和独立性，增强员工的责任感。同时通过及时的工作反馈，使员工了解自己的绩效状况，并加以改进。

（二）主要岗位

在大、中型房地产经纪机构内，通常会设置不同序列的多种岗位，主要包括：

1. 业务序列

（1）业务员岗位

直接上级：门店经理（存量房经纪机构）或是案场销售经理（新建商品房营销代理机构）。

主要岗位职责：

① 负责客户接待、咨询工作，为客户提供专业的房地产置业咨询服务；

② 了解客户需求，提供合适房源，进行商务谈判；

③ 陪同客户看房，促成房产买卖或租赁业务；

④ 负责公司房源开发与积累，并与业主建立良好的业务协作关系；

⑤ 掌握客户需求，发掘及跟进潜在客户，做好对客户的追踪、联系工作；

⑥ 热情接待，细致讲解，耐心服务，为客户提供满意的服务；

⑦ 负责市场信息的反馈，定期对销售数据及成交客户资料进行分析评估，提交销售总结报告；

⑧ 协助经纪门店经理或案场经理处理一般日常事务；

⑨ 协助维护经纪门店或售楼处现场设施的完好及清洁。

（2）经纪门店经理岗位

直接上级：销售副总经理。

主要工作包括：

① 根据公司的授权负责该连锁店业务的运营及管理；

② 执行公司的有关业务部署；

③ 负责对连锁店人员的管理和工作评估并及时将有关情况上报公司的有关部门。

（3）商品房销售案场经理岗位

直接上级：销售副总经理或营销总监。

主要岗位职责：

① 负责本项目销售楼盘的销售管理、代理项目运营管理、案场现场管理及团队管理工作；

② 负责年度销售目标的制定、分解，根据销售计划，参与制定和调整销售方案、宣传推广方案，并负责具体销售方案实施；

③ 负责项目案场销售工作的组织、实施和销售数据汇总与分析；

④ 负责销售团队内部建设及对业务员的督导和培训；

⑤ 负责销售渠道和客户服务管理，做好项目解释，及时处理案场各类突发问题，保证公司利益；

⑥ 评估销售业绩。

（4）销售副总经理岗位

直接上级：总经理。

主要工作包括：

① 负责领导经纪门店或销售案场经理的工作，对各个经纪门店或案场实施宏观管理、控制；

② 负责各种资源在各经纪门店及案场中的调配；

③ 负责组织各项目的前期谈判和准备工作，以及项目营销方案的审定；

④ 负责销售员、案场经理的佣金发放、审核等工作。

2. 研发序列

在研发系列中，各岗位的直接上级均为所在部门的部门经理。

（1）项目开发岗位

主要工作是捕捉商机，即针对各种渠道得来的信息进行项目跟踪，与潜在客户（如房地产开发商）进行初步洽谈，形成某种意向后提交给上级。

（2）市场调研岗位

主要工作包括专案市场调研、热点楼盘市场调研、开发市场调研等。专案市场调研是指针对公司项目所做的市场调研工作；热点楼盘市场调研指围绕市场上新开项目、较大型个案等做的市场调研工作；开发市场调研则是指通过日常的市场调研对未开盘个案、地块等信息的积累来为项目开发做一定的基础工作。

（3）信息管理岗位

主要工作是负责收集和管理公司内部信息。

（4）专案研究岗位

主要工作是对公司项目进行市场专案研究，并撰写研究、策划报告。

（5）市场研究岗位

主要工作是针对房地产市场情况，包括供求情况、交易情况、政策法规等进行总体研究，并撰写研究报告。

3. 管理序列

（1）部门经理岗位

直接上级：分管副总经理。

主要工作是具体负责制定房地产经纪机构内各部门的工作计划、工作安排，监控各部门的工作进度，考核本部门的工作人员。

（2）副总经理岗位

直接上级：总经理。

主要工作是参与机构整体工作计划的制定，协助总经理分管房地产经纪机构内某一个或几个方面工作。

（3）总经理岗位

主要工作是负责房地产经纪机构的全面管理，包括组织制定和调整机构经营模式、内部组织结构、内部管理制度和任免各岗位的工作人员等。总经理对董事会（有限责任公司或股份责任公司）或投资人（合伙企业）负责。

4. 业务支持序列

(1) 办事员岗位

直接上级：所在部门的部门经理。

主要工作包括代办产权登记、不动产登记信息查询、抵押贷款代办等。

(2) 咨询顾问岗位

直接上级：所在部门的部门经理。

主要工作是为客户提供信息、法律等方面的咨询。

5. 辅助序列

主要包括会计、出纳，较大规模的房地产经纪机构内通常还有秘书、前台接应、保安、司机、保洁员等岗位以辅助机构的正常运行。

复 习 思 考 题

1. 如何认识房地产经纪机构的特点？

2. 房地产经纪机构主要有哪些类型？

3. 房地产经纪机构的设立程序有哪些？应符合什么样的条件？

4. 房地产经纪机构设立需要哪些条件和程序？

5. 房地产经纪机构的主要权利和义务是什么？

6. 房地产经纪机构与房地产经纪人员之间的关系是怎样的？

7. 房地产经纪机构的组织结构有哪些形式？

8. 房地产经纪机构内通常有哪些部门？

9. 房地产经纪机构内的主要岗位有哪些？

10. 房地产经纪机构内部岗位设置的基本原则是什么？

11. 开设房地产经纪门店应按什么程序来进行？

12. 选择房地产经纪门店的设置区域时，应对所在城市的存量房市场调查哪些内容？

13. 房地产经纪门店选址应遵循的原则是什么？

14. 怎样对房地产经纪门店的开设进行可行性研究？

15. 租赁房地产经纪门店需把握哪些要点？

16. 房地产经纪门店的形象设计与内部设计应注意哪些要点？

17. 房地产经纪门店的人员配置有何要求？

18. 房地产经纪门店店长的岗位职责有哪些？

19. 怎样进行房地产经纪门店的任务目标管理和目标客户管理？

第四章　房地产经纪机构经营管理

从一般意义上来说，企业管理是指通过计划、组织、领导、控制等环节来协调人力、物力、财力和信息等资源，以期更好地实现组织目标的过程。房地产经纪机构的经营管理是指房地产经纪机构对其房地产经纪业务活动进行计划、组织、领导、控制等一系列职能的总称。本章在房地产经纪机构的主要经营管理内容中，筛选并聚焦经营模式与薪酬激励、客户关系管理，以及业务风险管理三方面分别阐述其重点内容和主要方法。

第一节　房地产经纪机构的经营模式与薪酬激励

一、房地产经纪机构经营模式的含义与类型

房地产经纪机构的经营管理水平不仅直接影响企业的运作效率，关乎企业的发展，同时还影响整个房地产经纪行业的运行质量和服务水平。因此，我国房地产经纪机构要不断加强企业自身管理，不断进行管理创新，以适应企业自身和行业发展的需要。

（一）房地产经纪机构经营模式的含义

一般而言，企业经营模式是指企业根据自己的经营宗旨，为实现企业所确认的价值定位而采取的某一类方式方法的总称，主要包括企业对自己在产业链中所处位置、业务范围、竞争战略等的选择。鉴于房地产经纪机构在房地产产业链中的位置已相对固定，即处于房地产产业链中的市场流通环节。而房地产经纪机构的业务范围可以是住宅经纪业务或者商业用房经纪业务；可以是存量房地产经纪业务或者新建商品房经纪业务等。这里所讲的房地产经纪机构的经营模式，是从非常具体的层面来讲的，是指房地产经纪机构在业务范围已确定的情况下，具体承接及开展房地产经纪业务的渠道及其外在表现形式。房地产经纪机构的经营模式与房地产经纪机构自身的业务类型、企业规模、企业地位以及当地的社会、经济状况有密切关系。

根据房地产经纪机构是否有店铺，可将房地产经纪机构的经营模式分为无店

铺经营模式和有店铺经营模式两大基本类型；根据房地产经纪机构下属分支机构的数量及分支机构的商业组织形式，可将房地产经纪机构的经营模式分为单店经营模式、多店经营模式和连锁经营模式，其中连锁经营模式又可根据房地产经纪机构与分支机构的关系分为直营连锁经营模式和特许加盟连锁经营模式。值得注意的是，单店模式和多店模式中的"店"并不是指"门店"，而是指作为房地产经纪机构经营活动的具体组织单元，它可以是经纪机构下属的分支机构（以门店或非门店的形式），也可以是独立的房地产经纪公司。

（二）房地产经纪机构经营模式的类型

1. 无店铺经营模式

无店铺经营模式是指房地产经纪机构不通过开设店铺来承接业务，而是主要由房地产经纪专业人员乃至房地产经纪机构的高层管理人员走出自己的企业，直接深入各种场所与潜在客户接触来承接业务的一种经营模式。房地产经纪机构是否采用这种经营模式，受多方面因素的影响。

首先是客户类型。如果企业的客户主要是机构客户或大宗房地产的所有者，因为这类客户数量有限，房地产经纪机构则没有必要专门设立店铺，也不可能通过店铺"坐等客来"，而是需要房地产经纪专业人员主动拜访潜在客户，或专程邀请潜在客户到办公室或其他场所进行洽谈，并承接委托。

其次是房地产经纪机构所在地的社会经济特征。如在美国，虽然房地产经纪机构的业务以存量房经纪业务为主，所面向的客户主要是分散的业主，但房地产经纪机构基本上不设沿街店铺而是在办公楼里设置办公室来开展业务。其原因主要有三个方面：一是美国的地理和人口特征。美国地广人稀，私家车是主要的交通工具，使用公共交通工具的人不多，大多数街道上都是川流不息的车辆，而且，很少有人会无目的地在街道上流连、驻足，房地产经纪机构设置"店铺"就没有太大的意义。二是美国独特的职业从业形式——独立合同制。在美国，房地产经纪机构通常不是房地产经纪业务经营的直接组织者，而是为房地产经纪专业人员提供服务的机构。房地产经纪人通常以独立合同者（Independent Contractor）的身份从业，他们并不受雇于某个机构，不是按工作的时间从某个机构领取报酬，而是按其与某个机构签订的合同，从其职业活动的收入中分成。按照美国各州的法律，每一个房地产经纪人的执业执照必须归于某一执业经纪人（Broker），即某房地产经纪公司创立者的名下，在经纪服务过程中所签订的合同，必须以该公司的名义，每一份合同以及过户文件均要在该公司备案；客户支付的佣金也是进到该公司的账户，然后由公司根据与房地产经纪人事先签订的合同所约定的比例分配给经纪人；如果消费者要起诉经纪人，一般也是起诉公司，公司对其所属的经纪人负有完全的责任。同一家房地产经纪机构内的每一个房地产经纪人，都是独立的职业人，各自独立地获得与开展业务，没必要也不可能在同一个店铺中承接业务。三是 MLS（Multiple Listing System）的应用。美国房地产经纪行业广泛采用 MLS，这一系统实现了房地产经纪人在整个行业层面的信息共享，是房地产经纪人获取及开展业务的主要渠道，因此，也就不需要店铺这种形式了。

目前在我国，采用无店铺经营模式的主要是以新建商品房经纪业务或存量商业地产租售代理业务为主的房地产经纪机构，它们的客户主要是机构客户，如房地产开发商、商业房地产业主等。这类客户在发包租售代理业务之前，通常会组织项目招标，房地产经纪机构通过投标、中标而获得委托业务。还有某些大型品牌房地产经纪机构，凭借自身的行业地位或综合优势，通过与大型房地产开发商建立战略合作关系，持续获得其新建商品房的销售（租赁）代理业务。

2. 单店经营模式

单店经营模式是指房地产经纪机构没有下设分支机构，独自直接从事房地产经纪业务的经营模式。这是有店铺经营模式中最简单的一种形式，即该机构只有一家门店。这是我国目前大多数小微型房地产经纪机构所采用的模式。

3. 连锁经营模式

与单店经营模式相对应的是多店经营模式，现实中，多店经营模式通常采用连锁经营模式。连锁经营模式是指房地产经纪机构通过众多直接经营组织单元统一运营管理模式、统一品牌标志和宣传、统一人员培训，并通过机构内部的信息系统进行一定的信息共享，扩大企业的服务范围，从而获得规模效益的一种经营模式。连锁经营模式最早出现在商品零售业。由于企业规模大，能够批量采购与销售，使其商品的进价成本和售价均较低，从而获得较大的销售量和销售利润。在连锁经营模式中，每家连锁店都采用统一标准的商店门面和平面布置，以便于顾客识别和购物，从而增加销售量。连锁经营还能够有效地克服零售企业由于店址固定、顾客分散造成的单店规模小、经营成本高等缺点，使企业可通过统一的信息管理、统一的标准化管理和统一的广告宣传形成规模效益。后来这一模式广泛进入各类服务业。目前国内外规模化房地产经纪机构普遍采取连锁经营模式。

在连锁经营模式中，房地产经纪机构与直接从事经营活动的组织单元之间的关系有两种。一种是隶属关系，即直接从事经营活动的组织单元隶属于房地产经纪机构，是由其出资设立的分支机构，这种连锁经营模式称为直营连锁经营；另一种是契约合作关系，即直接从事经营活动的组织单元（特许加盟人）是被房地产经纪机构（特许授权人）授权使用其品牌、商业标识、管理模式或其他知识产权的独立企业，这种连锁经营模式通常被称为特许加盟连锁经营。特许加盟连锁经营是连锁经营与特许经营相结合的一种经营模式，最早起源于美国，到目前为止已在包括餐饮、零售、房地产经纪等多个行业中得到广泛应用，是现代经济中发展最快和渗透性最强的商业模式之一。目前，直营连锁经营模式是我国各类房地产经纪机构较多采用的一种连锁经营模式；特许加盟连锁经营模式在以存量住房经纪业务为主的房地产经纪机构中有所采用。

由于直营连锁与特许加盟连锁经营各有利弊，一些大型房地产经纪机构就采用了两者并举的混合连锁经营模式。即在拥有数个分支机构的同时，授权其他房地产经纪机构经营与分支机构同样的业务。如美国 21 世纪不动产、Coldwell Banker 和 Re/Max 这三大房地产经纪公司中，除了 21 世纪不动产采用单一的特许加盟连锁经营模式外，其他两家公司都采用了直营连锁与特许加盟连锁并举的混合经营模式。目前，我国大型房地产经纪机构也开始采用直营连锁经营与特许加盟连锁经营并举的混合连锁经营模式。甚至 21 世纪（中国）不动产，也放弃了其母公司一贯坚持的单一特许加盟连锁经营模式，改用直营连锁经营与特许加盟连锁经营并举的混合连锁经营模式。

4. 联盟经营模式

近两年来，我国房地产经纪行业内还出现了一种新的经营模式——由一家大型房地产经纪机构（发起机构）联合众多中小房地产经纪机构乃至较大型房地产经纪机构组成一个统一名牌，由发起机构统一提供房源公盘系统、招聘、培训、房地产经纪业务信息系统、签约与过户交易服务、贷款与金融服务、法务咨询服务等，各经纪机构独立经营运作的"平台＋众机构"的联盟经营模式。这一模式不同于加盟连锁经营模式，发起机构只是提供平台和服务，不对加入联盟的机构进行业务管控，加入联盟的机构不是发起机构的附属，而是独立存在和运营的主体，可以使用平台方的品牌，也可以保留自己的品牌；可以接受平台方的强管控也可以弱管控。例如易居房友，就是这样一种模式，2016 年 1 月启动以来，发起机构易居中国向加入机构提供"易居房友"品牌、二手房软件平台、新房联动项目资源、员工招聘与培训服务以及各种增值服务（如家居装饰、融资、社区服务等）资源，至 2019 年 1 月，平台入驻门店已突破 1 000 家。这一模式有利于帮助中小房地产经纪机构克服自身因规模限制而存在的诸多困难，同时也有助于规范其业务运作。

二、直营连锁与特许加盟连锁经营模式的比较

房地产经纪直营连锁与特许加盟连锁经营模式虽然都属于连锁经营，具有一定的共性，但两者的差异也是非常明显的（表4-1）。

直营连锁与特许加盟连锁经营的差异　　　　表 4-1

项目	直营连锁	特许加盟连锁
连锁经营组织与房地产经纪机构的关系	资产隶属关系	契约合作关系
连锁经营组织的资金	房地产经纪机构投资	加盟者投资
连锁经营组织的经营权	非完全独立	完全独立
房地产经纪机构对连锁经营组织的管理	行政管理	合同约束与沟通督导
房地产经纪机构与连锁经营组织的经纪关系	收入、支出统一核算	各自独立核算；连锁经营组织按特许经营合同向特许授权组织支付加盟费

　　直营连锁模式的优点是：①所有权与经营权的统一，对旗下连锁店直接实行行政管理制度，可控程度高，有利于机构制度的贯彻执行；②信息搜集范围扩大，信息利用率高，在房源、客源不断增加的同时提高了双方的匹配速度，使得成交比例提高；③对员工实行统一的培训和管理，使业务水平提高，客户信任度增大，企业的竞争能力相应提高，同时，完善的培训体系和较大的发展空间可以留住更多优秀的员工。但是，当直营连锁经营发展到较大规模时，其缺点就会逐渐显现：①由于直营连锁不仅是经营模式的克隆，还是资本的扩张，每一家连锁分店的扩充，都是由总店直接投资，在企业发展到一定阶段后，容易出现总店资金短缺、周转不开的情况；②在跨区域扩张的时候，还经常出现地域、地方性法规、文化等方面的限制，对企业的发展产生了一定的制约；③由于各直营连锁店的自主权力较少，连锁店的工作积极性不高，不利于企业的长期发展。

　　相比之下，特许加盟连锁经营模式在这方面的优势非常明显：①对于特许授权人而言，可以不受资金的限制迅速扩张，品牌影响可以迅速扩大；②在房地产经纪全球化的趋势下，可以加快国际发展进程；③可以降低经营费用，集中精力提高企业的管理水平；④由于特许加盟人财务上自负盈亏，在市场发生变化的情况下，加盟者承担主要风险，降低了特许授权人的风险。对加盟者而言，投资创业风险较低，特许经营模式有效地解决了他们经验缺乏的弊端，一旦加盟，就可以得到一个已被实践检验行之有效的商业模式和经营管理方法，以及一个价值很高的品牌的使用权，并可以得到特许授权人的指导和帮助；由于加盟者拥有较多的自主权，能够最大限度地发挥其积极性、主动性和创新性，有利于企业的长期发展。根据美国全国房地产经纪人协会（National Association of Realtors,

NAR）的调查，一个新成立的房地产经纪机构，生存期通常是 5 年，而特许加盟的房地产经纪机构生存期通常在 10 年以上，原因就是特许授权人对于这些机构的支持。正是由于上述的优势，特许加盟连锁经营模式在美国取得了很好的业绩：特许加盟连锁机构数量仅占全美房地产经纪机构总数的 30%，但交易额达到了房地产经纪行业总交易额的 60%左右。

但是，特许加盟连锁经营模式对特许授权人的管理水平、知识产权保护的制度环境和社会的诚信氛围有很高的要求。如果特许授权人没有一套严密、高效的管理制度，或者管理水平的提升跟不上加盟机构的发展速度时，容易造成整个体系的脱节和分散。另外，当特许加盟连锁经营企业进入一个新的环境时，如果该环境缺乏保护知识产权的法律、法规体系，或者社会诚信氛围欠佳，就会出现特许授权人对加盟者的管理失控，轻则不能收到授权经营的正常收益，重则可能会由于少数加盟者的不规范经营而导致品牌价值受损。

房地产是地域性最强的商品，且中国幅员辽阔，地区差异明显，因此在我国采取特许加盟经营业务模式，必须融合本土文化，借助区域化、本地化的发展，加强品牌保护意识，提升企业的管控能力和风险防范能力。

三、房地产经纪机构经营模式的演进

（一）境外房地产经纪机构经营模式演进

从主要发达国家（地区）房地产经纪行业发展的历史来看，早期的房地产经纪活动大多以房地产经纪从业人员的无固定场所、移动式活动为主，后来逐步出现了固定的经营场所。鉴于特许加盟经营模式的诸多优势，该模式在 20 世纪 70 年代的美国一经出现，便引起了房地产经纪行业的普遍关注并得以发展壮大；进入 20 世纪 90 年代，在特许加盟连锁经营模式迅猛发展的同时，由于行业整体边际利润降低、经纪人数量有所减少，加上经纪机构遭遇网络经济的冲击，美国的房地产经纪机构开始出现两极分化的现象：一方面是连锁经营的大型、超大型房地产经纪机构的不断壮大，另一方面则是为数众多的采用单店模式甚至单人模式的小型房地产经纪机构蓬勃发展。由于美国房地产经纪行业管理的规范性和有效性，加上房地产经纪行业组织所提供的信息共享系统（MLS），以及全面、系统的在职培训，使得小型房地产经纪机构在服务效率、人员素质等方面也能够得到支持和保障。因此，形成了目前多种经营模式并存的发展局面。

（二）我国房地产经纪机构经营模式演进

从我国房地产经纪行业的发展历史来看，中华人民共和国成立前的房地产经纪活动也无固定场所。改革开放以后设立的房地产经纪机构开始有了固定的经营

场所，其中，以存量房经纪为主的机构，在我国港台地区房地产经纪机构的示范效应下，基本都采用了有固定经营场所的经营模式。由于行业形成初期成立的企业绝大多数是小型企业，因而采用的大多是单店经营模式。此后，随着房地产市场的发展，一部分房地产经纪机构逐步壮大，从单店经营模式发展到区域性的小型直营连锁，即在城市某个区域内设立多个分支机构，进行小规模的连锁经营。接着在连锁经营规模效应的推动下，企业逐渐发展为区域中型、区域大型直营连锁，甚至是跨区域大型直营连锁。与采用单店模式的房地产经纪机构相比，采用连锁经营模式的房地产经纪机构更加注重内部管理和品牌宣传，其经纪服务水平在专业性、规范性和安全性上都有所提高，更能满足中、高端客户的需求。近10年来，在我国沿海发达地区的特大城市，房地产经纪服务的对象呈现出两个变化趋势：一是购房群体中高收入群体比重加大；二是置业投资购房客户群体增加。而这两类客户对房地产经纪服务的"专业""高效""规范"要求更高，对房地产经纪服务的费用水平敏感度却相对较低。因此，房地产经纪连锁经营模式获得了良好的市场条件，并得以快速发展。目前已出现了拥有数千家经纪门店的超大型连锁经营机构。但是，一方面由于我国房地产经纪业发展中存在的区域不平衡性，另一方面也由于房地产经纪服务对象消费偏好的差异性，单店经营模式以其低成本优势，在中小城市以及大城市的低价位区域的房地产市场中仍占据着一定的市场份额。

近年来，我国房地产经纪行业专业分化和行业融合的趋势日渐深化，直接影响着房地产经纪机构经营模式的演进。其中，两个最为鲜明的典型特征分别体现在房地产租赁业务，以及互联网信息平台与互联网交易平台，相关内容将在本书的第九章重点阐述。

四、房地产经纪机构的薪酬制度与激励机制

房地产经纪机构的薪酬制度是以房地产经纪机构与房地产经纪从业人员之间的经济关系为基础而建立的。良好的薪酬制度不但能使企业员工士气旺盛，勇往直前，尽其所能地为企业服务，而且能吸引其他机构的优秀员工进入本企业。研究与设计良好的薪酬制度是促使公司经营成功的关键之一。

（一）薪酬制度的制定原则

薪酬制度的制定要遵循以下几方面的原则：

第一，战略导向性原则。薪酬制度作为机构组织管理的重要手段必须能够精准传递机构的战略目标。评价机构绩效的重点指标应在从业人员绩效考核中有所体现，绩效评价指标中不应存在与机构发展方向不一致、与实际业务相关性弱的

业绩指标。

第二，公平公正原则。薪酬制度的制定应该遵守公平公正的原则，公正地衡量从业人员的经营成果，奖金设置、晋升制度清晰且公开。人不患寡而患不均，公平是指从业人员个人所获得的薪酬与其对机构所做的贡献应大体相符。具体来说，公平包括从业人员个人公平、内部公平以及外部公平三部分。从业人员个人公平是指在同一个机构从事相同工作的人员，其薪酬应与个人绩效相符合，这里强调的是个人能力、经验等个人特征的作用，体现的是只有努力做出业绩，其薪酬才会得到相应的上升。内部公平是指同一机构中从事不同工作的人之间的薪酬应该有所差别，强调的是相应的职务对应相应的薪酬水平。外部公平是针对相同行业的不同机构来说的，如果机构之间的规模相当、地区消费水平相近，那么不同机构间相似职务间的薪酬水平应当一致，要不然就会造成低薪酬机构人才外流，劳动力缺失。

第三，量力而为原则。薪酬制度的设计是为了健全并优化从业人员的薪酬激励制度，提升组织管理的效果，必须以机构的健康经营、平稳可持续发展为前提。提高自己企业职工的薪酬，固然能提高企业的竞争力，但在设计薪酬制度时也要量力而行，考虑企业自身的经营状况，避免由此过高地增加企业的成本，从而使企业不堪重负。同样也不能使自身企业的薪酬过低，因为这样会造成企业缺乏吸引力，人才流失。

第四，激励原则。激励原则是指机构内部各级职位之间的薪酬待遇不能平均化，要适当地拉开差距，这样才可以激励从业人员奋发向上，工作更有积极性。

第五，多样化原则。薪酬及激励的设置，应从从业人员的需求出发，从形式、周期、晋升等方面丰富和优化。形式的优化采用货币薪酬与非货币薪酬相结合，比如职业培训、表彰大会、积分晋升机制。周期的优化采用短期激励与长期激励相结合的模式，比如延时发放。

第六，竞争原则。竞争原则是指机构要比同一行业、规模相当、地区消费水平相近的其他机构间同等职务间的薪酬水平高，这样才能使自己具有吸引力，尤其是机构中核心职位的薪酬。

第七，奖惩结合原则。薪酬作为机构与从业人员的报酬协议，应明确双方的权益与责任。奖惩结合的薪酬有助于机构规范管理者行为。比如，某机构设立了许多业务运营中的"红线"，如泄露客户信息、交易违规操作导致的客户投诉等。薪酬与机构规章制度的结合，符合薪酬参与约束的理论基础，用以防范经营风险。

第八，可行性与实用性原则。薪酬激励指标体系要符合便于操作与易于理解两个特性。首先，考核指标要易于获得，便于计算。其次，方案要易于理解，便于沟通。

第九，合法原则。合法原则就是按照国家的法律、法规要求来设计企业薪酬制度，发放薪酬要做到合理、合法。

（二）薪酬支付方式

在我国，房地产经纪机构中薪酬的支付方式大体分为以下两种：

（1）固定薪金制，即无论业绩如何，员工都能获得固定的薪金收入。这一薪金制度对业务员生活最有保障，企业人员流动性较低，与顾客的关系容易保持常态。但其最大的缺点是缺乏激励效应。

（2）混合制，即工资加佣金提成等。如某房地产经纪机构设计的"薪酬＝底薪＋提成＋奖金＋补贴＋分行分红＋其他福利"就属于混合制，混合制既给予员工一定的保障底薪，又能激励员工通过提升业绩来增加收入，因而是我国目前大部分房地产经纪机构所采用的一种薪酬模式。

（三）有效的激励机制

企业实行激励机制的最根本目的是正确地激发员工的工作动机，使他们在实现组织目标的同时满足自身的需要，实现自身的价值，增加其满意度，从而使他们的积极性和创造性继续保持和发扬下去。由此可见，激励机制的实施效果在一定程度上决定了企业兴衰。如何运用好激励机制也就成为各个企业亟待解决的重要问题。

房地产经纪机构通过激励机制的建立和合理使用，可以吸引、保留、激励企业所需要的人力资源，激发员工工作热情，调动工作积极性，强化员工的归属感和责任感，鼓励员工尽其所能创造优秀的业绩。

（1）目标激励。通过设置适当的工作目标，把员工的需要与工作目标紧密联系在一起，从而调动员工的积极性。心理学家认为，个体对目标看得越重要，预期实现的可能性越大，目标所起的激励作用就越大。因此，设置目标要合理、可行。在选择和确立目标时，要对目标的效果和实现目标的概率做出科学的价值评估与判断，使目标的设置具有科学性。同时要注重将长远目标与近期目标相结合，集体利益和个人利益相结合，只有那些经过努力能够实现、实现之后能够获得利益的目标，才真正具有激励作用。

（2）情感激励。积极的情感可以焕发出惊人的力量，消极的情感会严重妨碍工作。企业的领导者如能和员工建立起真挚的感情，用自己积极的情感去感染员工，打动员工的心，就能起到激励作用。领导关心员工，关心员工家属，信任员工并给员工以热情的支持，那将是一股巨大的无形力量，可以增强员工战胜困难的信心和勇气，从而使他们千方百计地克服困难，取得突出成绩。

（3）尊重激励。尊重是加速员工自信力爆发的催化剂，尊重激励是一种基本的激励方式。上下级之间的相互尊重是一种强大的精神力量，它有助于企业员工之间的和谐，有助于企业团队精神和凝聚力的形成。如果管理者不重视员工感受，不尊重员工，就会大大打击员工的积极性，使他们认为工作仅是为了获取报酬，激励从此大大削弱。这时，懒惰和不负责任等情况将随之发生。

（4）参与激励。现代人力资源管理的实践经验和研究表明，现代的企业员工都有参与管理的要求和愿望，创造和提供一切机会让员工参与管理是调动他们积极性的有效方法。因此，让员工恰当地参与管理，既能激励员工，又能为企业的成功获得有价值的意见。通过参与管理，形成员工对企业的归属感、认同感，可以进一步满足员工自尊和自我实现的需要。

第二节　房地产经纪机构的客户关系管理

一、房地产经纪机构客户关系管理的含义和作用

（一）房地产经纪机构客户关系管理的含义

房地产经纪机构客户关系管理的核心内容是从客户的角度出发，充分运用客户的生命周期理论，对客户进行分析研究以改进客户服务水平，努力提高客户的信任度、忠诚度和满意度，实现留住老客户、吸引更多新客户的目的。

具体而言，客户关系管理（Customer Relationship Management，CRM）是一种"以客户为中心"的经营策略，它以信息技术为手段，通过对相关业务流程的重新设计以及相关工作流程的重新组合，以深入的客户分析和完善的客户服务来满足客户个性化的需要，提高客户满意度和忠诚度，从而保证客户终身价值和企业利润"双赢"策略的实现。客户关系管理的三方面核心思想，也正是房地产经纪机构实现长远发展的关键突破口：一是客户是企业发展的重要资源之一；二是对企业与客户发生的各种关系进行全面管理；三是进一步延伸和健全企业的服务链。

（二）房地产经纪机构客户关系管理的作用

1. 客户关系管理是房地产电子商务的重要手段

客户关系管理使房地产经纪机构有了一个基于电子商务的面向客户的前端工具。房地产经纪机构通过客户关系管理，借助通信、互联网等手段，利用企业以及合作企业的共享资源，对已有客户自动地提供个性化的解释、解答、现场服务等支

持和服务，并优化其工作流程，使之更趋于合理化，从而更有效地管理客户关系。

2. 客户关系管理为服务研发提供决策支持

客户关系管理的成功在于数据库的建立和数据挖掘。房地产经纪机构通过收集的资料可了解客户，发现具有普遍意义的客户需求，合理分析客户的个性化需求，从而挖掘具有市场需求而企业尚未提供的服务内容、类型，以及需要完善和改进之处等，在经纪机构研发环节中为确定服务品种、内容等提供决策支持。

3. 客户关系管理为适时调整内部管理提供依据

房地产经纪机构客户关系管理系统是企业整个内部管理体系的重要组成部分，机构通过对反馈的信息分析，可以检验企业现有内部管理体系的科学性和合理性，以便及时调整内部管理的各项政策制度，以适应企业发展的需要。

4. 客户关系管理为选择客户策略提供决策支持

在客户关系管理中，通过挖掘和分析客户信息来预测客户的未来行为，能使房地产经纪机构在正确的时间，向正确的客户提供正确的服务。客户分析系统一般包括客户分类分析、市场活动影响分析、客户联系时机优化分析等。通过客户分类分析，可以找出企业的重点客户，使企业可以将更多的精力投放在能为企业带来最大效益的重点客户身上；通过市场活动影响分析，使企业知道客户最需要什么；通过客户联系时机优化分析，使企业掌握与客户联系的最佳时机。客户关系管理要做到与不同价值客户建立合适的关系，使企业盈利最大化。

5. 客户关系管理能够提高经纪机构相关业务的效果

房地产经纪机构通过客户关系管理，对业务活动加以计划、执行、监督和分析，通过整合房地产经纪机构外部的通信、媒体、中介机构、政府部门等资源，与客户发生关联。此外，在协调企业其他经营要素的同时，实现企业内部资源共享，提高企业相关业务部门的整体反应能力和事务处理能力，增强业务活动效果，从而为客户提供更快速、更周到的优质服务，吸引和保持更多的客户。

二、房地产经纪机构客户关系管理的主要内容

客户关系管理的核心是"以客户为中心"，视客户为企业的一项资产，以优质的服务吸引和留住客户。对于房地产经纪业务来说，客户关系管理的关键在于充分运用客户的生命周期理论，对客户进行研究，尽量延长客户的生命周期，并争取更多的客户。

（一）留住老客户

房地产作为一种商品，其消费具有一定的生命周期，客户有可能会重复购买，也有可能买进后卖出，或卖出后买进。而且相比于获取新客户，留住老客户

的成本要低得多，因此房地产经纪机构首先要想方设法通过满足客户需求来留住客户。留住客户，房地产经纪机构可以从以下四个方面入手：

1. 提供个性化服务

要留住客户，必须为其提供满意的服务，这就要求房地产经纪从业人员掌握专业知识，熟悉市场，了解客户需求。通过对成交客户资料的研究，分析客户的行为特点，确定客户的服务级别，并为特殊的客户提供个性化服务。比如，对于来自国外的客户，由于文化、生活习惯的差异，导致居住偏好有很大的差别，通过研究成交资料，可以了解他们的居住及生活偏好，并运用在服务同类客户的过程中，以帮助他们及时准确地找到满意的物业，从而提高客户的满意度。

2. 正确处理投诉

通过对投诉的正确处理，可以将因失误或错误导致的客户失望转化为新的机会，并树立房地产经纪机构竭诚服务客户的品牌形象。即使问题不是因房地产经纪机构的过错造成的，机构也应该及时给予解释并尽可能地协助解决问题，给客户留下良好的印象，从而提高客户的感知价值。

3. 建立长久合作关系

对于企业客户，在新建商品房销售代理业务中，房地产经纪机构通常可以通过介入开发项目的前期运作，与开发商建立稳定的纽带关系；通过成功的项目合作经历与开发商建立长久的合作伙伴关系。对于个人客户，房地产经纪机构要根据客户价值对客户进行分类，挑选出高价值的个人客户，并与其建立长期合作的关系。

4. 积极沟通

房地产经纪机构的沟通对象包括开发企业、业主、购买者和承租人等，房地产经纪机构要与他们进行积极的、及时的沟通。客户俱乐部是房地产经纪机构与客户沟通的有效载体，除了向其提供基本的会员服务，如免费发放会刊杂志、丰富的楼盘或房源信息、政策法规咨询、优先优惠认购等，房地产经纪机构还可以定期举办一些会员活动，如会员沙龙、投资分析讲座、家居服务活动等，增进对客户的了解，为客户提供力所能及的帮助，与客户建立友好关系，取得客户的信任甚至信赖，以实现真正赢得客户的目的。

（二）争取新客户

房地产经纪机构除了留住客户外，还可以从下列两方面入手积极争取更多的客户。

（1）鼓励老客户推荐新客户。可以通过折扣返点、推荐积分等手段鼓励已买房客户介绍朋友购买。在存量房经纪业务中，可以通过"盘中客"的开发，增加新客户量。

（2）给新客户提供附加服务。比如有奖销售、限时优惠，吸收新客户加入客户俱乐部享受各种会员服务等。另外，考虑到新客户缺少置业经验或者工作繁忙，给他们提供一些装修和购置家具等方面的建议，可以提高客户的满意度；对于开发商客户，为其提供新楼盘设计、市场定位的参考建议，也是建立良好客户关系的有效办法。附加服务体现了企业对客户的关怀，有助于完善企业形象，能够从侧面促进企业业务的发展。

三、房地产经纪机构客户关系管理的主要方法

（一）创建客户关系管理系统

房地产经纪机构客户关系管理系统是信息技术、软硬件系统集成的管理方法和应用解决方案在房地产经纪机构的应用。该系统由客户联络中心、客户资料数据库、客户分析子系统、决策支持子系统等构成，其中，客户资料数据库是客户关系管理的核心内容。

（二）建立和维护客户资料数据库

客户资料数据库由房地产经纪信息及销售管理信息所组成。建立客户资料数据库包括信息的输入与存储、整理分析、数据输出等工作。在客户资料数据库中，客户信息可通过客户电话咨询、登门拜访及电子商务门户收集（即客户访问企业网站或企业手机 App）获得，这些信息的形式包括电话记录、访问表格、电子邮件及网页表单等，信息整理后被导入客户资料数据库。客户资料数据库作为房地产经纪机构的主要客户资源，是开展经纪业务的基础，必须对其进行实时备份以保证数据的完整性和安全性。

（三）利用客户分析子系统进行客户信息分析和管理

把保存在客户资料数据库中的客户信息按客户群体分类整理后，利用客户分析子系统对其进行管理和分析，通过数据挖掘，揭示客户的基本特点，分析影响其购买行为的主要因素并对客户进行有针对性的分类，对重点客户进行有效的识别和重点关注。客户分析子系统可以提供和输出客户表单、营销表单、客户资料、营销服务质量以及客户行为等的分析结果。

（四）通过决策支持子系统发现问题并提出针对性的解决方案

利用决策支持子系统，房地产经纪机构可以根据客户分析的结果，全面了解和掌握企业的营销状况；及时发现客户关系管理中存在的问题；发现企业经营活动各个环节是否协调一致，并在此基础上，提出有针对性的解决方案并将其纳入企业下一步的经营决策。

（五）利用客户俱乐部等形式深化与客户的沟通

通过举办讲座、沙龙、论坛、看房等活动，吸引现有客户和潜在客户加入客户俱乐部，增加与客户的交流，扩大企业的社会影响，既可以达到项目对外宣传推广的目的，还可能创造出新的商业机会。在与客户的交流过程中，房地产经纪机构还可以通过征询客户的意见和采纳客户的合理化建议，使得今后的营销活动更具有针对性，以更加有效地提高客户的满意度和忠诚度。客户俱乐部作为有形的客户资料库，能够为客户数据库提供大量的数据，是企业与客户直接沟通的纽带，其重要性越来越得到房地产经纪机构的认可。

第三节　房地产经纪业务的风险管理

一、房地产经纪业务风险管理的含义与主要内容

（一）房地产经纪业务风险管理的含义

房地产经纪行业本身涉及面广、不确定性多，房地产经纪业务、经纪人和交易双方之间的利益存在不均衡性，容易产生各类纠纷，导致多种风险。因此，加强房地产经纪业务的风险管理具有非常重要的作用。房地产经纪业务的风险管理，是指对在房地产经纪活动中可能产生的风险进行识别、衡量、分析，并在此基础上有效地处置风险，以最低成本实现最大安全保障的过程和方法。

从房地产经纪活动中的民事法律关系来看，各相关主体的联系主要是通过与房地产经纪机构签订的相关合同（例如出售经纪服务合同、购买经纪服务合同）来形成的。因此作为经纪机构与房屋产权人、购房者等合同主体，签订合同最基本的目的是在交易过程中尽可能避免风险，实现交易目的，获得预期结果。从房地产经纪业务自身来看，房地产经纪业务所涉及的交易方式、合作单位、客户、信息等，较为复杂且易于变化，所面临的风险也具有复杂、多变等特点。

风险是客观存在的，不可完全避免，只要房地产经纪机构和经纪从业人员开展房地产经纪业务，就必然伴随着风险。实际业务操作过程中，有些经纪机构或经纪专业人员为了回避风险，在开展业务时缩手缩脚，或是在业务操作中设置不必要的"过滤门槛"，使业务拓展的效率降低，从而影响收益。这种对待风险的态度过于保守，是不正确的。

房地产经纪业务的风险管理基于对待风险的合理态度。对待风险要坚持两个原则：一是不能过于保守，要合理承担风险；二是不能盲目乐观，要正确衡量风险的发生概率及其后果，使风险与收益对等。

1. 合理承担风险原则

要获得收益，就必须承担相应的风险，收益越大风险也越大。这是房地产经纪机构、经纪人在经纪业务中必须明白的一点。因此，在开展经纪业务时，要同时对风险与收益两方面进行衡量，尤其要注意不能为了回避风险，而令工作的效率和业务收益过低，从而失去竞争力。

2. 风险与收益对等原则

经纪业务中存在的风险是各不相同的，需要从风险发生的概率与后果严重程度两方面去衡量。有些风险经常发生，但它带来的损失可能较小，后果并不严重；而有些风险虽然较少发生，但一旦发生，带来的后果较为严重，损失巨大，甚至有可能"拖垮"一个经纪机构。当然，对易于发生且后果严重的风险，经纪机构或经纪人员更要严加防范。任何提高工作效率、提供更好服务，或获得更高业务报酬的措施都可能伴随风险，因此必须仔细权衡承担的风险与预期收益，如果无法承担某些风险带来的损失或者风险使公司价值急速贬值，则坚决回避；如果决定承担相应风险，则要使风险与收益对等。

（二）房地产经纪业务风险管理的主要内容

房地产经纪业务风险管理的主要内容包括风险识别、风险衡量和风险处理三个方面。

风险识别是风险分析和管理中的一项基础性工作，其主要任务是明确业务风险的存在，并找到导致风险的原因，为后面的风险衡量和风险处理奠定基础。

风险衡量是运用一定方法对风险发生的可能性或损失的范围与程度进行估计和衡量，确定已识别的风险对房地产经纪业务的影响程度。

风险处理是针对不同类型、不同规模、不同概率的机构内外部风险，采取相应的对策、措施或方法，将房地产经纪活动的风险损失降至最低。

二、房地产经纪业务风险的主要类型

目前，我国房地产经纪机构开展业务面临的风险可以分为外部风险和内部风险。外部风险属于政策变动带给企业的经营风险，不可控性大；而内部风险属于企业管理范畴内的，只要高度重视、加强防范和控制并有效管理，就可以将风险降低到最低程度。

外部风险是指来自法规政策方面的风险，在房地产交易的过程中可能出现国家法律法规颁布、修改或废止的情况，从而可能导致交易中所涉及税费的变化，甚至交易中某一方要求终止交易的风险。因此，开展房地产经纪业务应当在合同的附则中约定出现政策变更时的处理办法，以免交易双方都不愿承担政策变更所增加的税费支出而导致合同无法履行。

房地产经纪业务的内部风险主要有两大类：被行政处罚的风险和承担民事赔偿责任的风险。

（一）被行政处罚的风险

1. 未按政府部门要求公示相关信息引起的风险

房地产经纪机构及其分支机构应当在其经营场所醒目位置公示下列内容：营业执照和备案证明文件；服务项目、内容、标准；业务流程；收费项目、依据、标准；交易资金监管方式；信用档案查询方式、投诉电话及 12358 价格举报电话；政府主管部门或者行业组织制定的房地产经纪服务合同、房屋买卖合同、房屋租赁合同示范文本；法律、法规、规章规定的其他事项等。

分支机构还应当公示设立该分支机构的房地产经纪机构的经营地址及联系方式。房地产经纪机构代理销售商品房项目的，还应当在销售现场明显位置公示商品房销售委托书和批准销售商品房的有关证明文件。

根据《房地产经纪管理办法》规定，房地产经纪机构在开展业务前必须完成上述内容的公示，如未进行公示，一旦被相关政府部门查处，则将面临被行政处罚的风险。

2. 不与交易当事人签订书面房地产经纪服务合同引起的风险

房地产经纪机构接受委托提供房地产信息、实地看房、代拟合同等房地产经纪服务的，应当与委托人签订书面房地产经纪服务合同。房地产经纪服务合同应当包含下列内容：房地产经纪服务合同双方当事人的姓名（名称）、住所等情况和从事业务的房地产经纪人员情况；房地产经纪服务的项目、内容、要求以及完成的标准；服务费用及其支付方式；合同当事人的权利和义务；违约责任和纠纷解决方式。

房地产经纪机构提供代办贷款、代办不动产登记等其他服务的，应当向委托人说明服务内容、收费标准等情况，经委托人同意后，另行签订合同。如违反上述要求，一旦发生纠纷，则难以保障房地产经纪机构的利益。

3. 违规收取服务费引发的风险

房地产经纪服务实行明码标价制度。开展房地产经纪业务应当遵守价格法律、法规和规章规定，在经营场所醒目位置标明房地产经纪服务项目、服务内容、收费标准以及相关房地产价格和信息。

开展房地产经纪业务不得收取任何未予标明的费用；不得利用虚假或者使人误解的标价内容和标价方式进行价格欺诈；一项服务可以分解为多个项目和标准的，应当明确标示每一个项目和标准，不得混合标价、捆绑标价。

房地产经纪业务未完成房地产经纪服务合同约定事项，或者服务未达到房地产经纪服务合同约定标准的，不得收取佣金。

两家或者两家以上房地产经纪机构合作开展同一宗房地产经纪业务的，只能按照一宗业务收取佣金，不得向委托人增加收费。

根据《房地产经纪管理办法》规定，有违反上述要求并构成价格违法的，由县级以上人民政府价格主管部门按照价格法律、法规和规章的规定，责令改正、没收违法所得、依法处以罚款；情节严重的，依法处以停业整顿等行政处罚。

4. 经纪服务合同未由经纪专业人员签字引起的风险

房地产经纪机构签订的房地产经纪服务合同，应当加盖房地产经纪机构印章，并由从事该业务的一名房地产经纪人或者两名房地产经纪人协理签名。

根据《房地产经纪管理办法》规定，有违反上述要求的，由县级以上地方人民政府建设（房地产）主管部门责令限期改正，记入信用档案；对房地产经纪人员处以1万元罚款；对房地产经纪机构处以1万元以上3万元以下罚款。

5. 未尽告知义务引起的风险

房地产经纪机构签订房地产经纪服务合同前，应当向委托人说明房地产经纪服务合同和房屋买卖合同或者房屋租赁合同的相关内容，并书面告知下列事项：是否与委托房屋有利害关系；应当由委托人协助的事宜、提供的资料；委托房屋的市场参考价格；房屋交易的一般程序及可能存在的风险；房屋交易涉及的税费；经纪服务的内容及完成标准；经纪服务收费标准和支付时间；其他需要告知的事项。

房地产经纪机构根据交易当事人需要提供房地产经纪服务以外的其他服务的，应当事先经当事人书面同意并告知服务内容及收费标准，书面告知材料应当经委托人签名（盖章）确认。

根据《房地产经纪管理办法》规定，有违反上述要求的，由县级以上地方人民政府建设（房地产）主管部门责令限期改正，记入信用档案；对房地产经纪人员处以1万元罚款；对房地产经纪机构处以1万元以上3万元以下罚款。

6. 违规对外发布房源信息引起的风险

房地产经纪人员与委托人签订房屋出售、出租经纪服务合同，应当查看委托出售、出租的房屋及房屋权属证书，委托人的身份证明等有关资料，并应当编制房屋状况说明书。经委托人书面同意后，方可以对外发布相应的房源信息。

根据《房地产经纪管理办法》规定，房地产经纪机构擅自对外发布房源信息的，由县级以上地方人民政府建设（房地产）主管部门责令限期改正，记入信用档案，取消网上签约资格，并处以1万元以上3万元以下罚款。

房地产经纪人员发布房源信息应当同时符合依法可售、真实委托、真实状况、真实价格、真实在售的要求，不得发布虚假房源信息。一旦发布虚假房源信息，根据《中华人民共和国电子商务法》《中华人民共和国网络安全法》《网络交易管理办法》等规定，网信部门和住建（房管）部门会要求互联网交易平台下架相关房源信息，并暂停该企业和从业人员通过互联网平台发布房源信息一定时间。

7. 违规划转客户交易结算资金引起的风险

房地产交易当事人约定由房地产经纪机构代收代付交易资金的，应当通过房地产经纪机构在银行开设的客户交易结算资金专用存款账户划转交易资金。交易资金的划转应当经过房地产交易资金支付方和房地产经纪机构的签字和盖章。

根据《房地产经纪管理办法》规定，有违反上述要求的，由县级以上地方人民政府建设（房地产）主管部门责令限期改正，取消网上签约资格，处以3万元罚款。

8. 未按规定如实记录业务情况或保存房地产经纪服务合同引起的风险

房地产经纪机构应当建立业务记录制度，如实记录业务情况。房地产经纪机构应当保存房地产经纪服务合同，保存期不少于5年。

根据《房地产经纪管理办法》规定，有违反上述要求的，由县级以上地方人民政府建设（房地产）主管部门责令限期改正，记入信用档案；对房地产经纪人员处以1万元罚款；对房地产经纪机构处以1万元以上3万元以下罚款。

9. 不正当行为引起的风险

房地产经纪机构和房地产经纪从业人员不得有下列行为：①捏造散布涨价信息，或者与房地产开发经营单位串通捂盘惜售、炒卖房号，操纵市场价格；②对交易当事人隐瞒真实的房屋交易信息，低价收进高价卖（租）出房屋赚取差价；③以隐瞒、欺诈、胁迫、贿赂等不正当手段招揽业务，诱骗消费者交易或者强制交易；④泄露或者不当使用委托人的个人信息或者商业秘密，谋取不正当利益；⑤为交易当事人规避房屋交易税费等非法目的，就同一房屋签订不同交易价款的合同提供便利；⑥改变房屋内部结构分割出租；⑦侵占、挪用房地产交易资金；⑧承购、承租自己提供经纪服务的房屋；⑨为不符合交易条件的保障性住房和禁止交易的房屋提供经纪服务；⑩法律、法规禁止的其他行为。

根据《房地产经纪管理办法》规定，有上述①、②项行为，构成价格违法的，由县级以上人民政府价格主管部门按照价格法律、法规和规章的规定，责令改正、没收违法所得、依法处以罚款；情节严重的，依法处以停业整顿等行政处罚。根据《房地产经纪管理办法》规定，有上述③～⑩项行为的，由县级以上地方人民政府建设（房地产）主管部门责令限期改正，记入信用档案；对房地产经纪人员处以 1 万元罚款；对房地产经纪机构，取消网上签约资格，处以 3 万元罚款。

（二）承担民事赔偿责任的风险

1. 未尽严格审查义务引起的风险

未尽严格审查义务，指的是房地产经纪机构或房地产经纪人员因为客观条件的限制或主观上的原因，对房源等相关信息未严格实施审查。比较常见的是房屋的质量、产权、销售许可等问题，因为这些问题往往需要深入调查才能知晓，而一般的房地产经纪机构往往因调查成本过高很难组织人力深入调查每套房源。另外，当前在很多地方，房屋管理部门未建立畅通的房屋权属查询渠道，一旦业主不予配合查询，则房地产经纪机构难以确保房屋权属的真实性。

在上述主客观因素影响下，为促成交易，有些房地产经纪人员会凭自己的"推理"对房源信息加以补充，如当客户询问房源质量情况时，经纪人员觉得该房源的质量应该没有什么问题，于是随口回答说："没有问题。"若客户成交后发现该房源存在质量隐患，极易与房地产经纪人员或经纪机构发生纠纷，从而引发风险事故。

因此，经纪人员应尽可能全面地掌握房源的相关信息，而对于某些不清楚的方面，当客户询问时，则要如实告知，以免引起不必要的纠纷。

2. 协助交易当事人提供虚假信息或材料引起的风险

（1）虚报成交价

虚报成交价通常是在客户的"要求"下进行的。它分为"高报"与"低报"两种。"高报"是指在向有关部门报告成交价时，所报的成交价高于实际的成交价。客户要求"高报"的原因往往是为了办理购房按揭时能够向银行争取到更大金额的贷款。"低报"则是与"高报"相反，即在向有关部门报告成交价时，所报的成交价低于实际的成交价。客户要求"低报"的原因一般是为了减少税费支出。

因为房地产经纪人员在房地产交易中起着见证的作用，对成交价也有见证的责任，所以不论是"高报"还是"低报"，房地产经纪人员都要负相关的法律责任。另外，当前无论贷款还是缴税均需提供网签合同，而网签合同又是由房地产经纪机构协助签订的，故"高报"与"低报"成交价格对于房地产经纪机构而言均无法脱离干系。

（2）伪造签名

有时候，一些经客户签名的文件因某种原因不符合有关部门的要求，有些房地产经纪人员为了贪图一时的方便或怕客户责怪，会重新准备文件并"伪造"客户的签名。这样做会引起两种后果：一是一旦被有关部门或单位发现，该文件被退回，经纪机构须重新递交一份客户亲笔签名的文件，这样就拖延了交易的办理时间，影响了工作效率，有时甚至会引起客户的不满；二是当客户出现违约情况时，如客户在交易中途突然决定取消交易、不支付服务费等，这些并非客户亲笔签名的文件，将无法保障经纪机构的合法利益。

3. 承诺不当引起的风险

房地产经纪人员对客户进行承诺时，如果没有把握好分寸，一味地迎合客户，做出无法兑现或其他不适当的承诺，就容易引起纠纷，有时甚至会带来不必要的经济损失，也将损害经纪机构的形象。

在房地产经纪业务开展过程中，容易出现承诺不当现象的环节主要有：房源保管、服务协议的签订等。

(1) 房源保管风险

有些业主（委托人）在将房源委托给经纪机构进行销售或租赁时，会将该房源的钥匙交予经纪机构保管、使用。而不少房地产经纪人员为了便于带客户看房，甚至会主动向业主（委托人）要求将房源的钥匙交予其保管，于是房地产经纪机构就要承担该房源的保管风险。

按照我国现行的法律，房地产经纪业务一旦接受了业主（委托人）所委托房源的钥匙，就要对该房源履行保管责任，该房源若是发生失窃或是被人为损坏等情况，所造成的损失皆由经纪业务负责赔偿。特别是对于一些装修较为豪华、家具家电较为名贵的房源来说，房地产经纪业务所要承担的风险更大。因此，房地产经纪人员在接受房源的钥匙时，应就是否对房源履行保管责任等问题，与业主（委托人）签订有关协议。

【案例 4-1】

某房地产经纪机构与业主签订了房源的独家代理合同。为了方便经纪人带客户看楼，该业主将该房源的钥匙交予经纪机构保管。该房源配备了较为齐全的家私电器。过了一段时间，该房源还未达成交易，却发生了失窃事件，其门锁并未有被损坏的迹象。有关部门经过一系列的调查，一直不能查清失窃的真相所在。

按照我国现行的法律，经纪机构一旦接受了业主（委托人）所委托房源的钥匙，就要对该房源履行保管责任，该房源若是发生失窃或是被人为损坏等情况，所造成的损失皆由经纪机构负责赔偿。所以，这一失窃事件所造成的损失由该接受委托的经纪机构承担。

(2) 房地产经纪服务合同签订中的风险

目前，很多房地产经纪人员的法律、法规意识薄弱，在与客户签订服务协议时，为了迎合客户的要求，而在协议中写下某些难以兑现的承诺条款。客户一旦要求兑现该条款，就会令房地产经纪机构陷入非常被动的境地，甚至最终引起客户的不满，令房地产经纪机构受损。

【案例 4-2】

经纪人刘某在与买家胡某签订服务协议（即委托合同）时，根据胡某的要求，在合同的附加条款里注明：保证一个月内办妥过户手续，如未办妥，将取消此项交易。在一般情况下，这也是不难做到的。但是偏偏胡某要购买的该套房屋，其业主的配偶不同意出售，拖了一个月左右，都没有说服该配偶同意。因此，胡某在一个月后，就取消了此项交易。刘某所付出的大量劳动也变成了"无用功"。

经纪人在与客户签订协议时，要有较强的法律、法规意识，不能一味迎合客户的要求而在协议中写下难以兑现的承诺条款，避免服务协议风险。

4. 产权纠纷引起的风险

产权风险是指买卖双方签订买卖合同甚至交付定金后才发现，由于房屋产权的种种问题，房屋无法交易，也无法过户。如由于历史、政策等原因，我国城镇现有的存量住房的产权主要分为商品房、已购公房、共有产权房、经济适用住房四类。不同产权类型的住房的交易前提条件不同。

每个经纪从业人员都必须意识到产权确认在存量房交易中的重要性。由于在交易签约前未做产权确认而引发的纠纷，不仅浪费了经纪方、买卖双方大量的时间和精力，甚至给客户造成了经济损失，同时也不利于存量房市场的健康发展。

（1）产权瑕疵风险

房屋买卖中确认房屋产权是否存在瑕疵是首要工作。存量房是否即将被征收、是否已经抵押或涉案被查封、产权共有人的意见等均将成为影响房屋能否上市的重要因素，而有的产权证明可能已发放多年，无法清晰显示产权现有的状态。因此，为使交易顺利进行，经纪专业人员在为客户提供经纪服务之前应当要求并陪同房屋产权人到房屋所在地的房地产产权登记部门查询该房屋的权属情况，包括该房屋是否抵押、是否受司法限制等，并如实告知买方。

【案例 4-3】

某经纪机构的经纪人张某在为客户李某提供房地产经纪服务过程中，仅凭业主一方面的陈述和业主出示的一本登记日期为六年前的房产证，经纪人张某就代买方李某向业主支付了 1 万元的购房定金。后张某联系业主时，业主已杳无音信。事后发现该物业除了抵押给银行外，还因业主欠债被某法院查封了。最后该经纪机构只得向李某偿还了 1 万元定金。

【案例4-4】

某经纪机构的经纪人小丁向客户推荐了一处已抵押物业，并口头告知其抵押的情况，客户表示愿意接受并支付了定金。但此后该客户以小丁并未告知其抵押情况为由要求取回定金。根据相关法律规定，在无法证实已告知受让人抵押情况下，该经纪机构只能退还该笔定金。

（2）产权转移风险

目前，我国的不动产交易采取的是登记要件主义，即房屋必须经过不动产登记部门的过户登记，房地产权利才发生转移。所以，经纪专业人员在促成买卖双方签订了房地产买卖合同后，应立即协助买卖双方到房屋所在地的不动产登记部门办理产权过户手续；若双方发生房屋买卖纠纷，应尽快向法院提出诉前财产保全或诉讼财产保全，将房屋查封，防止房屋转移。

一些特殊性质的房屋如集资房、经济适用住房、限价商品房、共有产权房等，法律法规对其上市交易有一系列的限制性规定，未达到相关条件则无法上市。有些房地产经纪从业人员对法律法规了解不多，而客户的法律意识也较为薄弱，往往会认为这种房地产交易只要办理了公证手续即可达到产权转移的目的，于是交易产生纠纷。

【案例4-5】

客户马某看中北京市昌平区回龙观某小区的一套存量房，价格较为便宜，但房屋性质为经济适用房，且未满五年。马某出于房价较低的考虑，且在某房产经纪机构的撮合下，最终与业主签署了买卖合同，并约定待房屋满五年后再办理过户手续。后因房价上涨较快，业主提出解约要求，并称该房屋买卖合同无效。

客户马某非常不满，投诉至建委。在建委的协调之下买卖双方最终解约，同时，建委要求该经纪机构退还佣金，并对其进行了处罚，理由是操作国家禁止交易的房屋买卖业务。

5. 经纪业务对外合作的风险

经纪从业人员在从事经纪业务的过程中为了开拓业务必然会与一些单位或机构、个人进行合作，利用各自的资源增加客户群、提高服务效率以促成更多的交易。常见的合作伙伴有抵押贷款代办机构和其他房地产经纪机构等。选择合法设立的合作伙伴，对促成交易、保障交易安全有着非同小可的意义。否则，由于合作带来的不可预见的风险则会接踵而至。

（1）代办房地产抵押贷款风险

对于经纪机构而言，最重要的合作伙伴——抵押贷款代办机构的选择最具直接影响。专业的担保公司主要依靠其对银行贷款流程的熟悉和良好的信誉服务客户，为贷款者提供专业服务，其价值主要体现在为贷款者节省时间和降低风险。经纪专业人员在为客户代办银行抵押贷款及过户手续时，除了对抵押贷款代办机构的合法设立条件进行严格审核外，还应对其内部架构、业务操作流程、人员素质等做出综合评估方能选定。

某些私人设立的代办机构有名无实，无法担负审查、代理申请银行抵押贷款的职责，在获取房地产经纪专业人员或买卖双方的信任后，借此诈骗客户物业或银行贷款，属于严重的诈骗行为。房地产经纪专业人员对抵押贷款代办机构的资质审查不严格、对整个交易过程的跟进不及时则极有可能令自己陷入困境。

【案例 4-6】

买方刘某通过经纪人张某与业主以人民币 35 万元达成了房屋买卖，买方支付了定金 1 万元。为方便办理手续，业主将房产证交给了张某。为监控交易过程的安全，本应由张某所在公司指定的抵押贷款代办机构为其代办相关手续，但买方坚持要委托其认识的抵押贷款代办机构进行贷款。

张某多次说服买方未果，最终只能将房产证交给了买方委托的抵押贷款代办机构。随后张某就没再追问此事，以为正在办理银行抵押贷款。过了一段时间，张某联系买方，询问贷款办得怎么样了，买方推说银行未批出抵押贷款。张某起疑遂到房管局进行查证，却发现该物业已被过户至一不知名人士的名下。再联系买方时，买方及抵押贷款代办机构均已人去楼空。

经查，该抵押贷款代办机构与买方是同一伙人，他们制作虚假签名，然后到房管局办理过户手续，将物业过户到第三人的名下收取房款后逃跑。因此，经纪人亦将为自己的过失承担相应的民事法律责任。

（2）同行合作风险

房地产经纪人员在提供经纪服务过程中，常会存在与其他同行合作获取房源、客源，达成协议后共同分配佣金等的情况。这些合作应以合法、不串通损害买卖双方利益为前提，否则，一旦侵犯了买卖双方的合法利益，被发现存在私自收费、谋取差价等行为，轻则追究民事法律责任及行政责任，重则追究刑事责任。

有的经纪从业人员认为合作双方只要签订了内部协议即合法可行，出问题时还可以根据这份协议去追究对方的责任。须知，这份所谓的协议因其前提已违法而并没有法律效力，更不能作为追偿依据。在买卖双方追究的时候，经纪从业人员及其所在经纪机构无可避免要承担相应的法律责任。

【案例 4-7】

经纪人田某有一客户陈某急需购买某小区一处物业，刚巧旧同事李某（在其他房地产经纪机构任职的经纪人）有此小区的关系房源。于是田某和李某拟定了一份协议，协议规定：由于是一手内部转名的物业，向买方客户另行加收楼价的10％作为手续费。除应收的佣金以外此部分手续费对半分成。

随后，田某代表其所在经纪机构与陈某签订了售价为42.9万元（原售价为39万元）的《购房确认书》，并告知陈某其中包括支付3.9万元作为手续费，方能从一手内部认购人手中购得该物业。当时陈某同意并付了钱。田某误以为陈某已清楚知道内情并无异议且已付了钱。于是田某与李某带陈某到开发商处签订了买卖合同（该合同上显示是39万元）。不料随后陈某即以经纪人诈骗为由要求田某退还3.9万元的手续费，并投诉到房管局。房管局经调查相关情况，认为经纪人田某及其经纪机构违规收费。房管局责令他们退还多收款项并不得收取任何佣金，同时经纪机构管理部门对田某及其经纪机构做出相应的处罚。

6. 道德风险

（1）房地产经纪从业人员道德风险

某些房地产经纪从业人员为了个人的利益，置经纪机构的利益于不顾，做出一些损害经纪机构的利益与形象的举动。房地产经纪从业人员的道德风险也是经纪机构要重点防范的风险，尤其是在一些财务监管制度不够完善的公司，房地产经纪从业人员的"可乘之机"较多，风险发生的机会也就较大。

房地产经纪从业人员的道德风险主要表现为：①为了自己的个人利益，将房源或客户资料外泄；②利用经纪机构的房源与客户资源，私底下促成双方交易，为自己赚取服务佣金；③私自抬高房源的售价，赚取其中的"差价"；④收到较大金额的服务佣金或定金后，携款潜逃等。

其中，尤其要注意的是房源或客户资料外泄的现象。因为房源或客户资料是房地产经纪机构的核心资源，经纪机构所掌握的房源或客户资料越丰富，其市场竞争力越强。有些经纪机构为了获取竞争对手的房源或客户资料，会用金钱买通竞争对手机构的经纪人员，让他们为其提供需要的资料。

对房地产经纪从业人员道德风险的管理是一项长期、系统的工作，它要求经纪机构一方面要不断完善各项管理制度，另一方面要不断培养房地产经纪从业人员对机构的归属感、忠诚感，提高其道德修养。

（2）客户道德风险

房地产经纪机构在与道德水平较低的客户打交道时，稍有不慎，就会发生风险事故，有些事故还会带来比较严重的后果。虽然经纪机构不可能去衡量每一位客户的道德水准，但如果能对这些类型的风险事故有比较全面、深入的了解，就可以防患于未然。

① "跳单"风险

买卖双方的客户在房地产经纪从业人员的"牵引"下，有时会有所接触。比如经纪人带买方去看房，该房源的业主因为要去开门，也在现场，因此买卖双方就有了相互接触的机会。这种时候，有些客户为了免予支付服务佣金，会在不引起经纪人注意的情况下，给对方留下联系电话，然后私底下达成交易。这种现象就是业内人士所说的"跳单"。

在与买卖双方的沟通过程中，房地产经纪从业人员付出了时间、精力及电话费、交通费等"成本"，而"跳单"现象不仅没能给房地产经纪从业人员带来收益，还令房地产经纪从业人员的这些"成本"付诸东流。若是经常出现这种现象，则会给房地产经纪从业人员或房地产经纪机构带来经济负担，不利于经纪业务的开展。

防止客户"跳单"的措施一般是在带客户看房前，要求其签订"看房委托协议"，承诺不会与业主（委托方）私下交易，如出现私下成交的情况，则客户仍需向经纪机构缴纳佣金。

② 利用伪造证件诈骗

有些客户会通过提供假房产证、假身份证等来进行诈骗，房地产经纪从业人员如果防范心理不强，或是业务操作不规范，就有可能让他们诈骗成功，从而给房地产经纪从业人员、房地产经纪机构带来经济损失或形象的损害。

因此，达成交易前，房地产经纪机构应对该房源的产权人身份等进行确认，以防止某些业主（委托人）虚报其物业权属资料等，从而给交易造成不便或造成交易失败。一般情况下，在收受买方定金之前，房地产经纪从业人员就应对该房源的产权证、产权人或其合法代理人身份等进行确认，以辨别其真伪。只有在确认产权证、产权人或其合法代理人身份证等皆为真实无误时，才可收取定金。

③ 故意隐瞒房屋存在的瑕疵

房源业主深知自身房屋的优势和劣势，但为了顺利实现交易，而夸大优势，并故意隐瞒房屋本身的瑕疵，若房地产经纪从业人员或房屋购买者在交易前并未察觉这些瑕疵，便为交易留下纠纷隐患。

④ 对房地产经纪从业人员人身安全的威胁

房地产经纪从业人员经常要带客户实地看房，很多时候只能由一名房地产经纪从业人员带客户前往看房，这就给一些犯罪分子提供了"可乘之机"。这些犯罪分子往往会假扮成要看房的"客户"，然后在看房过程中，伺机抢夺房地产经纪从业人员的财物等，甚至危及房地产经纪从业人员的生命安全。

因此，为了防范、规避这种风险，房地产经纪从业人员在带客户看房之前，应对客户的身份资料进行详细的登记，最好能让其出示有效证件（如身份证等），将其号码登记下来，以起警示作用；同时应提高专业能力，提高对房屋的勘察能力，以尽可能全面准确地掌握房屋的真实状况；另外，外出看房应在店中留下记录及预计返回时间，以方便同事及时发现异常情况。

三、房地产经纪业务风险识别

主动识别房地产经纪业务中的各类风险，是进行风险防范的必要前提。上文已详细阐述了在房地产经纪业务开展的过程当中较常见的几类风险。房地产经纪机构或房地产经纪从业人员应以此为出发点，在日常工作中加以注意。但是，在实际工作当中，经纪机构或经纪从业人员所面临的风险是非常复杂、多样的，远不止上文提到的那些风险。这就要求经纪机构建立较为系统的风险识别系统，房地产经纪从业人员也要不断提高自己的风险识别能力。

（一）建立风险识别系统

每一个房地产经纪机构的规模、运作构架存在差异性，因而难以建立统一的风险识别系统。总体来说，房地产经纪机构在建立风险识别系统时，要遵循两个基本原则：一是尽量以不影响日常的工作效率为前提，二是要全面考察。虽然建立完善的风险识别系统至关重要，但若是因此影响了工作效率，从而间接地降低了公司的盈利能力，则未免得不偿失。全面考察原则，即针对每一个工作环节进行考察，识别其风险，这是保证风险识别的有效性的重要方式。

根据房地产经纪机构的经营特点，应切实把握风险识别的两个切入点：投诉处理和坏账处理。

1. 投诉处理

从某种程度上说，投诉处理最能反映经纪机构在业务开展过程中存在的问题，这些问题往往就是引发风险事故的"隐患"。所以，经纪机构应重视投诉，并通过对投诉问题的了解、处理，识别其中的风险因素。

经纪机构面临的投诉主要来自两方面：一方面是客户，这是最常见、最值得重视的；另一方面则是其他从业的经纪人，这种情况比较少见，但也是识别风险的一个渠道。

经纪机构应设有专门的工作人员负责投诉处理，他们必须具备较高的专业能力，能够及时到位地与客户进行沟通、协调，从而保证投诉处理的质量与效果，维护经纪机构的良好形象。同时，更重要的是，他们必须及时将投诉中存在的风险因素进行归纳、总结，并向公司有关部门的负责人反馈，使公司的风险防范系统不断得到改进和完善。

2. 坏账处理

房地产经纪业务的应收款，通常是指经纪机构在提供了服务之后，客户承诺支付而未取得的服务费用，当客户拒绝支付或款项严重逾期时，应收款则转化为坏账。多数情况下，客户不会无缘无故不支付服务费用，因此，对这些坏账的处理，是发现经纪机构或经纪人员在业务操作过程中存在问题的一个渠道，同时也是识别风险的一个切入点。

因为与收益息息相关，经纪机构一般比较重视坏账处理。在这里要特别注意的一点是：在对坏账进行追查、追讨的过程中，工作人员要深入了解客户不愿支付服务费用的原因，若是从中发现了公司业务操作中的风险因素，应及时向有关部门或负责人反馈。

（二）提高风险识别能力

这是针对经纪机构的工作人员（尤其是经纪人）而言的。首先，经纪从业人员要树立风险防范意识，这是提高风险识别能力的基本前提；其次，经纪从业人员要对可能发生的各类风险有所认识。这一点通常要依靠经纪机构的培训，以及经纪从业人员自己的信息收集；再次，经纪从业人员的业务操作流程要尽量规范化。规范化业务流程本身具有防范风险发生的作用，在现实中，很多风险的发生，正是经纪从业人员贪图方便、不按规范的流程操作的原因所致。最后，经纪从业人员还应不断巩固、加强自己的各项专业能力，这也是提高风险识别能力的有效手段。

四、房地产经纪业务风险防范

根据我国目前房地产经纪行业的特点，如相关的法律、法规还在不断完善当中，行业本身的涉及面广、不确定性多，容易产生各类纠纷等，必须制定系统的风险防范措施。这里列举一些常见措施，这些措施主要从经纪机构的管理机制入手，包括对外承诺标准化、投诉处理、权限控制与分配等。

（一）对外承诺标准化

对外承诺包括口头承诺和书面承诺两方面，在这里主要指的是书面承诺，如交易委托合同、房源钥匙保管协议等。进行对外承诺，其目的主要是让客户建立足够的交易信心，从而令交易顺利完成。因此，在经纪业务的开展过程中会出现这样的风险事故：有些经纪人员在工作中为了迎合客户心理，做出一些无法兑现的承诺，最后却令客户丧失信心，破坏经纪机构或经纪人员的形象，甚至引起法律纠纷。所以，在进行对外承诺时，经纪机构或经纪人员必须注意的一点是，所承诺的内容一定是有能力兑现的。为了切实做到这一点，就必须要实行对外承诺标准化。它主要从以下三个方面入手。

1. 制定规范、标准的对外承诺文本

制定规范、标准的对外承诺文本，是实行对外承诺标准化的关键。经纪从业人员在开展经纪业务时，使用标准的承诺文本，能最大限度地防范对外承诺中存在的风险。

2. 展示标准化文本

展示标准化文本，主要是对客户展示各类标准化文本。这是一种通过外部监督的方式来防范对外承诺风险的措施。即经纪机构将本公司所用的文本（包括合同、协议、证明等各类文本），装订成册，在客户面前展示，使客户知道标准文本的样式。这样，在签署相关文件时，客户如果发现经纪人员给他们提供的文本不同于标准文本，他们就会拒签，从而防止发生经纪从业人员乱签合同的风险事故。

3. 规范档案与印章管理

档案，主要指各类对外承诺文本，也包括在经纪业务开展过程中涉及的其他文件、文本。经纪机构应建立系统的档案管理制度，对各类档案的管理责任人、保管方式、保管期限等均应做出明确、详细的规定，避免档案遗失或其他因档案管理不当带来的风险。

印章管理，也要建立起明晰、系统的管理制度，对管理责任人及如何使用等都要有详细的说明。经纪机构的每一个营业点通常都配有相关的印章，使用的频率高，如果管理不当，极易发生风险事故。

（二）权限的控制与分配

在开展经纪业务的过程中，涉及各类事务的处理，要最大限度地保证这些事务进行正确的处理，就必须根据每一项事务的涉及面、重要程度等特点进行分类，然后将各类事务分配给相关的工作人员负责处理。这些责任人的权限必须明确、清晰，尽量让每一项事务皆有专人负责，以便激发工作人员的责任感，使他们既能保证处理质量，又能保证工作效率。

在进行权限的控制与分配时，必须注意的一点是：负责处理某项事务的工作人员必须具备相应的能力，即对所负责的事务进行辨别、判断，从而做出决策的能力。

（三）门店责任人培训

目前，我国大多数房地产经纪机构采用连锁经营模式，经营地点分散，经纪机构很难对各个业务操作环节实行集中、统一管理。因此，为了保证业务操作的规范，防范由业务操作不规范引起的风险，经纪机构必须对各个经营地点的责任

人（一般是指该分店的店长及分店秘书）进行到位的培训。

对责任人的培训包括两个方面。一是上岗前的系统培训，即对业务操作涉及的各个环节进行详细、透彻的讲解，使他们全面掌握公司规定的操作要领及相应的意义。二是指上岗后的培训，包括定期或不定期的各类培训，这是保证士气与操作规范的重要手段。尤其是在公司出台了新的规定时，更是必须对责任人进行到位的培训，才能将新规定真正贯彻下去。

（四）建立监察稽核体系

对各个经营地点实行定期或不定期的检查稽核，建立起系统的监察稽核体系，是保证业务操作规范的重要措施。各个经营地点在开展经纪业务时拥有一定的自主权，但经纪机构为了保证公司的顺利运作，避免各种不规范操作引起的风险，也会制定相关制度对各个经营地点的业务操作进行指导、规范。进行检查稽核时，主要是考查各个经营地点对这些制度的落实、执行情况。

（五）风险转移

经纪业务涉及的工作环节众多，经纪机构往往很难对每一个环节都进行到位的风险控制。因此，有不少经纪机构会将某些工作环节交予其他专业公司处理，从而实现一定程度的风险转移，如"链家地产"在创立公司初期就推出"百易安二手房资金托管"，因此规避了某些自身难以控制、管理的风险因素。

复 习 思 考 题

1. 房地产经纪机构的经营模式有哪些？

2. 房地产经纪机构选择经营模式时主要应考虑哪些内容？

3. 房地产经纪机构的薪酬制度主要有哪几种？

4. 房地产经纪机构的激励机制主要有哪几种？

5. 房地产经纪机构客户关系管理的作用有哪些？

6. 房地产经纪机构如何进行客户关系管理？

7. 房地产经纪业务主要面临哪些风险？

8. 房地产经纪活动中哪些行为会导致行政处罚类风险？

9. 房地产经纪活动中哪些行为会导致民事赔偿类风险？

10. 如何进行房地产经纪业务风险的主动识别？

11. 房地产经纪机构和从业人员应如何正确对待风险？

12. 房地产经纪机构和从业人员风险防范的措施有哪些？

第五章　房地产经纪业务

房地产经纪业务是房地产经纪机构及经纪人员实现房地产经纪的独特功能从而取得收入的根本，是房地产经纪工作的核心。房地产经纪业务包括房地产经纪机构及经纪人员为促成委托人与第三方的房地产交易而开展的基本业务，以及与基本业务相关联，有利于进一步协助委托人规范、高效、安全地完成房地产交易的各项延伸业务。本章阐述房地产经纪业务的主要类型、业务流程及业务管理。

第一节　房地产经纪业务的分类

房地产经纪业务的分类标准有多种，常见的有房地产交易标的、交易类型、经纪服务方式等。分类标准不同，房地产经纪业务分类不同，分类标准交叉组合，房地产经纪业务分类更加多种多样。

一、新建商品房经纪业务与存量房经纪业务

在我国，根据房地产所处市场类型的不同，理论上可以将房地产经纪业务分为土地经纪业务、新建商品房经纪业务和存量房经纪业务。但从实际情况看，目前我国房地产经纪业务主要集中在新建商品房市场和存量房市场，土地市场上的业务比较少。

新建商品房市场上的业务主要是新建商品房销售代理与租赁代理，且大多为卖（出租）方代理，即房地产经纪机构代理房地产开发企业出售或出租其开发建设的商品房。这类业务的特点是委托方相对强势，房源批量化，业务获取和运作成本较高。由于房地产开发企业属企业客户，且通常具有较雄厚的资金实力和较多的房地产专业人员，因此房地产经纪机构在从事此类业务时，必须在业务谈判、合同签订以及房地产营销策划与实施等方面具备更高的专业水平。新建商品房销售（租赁）代理业务的标的通常是一个楼盘或一个楼盘的某一部分的批量房地产，其销售或出租的对象却是分散化的个体，因此，销售（出租）期比较长。同时，由于每套房屋的独特性，使得每套房屋的成交可能性不同，通常不能在同一时段全部销售（出租）完毕，因此，在这类业务中，房地产经纪机构与房地产

开发企业之间的佣金结算相对较为复杂，结佣周期较长。同时，在此类业务的运作中可能还需要投入较大量的广告费，以及售楼处、样板房的搭建和装修等费用。

随着房地产经纪行业的发展，一些综合实力强的房地产经纪机构在承接新建商品房销售（租赁）代理业务过程中，逐渐增加服务内容，如为房地产开发企业提供开发项目前期的市场调研、产品定位，甚至项目投资分析，从而使房地产经纪业务向房地产开发的全过程延伸，出现了房地产全程代理业务。一些中小型房地产经纪机构没有实力代理销售新建商品房项目，就依托大型房地产经纪机构或者平台型公司，成为导流客户的渠道商。

存量房市场上的房地产经纪业务涉及面更广，类型更为丰富。按交易类型可分为存量房买卖经纪业务和租赁经纪业务。按服务方式，存量房经纪业务既有采用居间方式进行的，也有采用代理方式进行的。采用代理方式的存量房经纪业务中，既有卖方代理业务也有买方代理业务。从客户类型来看，存量房经纪业务既有面向分散的个体客户的，也有面向企业客户的。存量房经纪业务的标的以单宗房地产或单套房屋为主。

从我国房地产市场的发展历程来看，在房地产市场发展的早期，新建商品房经纪业务曾经是房地产经纪业务中最主要的业务类型，但随着存量房市场的发展，存量房经纪业务显现出更快的增长势头。越来越多的城市，存量房经纪业务超过新建商品房经纪业务而占据主体地位。随着我国新建商品房大开发、大建设时代的结束，房地产市场逐步进入存量市场，存量房经纪业务将成为房地产经纪的主要业务。

过去，房地产经纪机构在以上两类业务上大多采取专攻其一的方式，即要么主要经营新建商品房经纪业务，要么主要经营存量房经纪业务，但是，随着房地产经纪在新房交易中的渠道作用日益凸显，越来越多的房地产经纪机构开始进行两类业务融合的尝试，如有些原来主要从事存量房经纪业务的房地产经纪机构，利用庞大的经纪门店网络和经纪人员队伍承销新建商品房。存量房经纪业务与新建商品房经纪业务的融合，俗称"一二手业务联动"。这种融合使房地产经纪机构能充分利用自身资源，拓展发展空间，但是，这种融合也面临许多具体操作上的困难，如两类业务的经纪服务方式、服务内容、佣金收取方式不同，房地产经纪人员对两类业务的工作积极性有明显差异，因此如何制定合理的利益分配机制以促使房地产经纪人员在两类业务上合理投入精力，是解决这一困难的关键。再如，相对于分散小业主的存量房，新房标准化程度高，交易服务流程短，经纪业务难度小；另外，两类业务对房地产经纪人员的能力要求不同，如何使原来只从事一类业务的房地产经纪人员能同时胜任两类业务，或者从事新房业务的经纪人员转型从事存量房业务，也存在一定困难。

二、住宅经纪业务与非住宅房地产经纪业务

根据房地产的用途类型（如住宅、商业、办公、工业、仓储等），可以将房地产经纪业务分为住宅经纪业务和非住宅经纪业务。其中，非住宅经纪业务是指除住宅以外的商业、办公、工业、仓储等用途类型的房地产经纪业务。

到目前为止，住宅经纪业务一直是我国房地产经纪行业的主要业务类型。由于住宅经纪业务的标的是作为人类基本生活资料的住宅，因此在住宅经纪业务中，房地产经纪人员应注意对房地产交易当事人的家庭情况进行了解，合理把握其家庭收入与财产状况、人员结构、家庭关系等因素对住宅交易需求的影响，合理进行供需搭配。同时，应充分把握家庭发展变化周期对住宅需求的影响，合理挖掘已成交客户的新需求。

越来越多的房地产经纪机构已涉足商业、办公等非住宅房地产经纪业务（以下简称"商业房地产经纪业务"）。商业房地产（Commercial Property）是一个内涵非常丰富的概念，包括写字楼、商铺、购物中心、旅馆、餐厅、度假村、游乐场、健身俱乐部、高尔夫球场、服务式公寓、工业房地产等。这类房地产有一个共同点（也即商业地产的本质），即作为各种企业（包括房地产出租企业）的生产资料。

从发达国家的历史经验来看，在房地产市场发展的早期阶段，商业房地产作为企业的生产资料通常是被需要这种生产资料的企业直接购买并持有的。然而，随着社会分工不断深化，出现了越来越多进行专业投资并持有各类商业房地产的企业，它们通过对外出租商业房地产来获得投资收益，这就形成了房地产业内的一个新兴行业——房地产出租业（目前在美国，房地产出租业已成为房地产业内最大的子行业）。与此同时，各行各业中，越来越多需要商业房地产的企业，不再购买商业房地产，而是转而向房地产租赁企业承租商业房地产。于是代理房地产出租企业出租商业房地产，或是代理各行各业的企业承租或者购买商业房地产，就成为一种发展速度很快的房地产经纪业务类型。

商业房地产作为企业、机构的生产资料，其占用方式（自有或承租）以及购买（或承租）的价格（或租金），直接影响着企业、机构的资产结构和现金流状况。因此，在商业房地产经纪业务中，房地产经纪人员必须对委托方所在的行业及其商业运作模式进行深入了解，并分析某一特定商业房地产交易对委托方的资产、经营将产生的具体影响，帮助委托方谋划和实现最有利的房地产交易。可

见，商业房地产的交易双方通常是企事业单位，一般需要考虑投资收益率和物权转让或者企业并购等合理交易方式，交易周期长，涉及相关主体多，经纪业务对房地产经纪机构及人员的专业性要求特别高，正因为如此，目前我国商业房地产经纪市场主要被主营商业办公房地产经纪业务的机构和一些境外房地产经纪机构占据。

三、房地产买卖经纪业务与房地产租赁经纪业务

根据房地产经纪活动所促成的房地产交易类型，理论上可以将房地产经纪业务分为房地产转让经纪业务、房地产租赁经纪业务和房地产抵押经纪业务。但是，从目前我国房地产经纪行业的实际运营情况来看，房地产经纪机构所促成的交易主要是房地产买卖和房地产租赁。房地产买卖是房地产转让的一种主要形式，目前房地产买卖经纪业务主要涉及新建商品房期房买卖、新建商品房现房买卖和存量房买卖。

房地产买卖涉及房地产产权和大额交易资金的转移，因此，房地产买卖经纪业务事关交易双方的重大财产安全问题，特别需要房地产经纪机构在开展这类业务时切实保障交易安全，要注重对交易标的房地产产权的查验以及对交易资金的安全保障。

房地产租赁经纪是指房地产经纪机构为使房屋承租方和出租方达成租赁交易而提供的经纪服务。房地产租赁主要包括新建商品房出租、存量房屋出租和转租。在房屋租赁交易中，租赁双方的权利义务关系持续时间较长，相互之间会产生复杂的债权债务关系，特别需要房地产经纪机构持续地提供沟通、协调及租务代管等服务。与买卖经纪业务相比，租赁经纪业务佣金相对较低，很多房地产经纪机构不太重视租赁经纪业务，因为租赁交易流程相对简单，将其作为培养新入职房地产经纪人员的过渡业务。但在市场下行期或调整期，租赁经纪业务逐渐受到房地产经纪机构的重视，一方面由于租赁交易当事人重复交易的频率远远高于买卖交易的频率，因此租赁经纪业务的抗周期性更强；另一方面租赁客户未来有转化成买卖客户的可能性，可以间接为买卖经纪业务积累潜在房客源，形成租赁业务与买卖业务的联动。因此在开展房屋租赁经纪业务时，房地产经纪机构更应注意与客户建立长期的合作关系。

市场上常见的房地产租赁专业化服务主要有两类，一类是房地产租赁经营，另一类是房地产租赁经纪。

房地产租赁经营的主体是房地产租赁企业。房地产租赁企业以包租经营或者托管服务的形式介入房地产租赁活动，经营活动包括投、融、建、管、退等环

节。包租形式的租赁经营，主要报酬为租金差价；托管形式的租赁经营，主要报酬为出租人支付的托管服务费用。房地产租赁经纪的主体是房地产经纪机构。房地产经纪机构以居间或者代理方式促成房地产租赁经纪，房地产经纪机构不介入租赁活动。中介形式的经纪服务，主要报酬形式通常为佣金（标准一般为1个月的租金），服务完成节点一般为房地产租赁合同签订；代理形式的经纪服务，主要报酬形式为出租人支付的佣金及按租期收取的代管服务费用，服务完成的节点为租赁合同履约完成。

房地产租赁中介、房地产租赁代理、租赁房屋代管、租赁房屋托管既有区别也有联系。房地产租赁代理和租赁中介完成的标准都是房地产租赁合同签订。房地产租赁居间，也称房地产租赁中介，是指房地产经纪机构按照房地产出租经纪服务合同约定，向委托人报告订立房地产租赁合同的机会或者提供订立房地产租赁合同的媒介服务，并向委托人收取佣金的行为。房地产租赁代理，是指房地产经纪机构按照房地产出租经纪服务合同约定，以出租人的名义出租房屋，以出租人代理人身份与承租人签订房地产租赁服务合同，并向出租人收取佣金的行为。房地产经纪机构作为出租人的代理人或者受托人，在出租房屋成功后，往往还在租赁期限内，向出租人提供房屋修缮维护、租金催缴、续租和退租等服务。北京市曾称之为房屋租赁经纪委托代理业务。租赁房屋托管是指住房租赁企业或者房地产经纪机构受出租人委托，在住房租赁期间代为提供或者协助办理出租续租退租手续、交接查验房屋、催收租金、日常修缮维护、日常保洁、协调处理纠纷及其他相关服务。租赁房屋代管业务一般不独立存在，通常属于租赁经营和经纪的延伸服务内容。

房地产租赁企业对所经营的租赁住房进行改造装修的，其行为应认定为房地产租赁经营。理由是改造装修与房屋建筑形成附合后出租，租金应包含改造装修形成的租金溢价；改造装修费用本质是对房屋建筑的二次投资，溢价租金为投资回报。以租金差价为主要收入的，其行为应认定为房地产租赁经营，理由是根据《房地产经纪管理办法》及行业惯例，房地产经纪服务不得赚取差价，无论是房款差还是租金差，都不能赚取；以向出租人收取管理运营服务费为主要收入的，其行为应认定为租赁房屋代理，理由是根据《中华人民共和国民法典》关于代理的规定，如果管理运营方以出租人名义提供租住服务并收取费用，应定义为出租人的代理人。

四、房地产购买（承租）代理业务与出售（出租）代理业务

根据我国相关法律法规，在采用代理方式的房地产经纪业务中，某一特定的房地产经纪机构只能向一宗房地产交易中的一方提供经纪服务，除非交易双方明

确同意。因此，根据房地产经纪服务对象的不同，可以将采用代理方式的房地产经纪业务分为购买代理业务和出售代理业务，以及承租代理业务和出租代理业务。

房地产购买代理业务，也称买方代理，是指房地产经纪机构受委托人委托，以委托人名义购买房地产的专业服务行为。房地产购买代理业务的委托人是需要购买房屋的机构或个人。受消费习惯、交易成本等因素的影响，目前房地产购买代理业务的发展还不是很成熟，从业务总量上看，目前房地产购买代理业务远远少于出售代理业务。今后随着人们消费意识的提高以及房地产市场环境的变化，尤其是在存量房市场中及买方市场状态下，这类业务具有很大的发展空间。在房地产购买代理业务中，委托方的基本诉求是在一定的预算范围内，购买到满意的房地产。因此，房地产经纪机构及人员应充分了解委托方的预算和对房地产的具体要求，在对需求房地产的质量、产权及周边环境进行深入调查和仔细筛选的基础上，为委托人提供数宗或多套房源供其选择，并要代表委托方与出售方洽谈交易价格、付款方式等事项，签订买卖合同。购买房地产的代理服务完成后，房地产经纪机构向买方收取事先约定好的佣金。房地产承租代理业务比购买代理业务更高频，业务量也相对较多，业务特点和业务要求跟购买代理有很多相似之处。

房地产出售代理业务，也称卖方代理，是指房地产经纪机构受委托人委托，以委托人名义出售的专业服务行为。目前在我国，房地产卖方代理业务主要有新建商品房销售代理业务、存量房出售代理业务。在房地产交易中，卖方的基本诉求是通过出售房地产获得尽可能多的房款收入，因此在卖方代理业务中，房地产经纪机构可以在合理平衡售价与成交速度的前提下，尽量帮助委托人实现这一诉求，同时应特别重视对承购方实际支付能力与信用的调查，以确保出售方能按时、足额收取房款。房地产出售代理服务完成后，房地产经纪机构向出卖方收取事先约定好的佣金。房地产出租代理业务较为普遍，业务特点和业务要求与出售代理也大同小异。

第二节　房地产经纪业务流程

一、新建商品房销售代理业务流程

（一）项目信息开发与整合

在这一阶段，首先要调动房地产经纪机构全体人员进行项目信息的开发，即发动每个员工通过各种途径尽力寻找新建商品房项目的信息，然后由研究拓展部门负责收集、汇总并初步筛选所得到的信息，上报总经理或专门的信息统筹部门。对总经理或专门的决策机构决定承接的项目，再分门别类地落实到具体控制部门（如子公司或专门组建项目组）。

（二）项目研究与拓展

由研究拓展部门组织、协调有关部门（如业务部、交易管理部等）对承接的项目进行营销策划，确定项目销售的目标客户群、销售价格策略和具体市场推广的方式与途径等，撰写书面营销策划报告。如果专门成立项目组，则由项目组来组织实施项目研展，有关部门积极配合。

（三）项目签约

由项目的直接操作部门具体与项目开发商进行谈判，并起草代理合同文本；然后，在房地产经纪机构内部的有关部门，如交易部门、法律顾问和高层管理人员之间进行流转，并各自签署意见，其中应由专门负责法律事务的部门或人员对代理合同草案出具书面法律意见书，提交房地产经纪机构的最高决策者。最后，由最高决策者签署与开发商达成一致的合同。

（四）项目执行企划

项目执行部门根据已签署的代理合同，对营销策划报告进行修改，并初步制定项目的执行指标（销售期、费用预算等）和佣金分配方案，召集各分管业务的高层管理者及有关部门（如交易管理部、研究拓展部、财务部等）召开合作会议。介绍经修改的营销策划报告和初步制定的项目执行指标及佣金分配方案。由会议决议最终的项目执行指标和佣金分配方案。

（五）销售准备

销售准备内容包括销售资料、销售人员、销售现场。销售资料包括有关审批文件（如商品房预售许可证）、商品房销售委托书、商品房买卖合同文本、楼书、开盘广告、价目表、销控表等。销售人员准备包括抽调、招聘销售人员，进行业务培训等。销售现场准备包括搭建、装修布置售楼处、样板房、看房通道等。商品房预售许可证、商品房销售委托书等应与其他应予公示的材料一并在销售现场予以明示。

（六）销售执行

在这一阶段，作为开发商销售代理方的房地产经纪机构要安排相应的工作团队在售楼处接待购房者，引领购房者看房，签订商品房买卖合同，办理房屋预告登记等，并配合开发商实施广告、公关活动等市场推广以招徕客户。但是，近年来，房地产经纪行业内出现了一种新的商品房销售市场推广方式——联合销售，即房地产经纪机构将所代理的商品房楼盘向其他主要从事存量房经纪业务的机构及人员开放，由后者向其所联系的客户推介，如成交则按一定比例向其分佣。这一模式常常可以在短时间内迅速汇集大量有效客户，因而受到开发商和房地产经纪机构的重视。

销售执行阶段通常持续时间较长。在后期还要完成商品房交验（俗称"交房"）的工作。在"交房"期间，房地产经纪机构及人员要配合开发商，按照项目所在地房地产管理部门的有关规定，办理"交房"前的相关手续，并具体执行带领购房者验收房屋，代理开发商与购房者签订"房屋交接书"，向购房者交付《住宅质量保证书》和《住宅使用说明书》。"交房"期间常常是购房者与开发商产生矛盾的主要阶段，房地产经纪机构及人员作为中介方，应充分了解各种矛盾的详细情况，找到症结，为开发商和购房者提供有效的解决方案，积极化解矛盾。

（七）项目结算

由于商品房的销售过程比较长，一般在销售过程中要按一定时间周期（如按月）对外结算佣金（与开发商结算佣金）和对内结算佣金（与销售人员结算佣金），但到整个项目销售的最后阶段（通常是完成代理合同所约定的销售指标后），要进行项目的总结算。首先，就是由项目直接操作部门与开发商进行总结算，经纪机构的法务部门予以配合。其次，就是对内结算，业务部门要将日常核对的佣金结算数据提交财务部门审核，项目执行部门要撰写结案报告。最后，由房地产经纪机构的管理者、项目负责人、业务部门负责人、财务部门负责人和法律事务部门负责人共同召开结案审计会，确定最终的结案报告和对内结佣方案，按佣金结算方案对销售人员总结算。结案报告交业务管理部门的信息资料部门存档。

二、存量住房买卖、租赁经纪基本业务流程

（一）客户开拓

这一步的主要工作是争取客户，一般房地产经纪机构都会通过品牌宣传和公共关系活动来宣传自己，进而吸引客户。但具体的客户开拓还需要借助一些切实有效的手段。目前在我国，以存量房经纪业务为主的房地产经纪机构，大多采用有店铺经营模式，这种模式非常强调通过商圈经营来开拓业主客户。

商圈经营是指房地产经纪机构通过经纪门店，将各个业务团队固定在各自特定的业主客户开发范围内，使经纪人员确实了解各自所在商圈内的各种重要资讯及房源行情，精耕服务，提升经纪服务的水准，同时，使全体经纪人员以各自所在商圈的业主客户为主要服务对象，省却经纪人员因外区房源而来回奔波，缩短

标的房屋成交时间，降低人力与物力的浪费，以实现企业的最大经济效益。

此外，就购房客户或承租客户而言，目前通过互联网线上方式拓客也是一种常见且重要的手段。房地产经纪机构和经纪人员通过在自有网站、小程序或互联网信息平台、短视频平台上发布房源信息，或者其他内容平台发布房产资讯短视频，甚至直接线上讲房以吸引客户（见第五章第三节房地产经纪业务中的私域流量和短视频获客）。

（二）客户接待与业务洽谈

要通过客户接待来成功获取业务委托，首先要求房地产经纪人员树立良好的"客户意识"，包括：①平等化意识。房地产经纪人员在服务客户时，不可因年龄、外貌、服装、职业、消费能力等因素而有差别地对待。同时，注意维护客户和自身的自尊，在服务过程中与客户也是平等的互利关系。②珍惜老客户。可尝试将已服务客户登记在档，跟踪服务，形成客户资源。③充分体察客户的期望。房地产交易双方通常由于知识和经验缺乏，并不能确切描述或表述他们的期望。房地产经纪人员要善于在电话问询、当面倾谈、看房等服务过程中体会、发现客户的期望。

在客户接待中，应做到线上回复应及时、耐心，门店接待应礼貌、友好。对于业主客户，房地产经纪人员应核实其身份与拟出售或出租房屋产权状况业主客户，通过交谈了解业主客户出售或出租房产的诚意、出售或出租原因及迫切程度。对于潜在的买方或承租方客户，房地产经纪人员应充分了解客户的各种需求及其主要诉求，合理把握客户主要诉求与其他需求之间的平衡点。对每组来访客户，要准确发现其中的交易决策人，同时，对于客户的交易顾问（常常是客户的亲友中较为熟悉房地产交易或法律的人士），应设法使其成为促进成交的帮手。应注意明确购房的实际出资人和实际收益人，对客户的购房能力和购房意愿进行了解，以便向其推荐合适的房源，对于一些需求表述不清、意见模棱两可的客户，可以进行语言引导，使客户说出其内心的想法，建立起共识，减少误会，以利成交。如果客户有律师作为买房参谋，房地产经纪人员应与律师充分沟通，解决律师提出的各项问题，对于解决不了的问题，也应直言相告，避免无效率的反复沟通。

与客户进行业务洽谈时，房地产经纪人员应在倾听客户的陈述、充分了解委托意图与要求、把握客户心理状况的基础上，结合自身接受委托、完成任务的能力，决定是否接受委托。如决定接受委托，房地产经纪人员要向客户告知自己姓名、是否取得房地产经纪专业人员职业资格，所在房地产经纪机构的名称，以及房地产经纪执业规范要求的必须告知的所有事项。最后，要就经纪服务方式、佣金标准、服务标准以及拟采用的经纪合同类型及文本等关键事项与客户协商，达成委托意向。

（三）签订房地产经纪服务合同

房地产经纪机构接受委托人的委托，应根据委托人的类型（出售方、承购方、出租方、承租方）签订相应的房地产经纪服务合同，如房屋出售经纪服务合同、房屋承购经纪服务合同、房屋出租经纪服务合同、房屋承租经纪服务合同（详见第七章）。委托人可以是自然人或法人，但必须具有完全民事行为能力，否则必须由其合法的代理人代理其与房地产经纪机构签订房地产经纪服务合同。具体来说，签订房地产经纪服务合同前，房地产经纪机构需要注意下列内容：

（1）初步判断客户的主体资格。查看客户的身份证明、房源的不动产权证书等证明资料原件，识别客户是否有权处置房屋，如是否为房屋所有权人、是否为完全民事行为能力人、是否为共有产权人，如果客户不是房屋所有权人，还应查看房屋所有权人的身份证明及相应出售委托书，如果房屋属于共有产权，还应查看共有权人同意出售的书面证明。辨认证明材料是否存在明显虚假，留存相关材料复印件并妥善保管。

（2）初步判断房源是否依法可以交易（如房屋是否被查封、是否涉及诉讼、是否属于政策限制转让情形等）、需满足的交易条件（如是否涉及补缴土地出让金、综合地价款，是否设定抵押、设定居住权、需要办理央产房上市审核等）。

（3）告知客户重要事项，包括应由客户协助的事宜、提供的资料，隐瞒房屋真实情况须承担的责任，房屋买卖的一般程序及出售房屋可能存在的风险，房屋买卖涉及的税费，并提供有关书面材料，请客户签名确认。

（4）与客户商定房屋交易条件（包括房款付款方式、税费支付方等），协助客户确定挂牌价格。

在与客户签订房地产经纪服务合同时，需要注意：①向客户展示房地产经纪机构营业执照和备案证明的原件，并提供复印件。②向客户推荐可选用的合同文本，详细地解释合同各项条款，确定经纪服务内容、服务完成标准、服务费用、支付时间及支付方式等重要内容符合客户的真实意思表示。③签订《房地产经纪服务合同》，由客户及承办该业务的房地产经纪专业人员签名，加盖房地产经纪机构印章。

（四）信息收集与传播

信息，是房地产经纪机构及人员赖以开展业务的重要资源。对于出售（出租）委托，房地产经纪人员受理委托业务后，应主要收集三方面信息：标的房屋信息、与标的房屋相关的市场信息和委托方信息。标的房屋信息是指标的房屋的物质状况、权属状况、环境状况等方面的信息；与标的房屋相关的市场信息是指标的房屋所属的房地产分类市场（如中心城区二手住宅市场、城市边缘区别墅市场等）的供求信息、价格信息等；委托方信息包括委托方的类型（如个人或法人，法人的经营类型）、信誉情况等。为准确了解标的房屋信息，房地产经纪机构需要对房屋进行现场查验、产权调查。

现场查验，指房地产经纪人员在接受业主委托后，应在业主或其代理人的带领下、亲临现场，实地查勘房屋状况，观察房屋的具体位置、朝向、建筑结构、设备、内部装修情况、房屋成新、出入口及通道情况，以及相邻房屋的物业类型、周边的交通、绿地、生活设施、自然景观、污染情况等环境状况。可携带罗盘、皮尺等简单的测量工具，对房屋朝向、通道宽度等进行测量，并采用文字、数字记载、绘图、拍照等方式予以记录。现场查验时，房地产经纪人员可以向已入住同一小区（或楼宇）的业主（或住户）了解房屋使用情况，因为他们往往是房屋质量的第一见证人。也可以向房源所在小区（楼盘）的物业服务企业了解标的房源及其所在小区（楼盘）的有关情况。同时，由于房屋本身的好坏是影响成交的重要因素，应根据现场查验后所了解的情况，向业主提出一些化解房屋缺陷的建议，以利于成交。

产权调查，也称房源核验，这是保证产权真实性、准确性的主要手段，因而是房屋交易前必不可少的环节。首先，要求出售方或出租方提供合法的证件（包括身份证件、不动产权证等）；其次，到不动产登记机构查询房屋的权利人、产权来源、抵押和贷款情况、土地使用情况、是否有法院查封等信息；最后，根据查询结果，确认房屋性质是否为可交易类型、需满足的交易条件及与购房成本相关的房屋属性（如是否"满五唯一"）。

房地产经纪人员结合现场查验、产权调查和信息搜集所得到的情况，并对标的房屋信息、相关市场等信息进行辨别、分析、整理后，编制及填写出售人或出租人委托房屋的房屋状况说明书，并请委托人确认。

同时，房地产经纪人员应对委托标的房地产的潜在交易对象、可能的成交价格做出分析和判断。其中，挂牌价格是决定房地产销售速度的关键要素，房地产经纪人员应对业主所委托房源进行全面分析，为业主提供高质量定价报告，从历史成交、相似在售、相似成交、房源税费以及市场趋势等角度为业主确定挂牌价格提供合理的参考方案。最后经委托人同意后，房地产经纪机构及人员可以进行房源信息的传播，以吸引潜在交易对象。

对于购买（承租）委托，房地产经纪人员应根据客户的需求，收集筛选匹配合适区位、小区、房源等信息，供客户参考。对于客户有意向的房源，进一步带领实地看房。

（五）带领买方（承租方）看房

由于房地产是不动产，现场看房是房地产交易中必不可少的环节。对于买方（承租方）客户，房地产经纪人员有义务带领其全面查验标的房屋的结构、设备、装修等实体状况和房屋的使用状况、环境状况，并充分告知与该房屋有关的一切有利或不利因素。实地带看的流程包括三个步骤。一是带看前准备，要做到：①与客户约定好看房时间，提前一天告知交通路线、见面时间和注意事项；②与业主落实看房时间；③熟知房源区位状况和实物状况；④准备带看工具，如鞋套、看房资料、测量仪等；⑤提前确定带看顺序，综合考虑房屋的可看时间和客户看房路线方便程度来确定，如有条件，可提供车辆接送服务。二是实地带领客户看房，要注意：①提前到达等待客户，如在路途中遇到意外情况，造成迟到，诚恳向客户解释致歉；②带看过程中的交流，可以介绍房源特点、小区特点、配套设施、周边人群、国家政策、市场趋势、经纪人执业经历等；③做好进入房屋前的必要准备，穿好鞋套、提醒客户不宜和业主讨论挂牌价格等；④若同行有要切户的迹象，不要刻意回避，直接和客户沟通，用公司和自己的优势吸引客户。三是带看后跟进，要做到：①请客户反馈，在看完每套房屋后，可以马上问客户对房屋的感觉，这样有利于第一时间了解客户看房的感受；②请客户回门店，回到经纪门店后，可以就客户看的几套房子，做综合性的分析和比较，也可与其他网上房源进行比较，带看客户回店率是促进成交的有效指标；③确定下次带看时间，在送走客户时和客户确定下次见面看房的时间，可以了解客户最近时间安排以及看房急迫性，以便做好充足的准备。

对于卖方（出租方）客户，房地产经纪人员也应在带看前后，做好相应服务。具体包括提醒客户为买方看房做好准备，如打扫房屋卫生、房间物品摆放整齐、开窗通风或对房屋进行适当装饰、装修等，以提高看房效果。受客户委托保管钥匙的，房地产经纪机构应开具钥匙收条，妥善保管钥匙，尽到房屋看护责任，如定期开窗通风，保持房间无异味；带看后注意关闭水电设备、窗户及入户门，保证房屋安全。带看后及时将买方（承租方）意向反馈业主，一般应在带看后当天反馈，把客户信息、看房评价、出价情况、未来其他看房安排等信息向业主反馈和沟通。

（六）协助交易达成

1. 协调交易价格

通常情况下，交易双方总是站在各自的立场上来判断房地产价格，因此，常常不能就成交价格达成一致意见。这就需要房地产经纪人员保持客观中立态度，以专业人员的身份和经验来协调双方的认识。一般而言，房地产经纪人员应以标的房屋的客观市场价值为基准来协调交易双方，必要时还可借助房地产估价机构的力量。

2. 促成交易

在与客户的接触过程中，要密切留意成交的信号，如客户询问完毕或询问集中在某一特别事项，开始默默地思考，不自觉地点头时；专注价格问题时；反复询问相同问题时；关注售后手续的办理等。当出现这类信号时，应及时给予确认和巩固，在成交信息得以明确后，要尽可能快速促成交易。如谈判失败，没有成功促成交易，则分别安慰双方客户，为其寻找匹配更适合的卖方或买方。

3. 协助或代理客户签订交易合同

签订交易合同是成交的标志。房地产经纪专业人员应协助（在采用居间方式的经纪业务中）或代理（在采用代理方式的经纪业务中）委托方与交易对象签订房地产交易合同。由于房地产交易合同是比较复杂的经济合同，客户因受自身知识、经验的局限，常常不能把握合同的各个细节，因此，房地产经纪人员要特别提醒客户注意许多容易忽视的细节，并在签约前做好尽职调查和风险披露，包括做好购房客户资质和房屋信息的最终检核，同时确认购房（承租）客户的资金方案；明确户口迁出、定金支付、解抵押、教育信息、交房时间以及交易周期等重要条款内容；进行风险防范提醒，通过风险提示视频和文件讲解的方式，在合同签署前，提醒交易中的潜在风险，让客户有一定认知，做好提前规避。对于交易合同中的附加条款，可以请所在房地产经纪机构法务人员进行审核，确保无误。

（七）合同备案与不动产登记

房地产交易通常涉及产权的转移或抵押权、租赁权的设立，而不动产登记/合同备案是保证这类权利变更、设立有效性的基本手段。在采用代理方式的房地产经纪业务中，房地产经纪人员应代理客户办理合同备案手续（买卖和租赁经纪业务均需要）及不动产登记（仅买卖经纪业务需要）。在采用居间方式的房地产经纪业务中，房地产经纪人员应协助客户办理合同备案手续（买卖和租赁经纪业务均需要）和不动产登记（仅买卖经纪业务需要），以及告知登记部门的工作地点、办公时间和必须准备的资料，并陪同客户前往办理。但这属于房地产居间业务的后续服务。

（八）房屋交接

客户签订房屋买卖、租赁合同，并已完成过户、租赁合同备案手续，出售（租）方应按合同期限规定，迁出非转让、出租物品，结清物业、水、电、燃气、供暖等有关费用，妥善办理物业交接手续。买卖房屋的，还要迁移原有户口。

在存量房买卖经纪业务中，物业交接后，房地产经纪人员还应督促买方要求交易资金监管方或其购房贷款银行及时向卖方放款（被监管的房款或购房贷款）。

（九）佣金结算

根据经纪合同的约定，房地产经纪人员应及时与委托人（或交易双方）进行交易结算，佣金金额和结算方式应按经纪合同的约定执行。房地产经纪人员应把握好这一环节，以保护自己的合法权益。

（十）后续服务

后续服务是房地产经纪机构提高服务质量、稳定客户资源的重要环节。后续服务的内容可包括三个主要方面：第一是扩展服务，如及时告知客户交易流程进度，或通过"交易可视化"功能，让客户实时查看，并获得重要待办事项的及时提醒，或者作为买方代理时为买方进一步提供装修、家具配置、搬家等服务；第二是改进服务，即了解客户对本次交易的满意程度，对客户感到不满意的环节进行必要的补救；第三是跟踪服务，即了解客户是否有新的需求意向，并提供针对性的服务。在居间方式的房地产经纪业务中，房地产经纪人员协助客户办理合同备案手续（买卖和租赁经纪业务均需要）及不动产登记（仅买卖经纪业务需要），也属于后续服务的内容。

三、商业房地产租赁代理业务流程

（一）客户开拓

商业房地产租赁代理业务的服务对象主要是商业房地产业主（开发企业或其他机构）和需要承租商业房地产的各类企业，客户开拓主要通过向潜在客户提供有关商业房地产的资讯、分析报告，组织论坛、专业活动等方式来进行。房地产经纪机构高层管理者与潜在客户高层管理者之间的直接接触，也是一种重要的客户开拓方式。在这类业务的客户开发中，重要的是找到潜在客户企业内对商业房地产出租或承租具有决定权或重要影响力的关键人物或关键部门及其负责人，从而能够精准地传达信息或进行接触。与此同时，房地产经纪机构是否能够及时提供准确的商业地产市场资讯和高质量的市场分析报告，能否组织高水准的论坛和专业活动，是影响客户开发效果的基础因素。此外，由于不同房地产经纪机构的客户类型有所不同，对于某个特定的房地产经纪机构而言，如能与其他房地产经纪机构进行合作，也是一种较好的客户开发方式。

（二）签订房地产经纪服务合同

房地产代理依据于委托方的授权，因此，签订房地产经纪服务合同是正式开展一项商业房地产租赁代理业务的起点。根据委托方的不同，房地产经纪机构应与委托方签订房屋出租代理合同或房屋承租代理合同。合同应对房地产经纪机构与委托方之间的权利、义务关系进行详细约定（详见第七章）。

（三）信息搜集与分析

房地产经纪服务合同签订后，房地产经纪人员应根据委托方的交易需求，对其潜在交易对象、标的房屋进行广泛而深入的信息搜集。如委托方是某办公楼的出租方，则房地产经纪人员应对该办公楼及其潜在的承租方进行信息搜集。如果委托方是需要承租办公楼的企业，则房地产经纪人员应根据委托方对办公楼的具体需求，搜寻符合条件的办公楼。

在商业房地产承租代理业务中，对相关信息的分析不仅是必要的，有时甚至是至关重要的。商业房地产是其使用企业重要的生产资料，这项生产资料的优劣常常直接影响着使用企业的收入状况（如一个好的商铺会使一个服装店的营业收入增长），同时，承租企业所支付的租金是承租企业运营成本中的重要项目，而且，所承租商业房地产的具体特征（如区位、建筑类型、设备与装修状况等）还会影响到企业运营成本中的其他项目（如物流成本、电力成本、税务成本等）。因此，房地产经纪机构及人员如能对不同的商业房地产对委托方经营收支所产生的影响进行深入分析，将有利于为委托方选择最合适的房屋，也更能赢得客户的信赖。

（四）信息传播

商业房地产租赁代理业务中，房地产经纪人员需要进行信息传播，以吸引潜在的交易对象。但根据委托方身份的不同，信息传播的内容与方式均有不同。如果委托方是出租方，通常需要对出租商业房地产本身及出租方的企业形象进行宣传，并且可以采用广告的方式来传播。如果委托方是承租方，房地产经纪机构及人员一般是通过与潜在出租方的关键人员进行电话联系或直接接触，向其定向传播承租方的相关信息（如经营范围、企业形象等）。

（五）带领承租方查勘房屋

房地产经纪人员应引领承租方现场查勘经选择的待租商业房地产。由于商业房地产的承租方主要是企业，因此一定要安排承租企业中对承租事务具有决定权的人物到现场查勘。通常决定承租事务的人员不止一位，因此要尽量安排在所有关键人物都能到场的时间进行查勘。查勘过程中，应全面、客观地向承租方展示商业房地产，并认真听取承租方对商业房地产的现场反映及相关意见，认真解答承租方对商业房地产提出的各种问题，遇有一时不能解答的问题，应做书面记录，事后进行查证，再向承租方解答。

（六）租赁谈判与租赁合同签订

当承租方对商业房地产本身满意时，应及时安排租赁谈判。此时，房地产经纪机构或者代理出租方与承租方谈判，或者代理承租方与出租方谈判。就租金及支付方式、租金折扣、租金调整、租赁期限、房屋的使用要求和修缮责任、税费和物业服务费的支付、公用事业费的支付、转租条件、房屋返还时的状态、违约责任、房屋交付日期等进行谈判。

一旦谈判达成一致，即可签订租赁合同。但是，由于商业房地产的出租方与承租方通常都是企业，许多大型企业对于企业的各类对外合同都会安排专门的法务部门或人员进行合同审核。因此，房地产经纪机构及人员应高度重视与租赁双方法务部门或人员的沟通，使得租赁商务谈判的结果能顺利地转化为法律文本——房屋租赁合同。

（七）办理租赁合同备案

在我国，商业房地产的租赁合同是商业房地产承租企业办理工商、税务登记的重要依据，但通常以到住房和城乡建设（房地产）主管部门办理租赁合同备案为前提。因此，作为商业房地产承租代理的房地产经纪机构应代理委托方办理租赁合同备案，作为商业房地产出租代理的房地产经纪机构也应提醒承租方及时办理租赁合同备案。

（八）佣金结算

房地产经纪机构应按照房地产经纪服务合同的约定，及时与委托方进行佣金结算，以保护自身的合法权益。

（九）后续服务

租赁合同签订和备案后，房地产经纪机构可为委托方提供相关后续服务。如为委托承租方联络装修公司，提供搬迁方案（以便将搬迁对承租方正常经营所产生的影响降到最低），联络搬迁公司，联络家具、设备、绿化供应商及员工午餐就餐点等。为委托出租方提供承租方物业使用与履约能力监控、预警分析等。

四、房地产经纪衍生业务

（一）房地产交易相关代办服务

房地产交易相关代办服务，也称房地产经纪延伸业务，主要包括代办房地产抵押贷款和代办不动产登记。

1. 代办房地产抵押贷款

以房地产抵押作为取得金融机构贷款的担保，是房地产交易活动中通行的做法。贷款的办理属于买卖合同签订以后买方的义务，但由于许多客户不了解办理贷款的流程或不愿花费精力亲自办理，宁愿委托房地产经纪机构代为办理，房地产经纪机构也可因提供此类服务而收取一定的费用。但是必须注意，贷款能否成功经过银行批准主要取决于客户的资信，房地产经纪机构无法对贷款申请的结果承担担保责任。同时，房地产经纪机构为客户办理抵押贷款手续所提供的服务应根据经纪方式的不同而有所区别。在采用居间方式的经纪业务中，房地产经纪机构可为客户申办贷款提供咨询、协助准备资料、代为递交资料等服务，在采用代理方式的经纪业务中，经纪机构可代办这一环节中的大部分事务。

房地产经纪人员在为购房者提供个人住房贷款代办服务时，一般需要为购房者制定合理的贷款方案。贷款方案主要由以下要素组成：①贷款类型（商业性贷款、住房公积金贷款、组合贷款）；②贷款成数（贷款金额占房地产价值的比率）；③贷款金额；④贷款期限；⑤偿还比率（又称收入还贷比，指借款人分期偿还额占其同期收入的比率）；⑥贷款偿还方式（等额本息还款法或等额本金还款法）。

房地产经纪人员在帮助客户制定贷款方案时，应充分根据客户所购房屋是首套还是二套，是普通商品房还是非普通商品房，以及其储蓄、收入水平、家庭开支和家庭理财状况，进行综合考虑。由于买房实质是一项重大的家庭投资活动，房地产经纪人员如能从家庭理财的角度给予客户合理的建议，会大大提高房地产经纪服务的附加值。

贷款方案制定后，房地产经纪人员应协助客户向相关银行提出贷款申请，得到银行批准后，协助客户与银行签订贷款合同，然后协助或代理客户到标的房地产所在区的不动产登记机构办理产权转移登记和抵押登记。

2. 代办不动产登记

不动产登记是保障房地产权利人合法权益的基本手段。按照《中华人民共和国民法典》规定，具有完全民事行为能力的权利人（18周岁以上的成年人或16周岁以上不满18周岁以自己的劳动收入为主要生活来源的未成年人）可以自行办理不动产权属登记。限制民事行为能力的人（8周岁以上的未成年人、不能完全辨认自己行为的成年人）和无民事行为能力的人（不满8周岁的未成年人、不能辨认自己行为的成年人和8周岁以上不能辨认自己行为的未成年人），可由他们的法定代理人（即监护人）代理登记。由于房地产是不动产，房地产物权的设立、变更、转让和消灭，都要依法登记。许多权利人并不了解不动产登记过程中所需要的各种前提条件和需准备的资料以及应遵循的程序，因此常常委托房地产经纪人员代为办理。同时，房地产经纪人员可以将自己所承揽的多笔代办业务集中办理，从而可以降低单笔不动产登记业务所耗费的时间和精力，具有单个权利人不具备的成本优势。因此这一代办服务受到人们欢迎。必须注意的是，在采用居间方式的房地产经纪业务中，协助办理不动产登记属于房地产经纪机构向客户提供的后续服务项目之一，是房地产经纪基本服务的一项内容。在客户要求办理过户登记时，房地产买卖合同已经签订，房地产居间服务已经完成。因此，房地产经纪人员在向客户进行服务项目介绍时，应将代办过户登记服务与居间服务区分开来，避免因过户登记办理的拖延而导致正常居间佣金无法收取的后果。

（二）房地产咨询服务

1. 房地产投资咨询

房地产投资是指投资者为了达到获利的目的，将货币资产转化为房地产实物资产的行为。房地产投资所涉及的领域有土地开发、旧城改造、房屋建设、房地产经营、置业等。目前，房地产投资已经成为一些投资者的重要投资方式。但是由于房地产商品的特殊性，房地产投资具有投资成本高、风险大、回收期长、所需专业知识广的特点，使不少非专业投资者尤其是个人投资者不能轻易介入房地产投资。而房地产经纪人员由于具有丰富的房地产专业知识和市场经验，熟悉房地产投资各方面的环节，可以为投资者提供科学、合理的投资建议和方案。在一些西方发达国家，房地产投资咨询业务也是房地产经纪业务中很重要的一部分。目前，我国房地产经纪机构开展房地产投资咨询业务尚不够普遍，但是随着房地产市场的成熟、完善，房地产投资咨询业务成为房地产经纪机构重要的业务组成部分是发展的趋势。目前，房地产投资咨询业务主要有房地产开发投资咨询和房地产置业投资咨询。

房地产开发投资是指投资者以开发土地或其他待开发的房地产，进而通过买卖或租赁等形式获利的商业活动。对于这一类投资，房地产经纪机构可提供的投资咨询服务通常包括为房地产开发企业"拿地"提供专业意见、对特定区域或细分市场进行调研、提供特定房地产开发项目的市场定位与产品策划等。

房地产置业投资是指投资者购置房地产后，在较长时期内持有该房地产，通过出租经营，持续地获取周期性投资收益。当然，一般而言这类投资者也期望所购置的房地产在未来能够增值。对于这种投资，房地产经纪人员关键要根据房地产租赁市场的特点把握供需关系的变化，要站在获取长期收益和增值的角度对租赁市场进行分析，特别是对影响供给和需求变动的因素进行分析和预测。

无论是房地产开发投资咨询还是房地产置业投资咨询，最基础的内容是进行房地产细分市场的供求分析，因为投资者进行投资决策时首先要了解的是客户拟投资的房地产所在细分市场的供求关系究竟处于什么状态，是供求平衡还是供大于求，或是供小于求。房地产细分市场供求分析，就是在对供给和需求的定量分析的基础上，对咨询标的房地产所在细分市场的供求状况进行判断。

2. 房地产价格咨询

房地产交易中最敏感、最关键的因素就是价格。由于房地产价格的影响因素、价格形成和运行机制具有不同于一般商品的特性，购房者往往难以把握房地产市场价格，尤其是市场的变动趋势。房地产经纪人员长期从事某一特定区域、特定类型的房地产经纪服务，通常会对其市场供需及价格有非常深入的了解。因此，房地产经纪人员最有条件为客户提供某一特定区域、特定类型的房地产市场价格行情的资讯，这是房地产经纪人员所能提供的一种基础性房地产价格咨询。此外，依赖于自身的市场经验以及所掌握的房地产专业知识，房地产经纪机构及人员还可以就某一特定的房地产提供更加详细的房地产价格咨询，即就该房地产的正常市场价值、可行性租金（使房地产投资者收回投资并获得正常利润的租金）、价格走势等，提供专业意见，供委托方参考。这也是房地产经纪人员取得客户信任的一条重要途径。所以对房地产经纪机构而言，开展房地产价格咨询业务的市场前景非常广阔。

房地产经纪人员从事房地产价格咨询，除了要充分发挥自身优势外，还要结合房地产价格咨询服务的特点，掌握房地产价格评估的基本原则和市场比较法、收益法、成本法等基本估价方法，熟悉房地产价格咨询的程序。由于房地产的正常市场价值是由其最高最佳使用用途决定的，因此，房地产经纪人员还应熟悉房地产最高最佳使用分析的方法。

3. 房地产交易相关法律咨询

由于房地产交易过程所涉及的法律法规、政策规定众多，房地产交易当事人常常难以充分了解相关法律法规和政策规定的详细内容，并分析其对房地产交易的具体影响。房地产经纪机构在提供居间或代理服务的同时提供相关法律法规与政策的咨询服务能更好地为客户服务。目前房地产经纪机构所提供的法律咨询主要是有关房地产购买资格、住房贷款政策、房地产交易程序与税费等的咨询。但由于我国很多房地产经纪人员在法律知识上有所欠缺，许多房地产经纪机构设置了专门的法务、贷款等专员，协助房地产经纪人员解答房地产交易当事人的相关疑问，作为房地产经纪服务中的一项内容，而不是作为单独的一项业务。

（三）房地产交易保障服务

1. 房屋质量保证

目前，消费者购买汽车、家电、家具等大额消费品，都会得到供应商所提供的产品质量保证。而价值远高于这些商品的房地产却没有相应的服务。这是阻碍房地产交易的重要因素，同时也是导致房地产交易纠纷多发的重要因素。

我国台湾地区的著名房地产经纪机构——信义房屋，1989 年就在台湾率先创立了"不动产说明书"制度，并在实际业务中加以实施。此外，信义房屋还先后推出了"漏水保固制度""高氯离子瑕疵保障制度""高放射瑕疵保障制度"等房屋质量保障服务。信义房屋作为每年成交近 2 万套房屋的大型房地产经纪机构，目前已建立了台湾地区最完善的"特殊房屋"资料库，可供查询绝大多数房屋过去是否被检测出有质量瑕疵，因而有能力以"自办保险"的方式来提供上述房屋质量保证。这是非常值得房地产经纪机构借鉴的。

我国大陆地区房地产经纪行业也普遍采用房屋状况说明书，也具备一定的房屋质量证明功能。2008 年，广州市政府有关部门公布了《广州市房地产中介服务管理规定（征求意见稿）》。该文件首次提出"房地产说明书"的概念，房地产说明书内容包括：房屋坐落、面积、产权权属文件、用途、抵押情况、出租情况、建筑年限、土地出让金缴交情况及需要特别说明的情况等。该文件要求房地产经纪机构提供房地产经纪服务时，应制作房屋状况说明书。房地产经纪人员应通过查册、核对房屋权属证明原件、现场核查等谨慎方式对房屋状况说明书进行核实。房屋状况说明书制作完成后应由业主或出租方和房地产经纪人员联合签章，房地产经纪机构与业主或出租方共同承担保证房地产信息真实的义务。当事人拒绝配合制作房地产说明书的，房地产经纪机构不应为其提供经纪服务。2011 年 1 月 20 日发布的《房地产经纪管理办法》明确规定，房地产经纪机构应当为房屋出售委托人编制房屋状况说明书。但目前我国大陆地区编制房屋状况说明书只是作为一项基本服务，没有形成类似于台湾地区的保险机制，无法对房屋质量提供绝对保证。

2. 房地产交易履约保证

房地产交易涉及交易双方的巨额财产，并对双方的家庭生活、工作、学习有着重大影响，如果在房地产交易合同签订后，一方反悔、不履行合同，往往会给另一方的经济、生活等带来很大的损害。然而，由于房地产交易的复杂性以及房地产市场的动荡，合同签署后一方毁约的现象经常发生，这是房地产交易中一项巨大的风险。这一风险对房地产市场交易有着不利的阻滞效应。在一些发达国家，已出现专司住房交易的担保行业，如日本有专为住房承租人提供履约担保的行业，美国则有政府部门或公益性机构为特定群体（如低收入家庭、退伍军人）提供购房或租房履约担保。

履约保证是签署商业合同的一方或第三方为合同履行所提供的一种财力担保，即支付合同履约金来担保合同的履行。履约保证金制度原是国际建筑业市场上的一种惯例，目前也被引入到我国建筑业市场。信义房屋也在 1996 年全面实施"成屋履约保证"，成为我国台湾地区第一家推动此交易安全制度的房地产经纪机构。这种高附加值的服务，极大地提升了信义房屋的品牌价值，使其长期牢牢占据了我国台湾地区房地产经纪领军企业的地位。

目前在我国，房地产交易履约保证尚不普遍，只有链家等少数公司提供交易失败后，对风险兜底性质的安全保障服务。其实在经纪服务收费中，带有部分"保险费"或"保险金"的性质，房屋交易失败带来的损失，无论买方还是卖方都难以承担，只能通过交易机制的设计来分摊损失，对冲风险。例如链家的安心服务承诺项目，截至2021年9月已累计分消费者赔付垫付保障金17万多笔，金额累计30多亿元，单均赔付1.7万元左右，房地产经纪机构如能提供履约保证服务，则可有效降低这一风险发生的概率，而这项服务也可成为房地产经纪机构一项新的收入来源。在租赁经纪和经营服务中，有的机构在尝试购买房地产经纪人员职业责任险、财产险等方式来对冲租赁风险。

第三节　房地产经纪业务管理

房地产经纪业务管理的基础是房地产经纪机构对房源信息和客源信息的管理。

一、房源客源信息管理

房源信息管理和客源信息管理是房地产经纪机构信息管理的核心。

1. 房源信息管理及相应策略

所谓房源，是指在房地产经纪业务中，房屋权利人委托房地产经纪机构出售或者出租的房屋。房屋成为房地产经纪机构的房源，须具备两个条件：一是房屋所有权人有真实出租、出售的意愿；二是房屋所有权人向房地产经纪机构出具了委托授权书，或者与房地产经纪机构签订了房地产经纪服务合同。房源信息就是与受托出租出售房源有关的信息。

房源信息包括：

（1）房屋状况信息

① 实物状况：如房屋的建筑面积、套内建筑面积、套内使用面积、分摊面积、建筑类型、建筑结构、户型布局、朝向、装修装饰情况、日照和通风情况、供暖情况、梯户比、层高和室内净高、建成年代、建筑设计使用年限等。

② 权益状况：如房屋的土地使用年限、权属情况、共有情况、出租或占用情况、抵押情况、规划用途、是否被查封、是否"满五唯一"等。

③ 区位状况：如房屋的坐落位置、所在楼层与总楼层、停车情况、物业服务情况、交通设施、教育设施、医疗设施、生活设施、娱乐设施、周边环境和景观等。

（2）交易条件信息

① 价格信息：如挂牌价格、挂牌时间、挂牌时长、调价记录、上次成交价格及成交时间。

② 付款要求：付款形式（是否接受贷款，接受商业贷款、公积金贷款、组合贷款等何种形式贷款）、付款周期、定金要求、首付款数额及支付时间要求等。

③ 税费及佣金条件：税费数额、税费承担方式、佣金数额及承担方式等。

④ 其他条件：如有无未还完的贷款，是否需要腾购房资格，房屋权属转移登记时间要求，房屋交付时间要求，有无户口及是否迁出、迁出时间等。

（3）市场反馈信息

① 抢手程度：如房源的浏览量、关注量、带看量、在线咨询量、电话咨询量、预约看房量、意向客户量等。

② 房主配合情况：业主是否配合看房、是否愿意谈价等。

房源的市场反馈信息又可以分为最近一段时期（例如两周）总量和房源挂牌以来的总量。

按照信息的稳定性，房源信息可以分为静态信息和动态信息，房屋状况信息相对稳定，属于静态信息；交易条件信息和市场反馈信息几乎处于随时变化状态之中，所以属于动态信息。按照对交易的影响，房源信息又可分为优势信息（如挂牌价不高、着急出售或出租、交通方便、楼层好、朝向好、户型好、环境好、物业服务好等）和劣势信息（如挂牌价高、窗口有垃圾站、房龄老、户型不规整、朝向差、不接受贷款、税费多等）。按照是否可对外展示，房源信息可分为可展示信息和不可展示信息，可展示信息如户型、楼层（如顶层或底层）或楼层范围（如高楼层、中楼层或低楼层）、建筑面积、建筑类型、装修情况、梯户比例、挂牌时间、房屋性质、上次交易时间、抵押信息，以及最受关注的房屋总价和单价，社区名称、所在区域等；不可展示信息，如房源对应的学区房信息等。

管理好利用好房源信息，离不开功能完善的房源信息管理系统。房源信息管理系统要做好房源、门店及经纪人员的对应划分，通过系统明确每个经纪门店对应的小区（即责任盘或者维护盘），每个经纪人员对应的楼栋，划分清楚各门店各经纪人员的房源信息录入、管理和维护责任，突出各自门店聚焦的楼盘，处理好责任盘（自己门店所负责的小区范围）、非责任盘（同一公司其他门店所负责的小区范围），以及公盘（没有自己公司门店的小区）维护和协作上的规则，促进经纪机构、经纪门店和经纪人员之间的合作。

有些房源是好成交的，有些房源是不好成交的，房源信息要以提高房屋成交效率为导向，实行分级管理。

首先，要禁止房地产经纪人员把法律法规等禁止交易的房源录入房源信息管理系统，这些房源要区分出售房源和出租房源，有些房源禁止出售但允许出租，如回迁房和尚未取得权属证书的新建商品房等。房源信息管理系统要自动屏蔽禁止交易的房源，如小产权房或者集体产权房屋，未取得上市许可的校产房、军产房、宗教产等，无法取得不动产权证书的房屋，违章建筑及已经被查封的房屋等。

其次，要对录入到系统里的房源进行分类管理。房源千差万别，根据房源成交的可能性，进行分类管理，制定不同类型房源的维护策略，能有效提高成交效率。通常可以从三个方面判断房源成交可能性，一是挂牌价格是否合理，理论上过去一段时期（如近3个月）类似房源平均成交价格是可以知道的，当时的平均议价空间也是相对稳定的，如果业主的挂牌价格略高于平均成交价格，又在议价空间内，则可以认为挂牌价合理。二是看房时间是否方便，对于业主留有钥匙或者房屋有人居住，随时联系之后可以看房的，可认定为看房方便；对于需要提前预约才能看房的，可认定为看房基本方便。三是签约是否方便，对于预约业主签约后，业主当日可签署合同的情况，可认定为签约时间方便；对于预约业主签约后，业主需要次日或者之后一周内可签署合同的情况，可认定为签署买卖合同时间基本方便。

以上三个方面都满足的，可列为A类房源，也称优质房源。这一类房源往往有以下特征：挂牌价格合理，心理价位不高，房屋空置，钥匙委托门店，看房方便，挂牌价格下调次数多、周期短或者调降幅度大。如果是出售房源，且卖方售房的原因是先买后卖、即将出国或到外地、急需变现还债等情况，通常也是急于成交的房源。若通过分析某房源的上述指标，发现同向的指标越多，代表业主急迫程度越高。房源信息管理系统需要提醒经纪人员采取聚焦策略，集中力量，加快成交。房源信息管理的核心是"聚焦＋合作"。"聚焦"就是找到离交易最近的房源；"合作"就是在"聚焦"的房源上进行大强度的推广，找到合适的客源。

对于带看和签约都方便，但挂牌价略高的业主，房源信息管理系统要把此类房源列为B类房源，也称次优质房源，提醒主责的房地产经纪人员采取以下策略：

（1）向业主反馈类似房源近期（如近3个月以内）成交量和成交价格。

（2）向业主反馈当前房地产市场景气情况和趋势。判断市场是否景气的指标有：月度成交量与历史月度平均成交量的比率、月度带看量与历史月度平均带看量的比率等。

（3）向业主反馈媒体对房地产市场分析的文章，帮助业主了解真实的市场情况。

（4）向业主反馈委托房源的数据，包括单日的浏览量、关注量、带看量，累计的浏览量、关注量、带看量，以及浏览量、关注量、带看量的变化趋势。

（5）及时向业主反馈看房客户的评价和初次报价。

（6）带领业主实地查看类似挂牌房源及挂牌价，比较类似房源和委托房源的优劣，比较类似房源和委托房源挂牌价的高低。

业主一开始挂牌价略高是正常现象，随着一段时间的试探和与经纪人员的交流，绝大多数业主都会重新审视自己的交易条件和报价，并修正这些数据。当挂牌价等各项数据高度接近市场行情时，这套房源接近成交，无非最终是通过"甲经纪人"成交还是通过"乙经纪人"成交。

其他房源可以列为 C 类房源，也称一般房源。房源信息管理系统要提醒房地产经纪人员，观察房源关注度的变化情况。房源的关注度越高，越容易在较短时间内成交。对于互联网线上展示的房源，判断房源关注度的指标有下列五种：

（1）带看量。带看量是指经纪人员带领潜在客户实地查看某房源的总次数。最近一定时期（如 2 周）累计带看量越大，潜在买方关注度越高。

（2）关注量。关注量是指关注某房源的潜在客户的总数量。最近一定时期（如 2 周）累计关注量越大，潜在买方关注度越高。

（3）浏览量。浏览量是指某房源潜在客户浏览的总数量。最近一定时期（如 2 周）累计浏览量越大，潜在买方关注度越高。

（4）在线咨询量。在线咨询量是指潜在客户通过网上咨询某房源的总数量。最近一定时期（如 2 周）累计在线咨询量越大，潜在买方关注度越高。

（5）电话咨询量。电话咨询量是指潜在客户通过电话咨询某房源的总数量。最近一定时期（如 2 周）累计电话咨询量越大，潜在买方关注度越高。

若某房源的上述指标，同向的越多，代表房源的关注度越高。这类关注度高的房源，预示极有可能成交，经纪人员要重点关注，积极寻找匹配的客户。

2. 客源信息管理及相应策略

所谓客源，是指在房地产经纪活动中，有购房、租房需求的客户。客户既可以是自然人，也可以是法人和非法人组织。客户成为客源，也须具备两个条件：一是客户要有真实的购房或者租房需求，且有相应的支付能力和资格；二是客户委托房地产经纪机构找房，并出具了委托书或者签订房地产经纪服务合同。客源信息就是与客源有关的信息。客源信息主要包括需求信息（意向租购房屋的位置、建筑面积、户型、朝向等）、交易条件信息（购房或者租房目的、预算金额、首付款金额、贷款金额、对户口的要求等）、服务反馈信息（看房套数、看房次数、真实决策人等）。

从成交的角度分析，客源信息可以分为关键信息和非关键信息。关键信息是相对固定的，比如购房或者租房目的、预算金额、真实决策人等。非关键信息会经常变动，如意向租购房屋的位置、建筑面积、户型、朝向等。

管理好利用好客源信息，离不开功能完善的客源信息管理系统。客源信息管理系统应当标注客源信息的关键信息，提醒经纪人员准确掌握关键信息。按照成交可能性的大小，客源信息管理系统要对客源进行分类。客源分类，可以从两个方面进行判断。一是资金实力是否满足要求，如购房客户的自有资金是否能够支付首付款。二是租房或者购房是否急迫。可从以下几个角度判断客户租房购房的急迫性：

（1）实地看房总次数和看房频率。最近一定时间段（如1个月）买方累计的实地看房量越大、看房的频率越高，说明买方购房的急迫性越强。

（2）实地看房时的天气状况。实地看房时的天气状况越恶劣，例如下大雪、下大雨、刮大风、异常炎热、异常寒冷等，买方仍坚持实地看房的，说明急迫性越强。

（3）带看时买方家庭的人数。带看时买方家庭的人数越多，说明买方租房购房诚意越大，急迫性越强。

（4）电话咨询量。最近一定时期（如1个月）客户与经纪人员累计的电话咨询量越大，说明买方租房购房的急迫性越强。

上述指标需综合分析，若某客源的上述指标同向的越多，代表买方购房的急迫性越强。客源信息管理系统可以根据以上指标把客源分为 A、B、C 三个类型。

（1）A 类客户

该类客户最优，租房购房意愿强烈，急迫度高，支付能力和需求相匹配。经纪人员应紧密跟进，及时推荐房源、反馈同户型成交情况、安抚急迫购房情绪、及时了解最新动态等。

（2）B 类客户

该类客户比较优质，租房购房意愿明确，急迫度不高，支付能力和需求相匹配。对于此类客户，经纪人员应定期跟进，例如每 3 天联系一次。

（3）C 类客户

该类客户相对来说距离成交最远，表现的特征是租房购房意愿不太明确，急迫度不高，支付能力和需求还不太匹配。此类客户重点在于长期培养，不用急着推荐房源，可以定期沟通最近市场变化等内容。

二、房地产经纪业务网络化

（一）房源管理网络化

目前，我国一些大中型房地产经纪机构的房源管理普遍采用了信息化手段，通过专业的存量房业务运行管理软件 SAAS 系统建立房源数据库，对房源的自身信息、业务进展情况进行信息化管理。经纪人员通过房源数据库进行查寻房源、添加房源、更新房源等业务操作，经纪门店和经纪机构的管理人员通过房源数据库掌握门店、机构内的房源及其业务跟进状况，进行房源分配、房源分类统计等管理操作。早期的房源数据库多为经纪机构在其内部建立，限于内部使用。现在则发展到跨机构的行业公用性数据库，这类房源数据库，通常将房源发布和房源管理进行整合，数据信息涵盖房源信息、GIS 地图、小区视频以及城市道路街景图片等各类数据。

（二）房源信息发布网络化

随着互联网的迅速发展，中国网民数量已跃升至世界第一位，互联网（特别是移动互联网）已成为房地产经纪机构的主要客流导入渠道。目前安居客、抖音、快手、小红书、搜房、新浪乐居是房源发布的主要网络渠道。另外，大型的房地产经纪机构也各自建有房源发布网站和手机应用软件（App）、小程序。三维城市地图、视频等先进的技术也已被用于房源信息发布当中，通过三维地图直观和真实地再现房源的地理位置，通过视频为购房人（承租人）全景展现房产的真实情况。此外，房源发布系统往往是与房源管理软件联动的，即房地产经纪人员在管理自己的房源数据库时，可直接将拟发布的房源发布到网站上，同时还可以通过 E-mail，直接将拟发布的房源发送到目标客户的电子邮箱中。房源发布信息化不仅大大提高了信息发布的速度、降低了信息发布的成本，还为客户提供了24 小时的全方位信息获取平台。多数房源发布网站，可在线观看意向房源的各类信息，包括经纪人员对房源及其小区、周边环境的文字介绍、房型图、室内照片、小区照片与视频、周边街道的 360 度连续跟踪照片、地图、经纪人员情况、小区业主（住户）对小区的评论等，也可以使用系统所提供的工具，如地图框选搜索、点选搜索、关键字搜索（如"地铁房"），来搜索特定区域、楼盘、房型、面积段、价位段或特定性质的房源，并可通过系统提供的排序功能，在房源搜索结果中进一步筛选。随着移动互联网的快速发展，许多房地产经纪机构纷纷推出租房买房手机应用软件（App），可通过定位为用户逐一显示附近的房源。

（三）网上房地产经纪门店

随着存量房信息发布的网络化，一些房地产专业网站、房地产专业手机应用软件（App）和重要门户网站、短视频平台的房地产频道，也为房地产经纪人员提供了开设网上房地产经纪门店的平台，房地产经纪人员可以在这些网站开设个性化的网上店铺，呈现自己的电子名片、房源信息，并通过店铺留言和网民实现沟通。有些网站还为房地产经纪人员提供网上虚拟地盘，即赋予某个特定的经纪人员某个特定区域的版主地位，由该经纪人员负责对该区域的房源、区域环境等信息进行维护，同时相应地授权给予该经纪人员优先在该区域的版面上重点推介自己的房源。目前，许多购房人了解存量房市场的第一步就是浏览各大房地产专业网站、主要房地产手机应用软件（App）和知名门户网站、短视频平台的房地产频道。因此，网上门店已成为房地产经纪从业人员获得客源的一个重要渠道。

（四）网上 VR 看房

VR 看房，是采用虚拟现实技术，利用视频再现房屋状况。常见的 VR 看房，主要包含 720 度 VR 全景沉浸式漫游（可放大缩小）、三维模型（可放大缩小旋转和点击直接进入 VR 全景）、框线户型图（展示功能间格局、名称和当前所在位置，点击可直接进入 VR 全景）、标尺（展示房屋长宽高，可选择打开或关闭）、VR 眼镜模式等功能。房地产经纪人员和客户都可以发起 VR 带看。发起 VR 带看后，经纪人员和客户同屏连线，经纪人员可以在线解答客户问题。VR 带看可以解决经纪人员作业中很多难题，比如：①约好客户去看房，不料遇到坏天气，有 VR，在家看房真方便；②带看时间不好约，客户时间排不开，有 VR，随时随地想看就看；③全家多人要看房，总得多跑好几遍，有 VR，全家同时看，不用跑多遍；④多个工具装满身，房里房外到处跑，有 VR，手机在手，轻松搞定。

VR 带看给客户买房租房提供的便利包括：①不受天气、空间、时间、环境等客观因素限制，随时随地查看意向优质房源，先人一步；②全面了解房源信息，结构、尺寸、朝向、装修、配套，一览无余，随时复看回忆；③足不出户完成初步房源筛选，过滤无效房源，提升看房效率；④多人同时 VR 线上看房，解决一家人时间约不齐的困扰。

VR 带看可以给业主卖房和出租房屋提供的便利：①一次拍摄，长期省心，免除多次协调时间；②信息展示更全面，意向买家租户和房源更精准匹配，提升客户质量；③提升异地售房租房效率，售房租房可选客户范围更广；④一份 3D 版家的回忆，房屋出售出租后存档旧时光。

（五）房地产经纪业务中的私域流量和短视频获客

学术界对私域流量的定义，是从公域、他域（平台、媒体渠道、合作伙伴等）引流到自己私域（官网、客户名单），以及私域本身产生的流量（访客）。私域流量是可以进行二次以上链接、触达、发售等市场影响活动客户数据。简单来讲，就是房地产经纪人员借助其他平台（如当前常见的微信公众号和视频号、抖音、快手、微博、小红书、今日头条等内容平台），通过发布内容、在线互动等方式吸引粉丝成为自己的私域流量（如粉丝微信群、QQ群等），通过私域流量与粉丝进一步沟通互动，从而转化成交。围绕私域流量而进行的工作被称为私域运营，私域运营可以分为四个阶段，包括引流（获客）、蓄客、转化、维护。引流的方式包括短视频、直播等动态视频方式，发布咨询服务展示等静态文字方式，其中前者动态视频方式，因为更加直观、更能传递情绪、更能迅速拉近与客户的距离，因此成为经纪人员使用更广泛的一种获客方式。

私域流量给房地产经纪人员和客户带来的好处。私域流量有利于经纪人员形成个人品牌，提高转化效率。短视频等平台上的个人主页，实际上就是一个关于房地产经纪人员个人服务能力的品牌展示页。经纪人员发布个人简介，展示自己的从业经历、服务理念；发布短视频内容，比如发布买房避坑指南、区域市场介绍、小区真实测评、资产配置思路等内容的短视频；进行直播与粉丝进行现场互动、答疑，展示自己的服务能力，从而吸引粉丝、转化成交，优质的服务可以获得粉丝的良好评价，形成好的服务口碑、个人品牌，进一步吸引更多的粉丝。此外，通过短视频、直播方式获客，并通过私域流量与客户不断保持联系，还极大地提高了转化效率，据了解，通过某短视频平台获得线索到认购的转化是传统渠道的8倍。对于客户而言，私域流量方式获得的服务内容更多、链条更长，除了提供前期的视频内容、在线互动答疑，转化成交中的服务，更多的房地产经纪人员为了提高粉丝客户评价、提高服务口碑，还会提供额外服务，比如赠送粉丝验房、暖房，提供设计、装修、金融、租赁等服务。

私域流量与传统门店作业方式的相同点与不同点。相同点：都是为了获取客户信任，传统房地产经纪人员在门店工作，通过日常社区维护，开展不同的社区服务，以取得小区业主的联系与信任，进一步取得房源委托；私域运营方式中，经纪人员通过制作发布房产内容视频、文字或者以直播方式，获得粉丝的关注与信任，进一步转化为成交。不同点：传统门店作业方式为"以房找客"，通过获得房源委托，发布房源信息，吸引客源；私域流量、短视频获客更多是"以客找房"或"以客找盘"，先获得粉丝（多为购房客户），再通过提供服务咨询、选房方案，促成交易，这背后体现的是以"房"为核心到以"客"为核心的服务理念的转变，更加考验经纪人员的专业能力、服务口碑，也更符合买方市场的需要，因此私域流量、短视频买房卖房已经被越来越多的经纪人员和客户认可，甚至可能成为未来发展的一个趋势，如某短视频平台2021年的万粉房产作者增长了40%多，累计发布了1 500万短视频和300万场直播；另一短视频平台，2022年房产内容的互动量超过200亿次，高活跃兴趣用户体量达到1.2亿。

利用私域流量开拓经纪业务，房地产经纪机构和经纪人员需要具备以下能力：一是要有私域运营的能力，能够输出内容进行引流，包括掌握足够多的购房知识、交易经验，能够进行市场、政策以及楼盘情况解读，会根据客户综合情况进行资产规划配置，具备优质短视频等内容制作的能力、直播的能力，了解所在公域平台的流量运行规则、禁止规则。二是要具备"以客找房"的能力，在蓄客、转化阶段，经纪人员能够根据客户实际需求，在一定范围内（可能是不同城市之间、同一城市内部）寻找合适的楼盘和房屋，这一方面要求经纪机构在房源端要有一定的合作渠道；另一方面要求经纪人员或所在团队要具备置业顾问的能力，掌握市场研究、销售、法律、金融、设计等全方位的知识和实操能力，以便能够解决客户在购房中遇到的一系列问题。

三、房地产经纪业务的量化管理

众所周知，有房地产交易，才有房地产经纪，从房地产交易量到房地产经纪业务量，有一个基于转化率的推导逻辑。以房屋存量为基础，通过房屋流通率、经纪渗透率、服务转化率、佣金费率等，可以从交易量推导出房地产经纪佣金收入、房地产经纪成交任务和房地产经纪人员的工作量，实现存量房经纪业务的绩效考核和人员工作的量化管理。房地产经纪科学管理的基础，是对房地产经纪业务的量化管理。

房地产经纪业务量化管理的基础，是人民群众对住有所居刚性需求决定的房地产市场"常量"。

（一）与房地产经纪行业密切相关的常数

1. 房屋存量和交易量

可售房屋存量，即可交易房屋的保有量，或者叫房屋存世量，对新建房屋来说是取得预售许可、现售备案等手续的可售房源数量，对存量房来说就是可以正常交易的存量。房屋存量通常用套数或者面积表示。房屋是寿命长久的不动产，建成后存续时间长，存量房屋数量相对稳定。特别是存量房屋是客观存在的实物，房地产经纪人员可以轻松数出其数量。

房屋交易量是指一定时期内房屋成交的数量。房屋交易量可以用成交套数、成交面积或者成交金额等指标衡量，通常情况下，业内习惯用成交套数。一定时期内，同一套房屋可能会重复多次交易，因此，成交套数本质上是成交套次。对按房间出租的房屋租赁而言，成交量是成交间次。正常市场条件下，一定时期内房地产交易量也应当是相对稳定的。房地产经纪人员可以通过网上签约或者房屋权属转移登记等渠道，统计出房屋成交量。

2. 房屋流通率

房屋流通率，又称房屋换手率，衡量房屋流通率的常用指标有两个，一个指标是按照人口的比率，常用的是千人购房率，千人购房率为一年内购房人数/常住人口×1 000‰，例如，2018 年北京市存量房成交 163 899 套，常住人口2 154.2万人，则 2018 年的北京市千人购房率为 7.6‰。另一个指标是按照房屋保有量的比率，通常称为换手率，换手率为某时间范围内房屋交易量/房屋保有量，如，2018 年北京市成交 163 899 套，假设存量房保有量为 650 万套，则2018 年的存量房换手率为 2.5%。正常情况下，一个城市的房屋换手率比较稳定，例如欧美等房地产市场发达的城市，换手率维持在 4%～5%，我国北京、上海等一线城市存量房换手率达到了 2%～3%。大到一个国家一个城市，小到一个小区、一栋楼宇，都可以计算流通率。不同的区域，房屋流通率不一样。对房地产经纪公司而言，开设经纪门店或者选择目标服务区域，首选房屋存量大且流通率高的区域；对房地产经纪人员来说，也是如此，应当将主要精力放在成交量大且流通率高的楼盘。这个做法，业内习惯叫作聚焦战略。

3. 房屋交易量、目标成交量和佣金收入

一个区域内的房屋交易，多数通过房地产经纪公司成交，少数由交易双方手拉手成交。业内习惯用房地产经纪服务渗透率（以下简称"经纪渗透率"）来表示通过房地产经纪公司成交的占比，即：经纪渗透率＝通过房地产经纪促成的交易量/总交易量。目前，我国北京、上海、广州、深圳等城市的存量房买卖交易中，经纪渗透率已经超过 80%。

当然，一个区域内通常有多家房地产经纪公司，每家公司的市场占有率（以下简称"市占率"）不同。房地产经纪公司的市占率＝某一公司促成的交易量/通过房地产经纪促成的总交易量。因此，房地产经纪公司的目标成交量＝房屋存量×流通率×经纪渗透率×市占率。房屋成交总金额＝目标成交套数×套均总价，房屋成交总金额再乘以佣金费率（房地产经纪服务收费标准），就是佣金收入。

例如：假设甲房地产经纪公司所在区域的房屋存量为 5 000 套，该区域年均流通率为 2%，房价平稳，套均总价为 100 万元。如果，甲公司市场占有率目标为 30%，佣金费率为 2.2%。则甲公司年佣金收入＝5 000×2%×1 000 000×

$30\% \times 2.2\% = 66$ 万元。

反过来，如果房地产经纪公司事先确定佣金收入目标，可以通过公式：目标成交套数＝房地产经纪佣金收入／（佣金费率×套均总价），推算出目标成交套数。

4. 佣金规模

佣金规模为一个城市或者某个区域，房地产经纪服务可获得报酬的总额。测算佣金规模的常用公式为：

佣金规模＝房屋成交套数×套均成交总额×经纪渗透率×佣金率

例如，2018 年北京通过经纪机构成交的存量房共 134 963 套，假设佣金率为 2%，套均总价 500 万元，则 2018 年北京市佣金规模＝134 963×5 000 000×2% ＝134.963 亿元。

5. 千人经纪人率

因为房屋交易复杂，成交周期长，交易手续烦琐，因此在经济发达的城市每千人中的房地产经纪从业人员数量也相对恒定，一般为 5‰ 左右。当然这个比例会随着市场交易量的波动而有所调整。例如 2019 年末北京市房地产经纪从业人员约 10 万人，常住人口 2 153.6 万人，大致符合这个比例。

6. 平均成交周期

购房是普通老百姓最大的一项支出，因此决策周期长。根据行业的经验数据，从开始看房到最后买卖交易完成，平均周期为 2~3 个月。当然，这个周期随着市场的上行周期和下行周期有所不同。

(二) 房地产经纪业务转化率

根据销售漏斗原理，房地产经纪业务从商机到成交有若干个环节，每个环节都有一个转化率。通过每个业务环节的转化，可以从目标成交量推导出人均业绩目标和经纪人员的日常工作量。

房地产经纪公司能否实现目标成交量，受房源客源数量和房地产经纪服务成功率影响。房地产经纪成交转化率又可以分解为房客源匹配转化率、实地带看转化率、交易撮合转化率和签约转化率。房地产经纪成交转化率＝房客源匹配转化率×实地带看转化率×交易撮合转化率×签约转化率；目标成交量＝房客源数量×房地产经纪成交转化率。

例如：甲房地产经纪公司有 20 名房地产经纪人员，假设完成 2019 年制定的佣金收取目标需要成交 120 套房屋，那么人均就要成交 6 套房屋，大致每人每两个月要成交 1 套。

将成交定义为收取佣金完成，房地产经纪人员的工作量可以根据前一个经纪服务节点向后一个服务节点的转化率（假设转化率如表 5-1 所示），分解为若干工作任务。通过测算可知，甲房地产经纪机构的房源挂牌率（业内也称报盘率，即在某一个公司挂牌交易的房源占整体交易房源的比例）为 83%，房地产经纪成交转化率为 0.83%（房地产经纪服务环节与成交转化示意图如图 5-1 所示）。

甲房地产经纪公司的经纪服务节点及转化率　　　　　　　　　表 5-1

序号	经纪服务节点	转化率	房屋套数
1	潜在交易房屋	—	120
2	成为房源信息	83.33%	100
3	形成实地看房	80.00%	80
4	获得业主委托	50.00%	40
5	实地带客看房	50.00%	20
6	进行议价撮合	20.00%	4
7	签订交易合同	50.00%	2
8	收取佣金成功	50.00%	1

　　根据以上案例的假设，简单量化下来，甲房地产经纪公司的每个房地产经纪人员 2 个月需要开发 100 套房源。

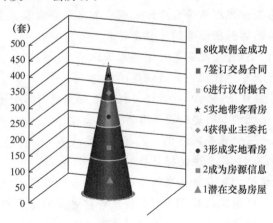

图 5-1　房地产经纪服务环节与成交转化示意图

（三）单兵突击到团队作战

　　如果把房地产经纪人员的工作简单分解为房客源开发和后续的交易服务。现实中，一般先有房源再有客源，因此房源数量的多少决定客源数量的多少，房源数量的多少更关系到最终成交量。房源的开发成为房地产经纪人员的基础性工作。获取房源信息及业主委托的方式主要有电话开发、社区开发、网上开发、人际关系开发等，根据不同方式的转化率，可以确定经纪人员的日程和工作量。

当然从人尽其才、优势互补的角度而言，为了最大限度提高房地产经纪服务质量，房地产经纪公司可以根据每个经纪人员的兴趣和专长，分别安排不同工种，合作完成一笔房地产交易服务。比如有的经纪人员跟社区居民比较熟，可以侧重开发房源；有的经纪人员熟悉房屋情况且沟通能力出众，可以安排带看；有的经纪人员谈判能力比较强，可以侧重议价和撮合，将一笔业务分为不同环节，分别安排适合的经纪人员去完成，这样不仅可以提高房地产经纪服务的效率和成功率，而且能够营造经纪人员之间的合作关系，促进房地产经纪人员队伍的稳定和团结。

复 习 思 考 题

1. 房地产经纪业务可以按哪些标准进行分类？
2. 新建商品房经纪业务与存量房经纪业务的区别有哪些？
3. 房地产买卖经纪业务与房屋租赁经纪业务的区别有哪些？
4. 商业房地产经纪业务与住宅经纪业务有何不同？
5. 房地产交易买方代理业务与卖方代理业务在服务内容上有何不同？
6. 新建商品房销售代理业务的流程是什么？
7. 存量房买卖、租赁经纪业务有哪些基本环节？
8. 商业房地产租赁代理业务的流程是怎样的？
9. 经营存量房经纪业务的房地产经纪机构应如何进行客户开发？
10. 房地产经纪机构如何进行房源客源信息管理？
11. 目前房地产经纪业务网络化方式有哪些方式？
12. 如何帮助客户制定合适的抵押贷款方案？
13. 房地产经纪机构及人员从事的房地产投资咨询服务主要有哪些？
14. 房地产经纪机构及人员可为客户提供哪些方面的房地产价格咨询？
15. 房地产法律咨询所涉及的主要内容有哪些？
16. 房地产经纪机构可以为客户提供哪些交易保障服务？

第六章　房地产经纪业务文书

房地产经纪服务合同等业务文书，是房地产经纪活动重要的文字载体，合法、规范的业务文书能减少或避免房地产经纪业务风险和相关主体的矛盾纠纷。本章以《中华人民共和国民法典》《房地产经纪管理办法》等相关法律法规规章为根据，介绍房地产经纪服务合同的含义、特征、作用、主要内容和签订房地产经纪合同的有关重要事项，针对存量房屋买卖、租赁经纪业务和新建商品房销售代理业务，阐述主要类型房地产经纪服务合同的基本内容，并介绍房地产经纪服务告知书、房屋状况说明书、新建商品房销售委托书等其他业务文书。

第一节　房地产经纪服务合同概述

一、房地产经纪服务合同的含义

房地产经纪服务合同是指房地产经纪机构为促成委托人与第三方的房地产交易而提供有偿经纪服务，与委托人之间设立、变更、终止权利义务关系的协议。房地产经纪服务合同中的委托方必须是具有完全民事行为能力的自然人、法人或其他组织。在我国，完全民事行为能力人是指 18 周岁以上可以独立进行民事活动的自然人，或 16 周岁以上不满 18 周岁以自己的劳动收入为主要生活来源的自然人。无民事行为能力人或者限制民事行为能力人，应由其监护人代理签署合同。法人是具有法律规定的资金数额等设立条件，依法向法人登记机关登记，取得法人资格的企业或组织。委托方是其他组织的，也应具有相应资格。房地产经纪服务合同中的受托方必须是依法设立并备案的房地产经纪机构，而不是房地产经纪专业人员，但房地产经纪服务合同必须由登记在该机构的一名房地产经纪人或两名房地产经纪人协理在合同上签名。缔约的房地产经纪机构和在房地产经纪服务合同上签名的房地产经纪专业人员承担不同的责任，一般情况下，房地产经纪机构在房地产经纪活动中对外承担责任后，可向在房地产经纪服务合同上签名的房地产经纪专业人员进行追责。

判断房地产经纪服务合同在形式上是否规范的要件有三个：一是委托人的签

名或者盖章；二是受托房地产经纪机构的盖章；三是承办该业务的一名房地产经纪人或者两名房地产经纪人协理签名。这三个要件必须同时具备，缺一不可。依法成立的房地产经纪服务合同，如合同中没有特别约定生效时间，则根据《中华人民共和国民法典》相关规定，自合同成立时生效。

现实中，房地产经纪服务合同叫法有很多，如委托协议、居间合同、中介合同、代理合同等。判断一个合同是不是房地产经纪服务合同，不能只看合同的名称，更要看合同主要条款的内容。只要是房地产经纪机构和委托人之间设立、变更、终止权利义务关系的合同，都是房地产经纪服务合同。

二、房地产经纪服务合同的特征

（一）房地产经纪服务合同是双务合同

双务合同是指双方当事人互相享有权利、承担义务的合同，是商品交换最为典型的法律表现形式。在双务合同中，双方当事人之间存在着互为对价的关系。

（二）房地产经纪服务合同是有偿合同

有偿合同是指当事人取得权利必须支付相应对价的合同。一方当事人取得利益，必须向对方当事人支付相应的对价，而支付相应对价的一方，必须取得相应的利益。这种对价可以是金钱，也可以是给付实物或提供劳务。但一方取得的利益与对方支付的对价，不要求在经济上、价值上完全相等，只要达到自愿公平合理的程度即可。

（三）房地产经纪服务合同是书面形式的合同

房地产经纪服务合同采用书面形式是中外房地产经纪行业的惯例，我国行业管理部门或行业组织制定发布的房地产经纪服务合同也都要求书面形式。

三、房地产经纪服务合同的作用

（一）有效保障合同当事人的合法权益

《房地产经纪管理办法》规定，房地产经纪机构接受委托提供房地产信息、实地看房、代拟合同等房地产经纪服务的，应当与委托人签订书面的房地产经纪服务合同。这就是要以合同形式来确定房地产经纪机构与委托人之间的权利义务关系，从而有效保障当事人的合法权益。合同是平等的民事主体就某一具体事项中双方权利义务关系协商一致后所形成的法律文件，对合同当事人具有法律约束力。合同一旦生效，当事人就必须依照约定履行自己的义务，不得擅自变更或者解除合同。合同当事人在履约过程中不履行义务或者违反约定的，必须承担继续履行、采取补救措施或赔偿损失等违约责任。

（二）维护房地产交易安全与市场秩序

房地产经纪活动是房地产整体市场的重要组成部分，对房地产市场的交易活动有着重要的影响。房地产经纪活动是市场行为，房地产经纪机构与委托人之间的关系实质上也是一种市场交易关系。这种交易能否在合法、正常的状态下进行，有赖于市场交易活动的安全和秩序。房地产经纪服务合同是房地产经纪机构与委托人共同的约定，这些约定为合同当事人的交易活动确定了基本规范，促使合同当事人遵守规则。房地产经纪服务合同不仅有利于避免房地产经纪机构与委托人相互损害对方当事人利益行为的发生，同时，也有利于维护房地产交易安全与房地产市场秩序。

（三）明确房地产经纪服务内容和标准

房地产经纪机构可以根据委托人多样化的需求，有针对性地提供所需服务，并将服务内容写在房地产经纪服务合同中。除了提供房地产信息、实地看房、代拟合同、协助办理不动产登记等房地产经纪服务外，经纪机构还可以提供代办贷款以及其他更为个性化的服务，比如房屋出售经纪服务中可以包含对待售房屋的保管；房屋承购、承租经纪服务中对拟购拟租房屋的质量背书；房屋出租经纪服务中包含对出租房屋及设备的使用管理、维修；新建商品房销售代理商将服务内容向开发前期延伸（如市场调研、产品定位）等。房地产经纪机构设计丰富的服务项目，并制定相应的服务标准和收费标准，委托人可以根据自己的需求来选择，甚至和房地产经纪机构共同讨论确定新的服务内容，而这些服务项目最终都可以体现在房地产经纪服务合同的相关具体条款上（但需要另外签订合同的除外），以便于明确双方在这些服务项目上的权利义务关系。可见，房地产经纪服务合同使得房地产经纪机构所提供的各项服务内容和标准得以明确，从而提高房地产经纪服务的具象性和准确性。

四、房地产经纪服务合同的内容

（一）房地产经纪服务合同的基本内容

房地产经纪服务合同的基本内容是关于房地产经纪机构接受委托提供房地产信息、实地看房、代拟合同等房地产经纪服务的具体条款，应当包含下列内容：

1. 房地产经纪服务双方当事人的姓名（名称）、住所等情况和执行业务的房地产经纪专业人员的情况

缔约双方是房地产经纪机构和委托人。委托人是自然人的，标明自然人的姓名、身份证件号、住址等；委托人是法人的，标明法人的名称、营业执照号和住所。合同中标明房地产经纪机构的法人代表、营业执照号码、经纪机构备案证

号、地址、联系电话等。并写明具体执行该业务的房地产经纪专业人员（至少一名房地产经纪人或者两名房地产经纪人协理）的信息（姓名、身份证件号、登记号）。

2. 房地产经纪服务的项目、内容、要求以及完成的标准

约定房地产经纪服务的项目、内容、要求以及完成的标准，要参考房地产经纪机构在其经营场所公示的服务项目，还要符合国家或者行业关于房地产经纪服务标准和流程的相关规定。房地产经纪服务的项目通常包含四项，即提供房地产信息、实地看房、代拟合同、协助办理不动产登记，四项服务也可以在书面合同中进一步细化。提供房地产信息服务包括提供相关的房地产市场信息，搜集、配对交易房源，房地产交易政策咨询等；实地看房服务包括制作房屋状况说明书、联络房屋产权人或管理人、带领客户看房等服务；代拟合同服务包括交易条件谈判、议价撮合、协助订立房地产交易合同；协助办理不动产登记服务包括协助准备不动产登记申请材料等。房地产经纪服务合同中还应包含对双方当事人的一些具体要求。房地产经纪服务一般以房地产交易合同（包括买卖合同和租赁合同）签订为完成标准，当事人另有约定的除外。

3. 服务费用及支付方式

服务费用是房地产经纪机构提供房地产经纪服务应得到的服务报酬，由佣金和代办服务费两部分构成。房地产经纪服务完成并达到约定的服务标准，房地产经纪机构才可以收取服务报酬。一般情况下，房地产经纪服务的完成以房地产交易合同签订为标志，房地产交易合同订立后就可以收取佣金；代办服务费用的收取标准和时点由当事人自行约定。依据《中华人民共和国民法典》的相关规定，房地产经纪机构未完成约定服务事项的，不得请求支付服务报酬，但可以在合同中约定由委托人支付经纪服务过程实际支出的必要费用，必要费用不得高于房地产经纪服务收费标准，具体收费额度双方协商议定。房地产买卖、租赁过程中，涉及政府规定应由委托人支付的税、费，但由房地产经纪机构代收代缴的，不包含在房地产经纪服务费中。服务过程中涉及支付给第三方的费用，如评估费、担保费等，也可以在房地产经纪服务合同中约定负担方式。

4. 合同当事人的权利和义务

委托人的义务包括如实提供交易相关信息、支付费用等，权利一般包括知情权、交易价款请求权；房地产经纪机构的义务一般包括及时如实报告义务、尽职尽责义务、风险提示义务、保密义务等，权利一般包括违法违规行为拒绝权、报酬请求权等。

5. 委托期限

委托期限指委托人委托房地产经纪机构提供房地产经纪服务的具体时间期限。委托期限实质上规定了房地产经纪机构完成某项经纪服务工作的时间界限，有利于督促房地产经纪机构增强紧迫感，提高工作效率。

合同履行期间，任何一方要求变更合同条款，应书面通知对方。经双方协商一致，可达成修订合同的补充协议。

合同履行期间，任何一方如有确凿证据证明对方的行为严重影响自己的利益，必须终止合同的，可于委托期限届满前，书面通知对方解除本协议，并结清相关费用，或追偿违约金。

6. 违约责任和纠纷解决方式

房地产经纪机构的违约情形主要包括：未完成委托人委托的经纪服务事项；未达到合同约定的服务标准，或未经委托人书面同意，擅自改变房地产经纪服务内容、要求和标准；未经委托人同意，由第三方代替房地产经纪机构或者房地产经纪机构与第三方共同完成委托人委托的事项；其他违反合同约定、损害委托人利益的行为。

委托人的违约情形主要包括委托人虚假委托或提供的有关证件和资料不实、委托人未按时将约定的服务报酬支付给房地产经纪机构等。

房地产经纪服务合同违约责任的承担可以采用违约金等方式，纠纷解决方式可以采取相关部门调解、仲裁、司法诉讼等。

（二）房地产经纪服务合同的补充内容

根据委托人与房地产经纪机构的协商，房地产经纪服务合同还可以针对房地产经纪机构提供的其他延伸业务增加相关补充内容，但双方协议认为需要另外签订服务合同的延伸业务除外。比如房屋出售经纪服务合同中可以包括房屋保管服务；房屋承购经纪服务合同中可以包含代办贷款服务房屋质量保证服务；房屋出租经纪服务合同中可以包含对出售房屋及设备的使用监督、维修服务，以及代收租金服务；房屋承租经纪服务合同可以包含房屋质量保证服务；新建商品房销售代理合同内容可以延伸至开发前期，比如市场调研、产品定位等。

增设补充内容时要特别注意的是，应将房地产经纪服务（也是房地产经纪机构的基本业务）与房地产经纪延伸服务区分清楚。房地产经纪机构完成房地产经纪服务后委托人就有义务支付佣金，延伸服务的效果不应作为影响委托人佣金支付义务的因素。延伸服务是否收费应由房地产经纪机构和委托人协商确定，但其本身并不作为影响委托人佣金支付义务的因素。在房地产购买居间服务中，由房地产经纪机构代办的买方贷款不成功，不应作为买方拒付佣金的理由，除非当事人另有约定。可见，区分房地产经纪服务与房地产经纪延伸服务，对保护房地产经纪服务合同的双方当事人都是有益的。

五、签订房地产经纪服务合同的重要事项

（一）签约前房地产经纪机构的书面告知义务

根据《房地产经纪管理办法》，房地产经纪机构在签订房地产经纪服务合同前，有义务向委托人书面说明是否与委托房屋有利害关系、应当由委托人协助的事宜和提供的资料、委托房屋的市场参考价格、房屋交易的一般程序及可能存在的风险、房屋交易涉及的税费、经纪服务的内容及完成标准、经纪服务收费标准和支付时间和其他需要告知的事项，并将相应告知内容记载于房地产经纪服务告知确认书。

（二）签约中房地产经纪机构的验证义务

房地产经纪机构与委托人签订房屋出售、出租经纪服务合同，应当查看委托出售、出租房屋的实体及房屋权属证书、委托人的身份证明等有关资料。房地产经纪机构与委托人签订房屋承购、承租经纪服务合同，应当查看委托人身份证明等有关资料。

1. 查看委托人身份证明

为了防止某些不具有交易权利的人员虚报房屋权属资料，给交易造成不便或导致交易不成，甚至给房地产经纪机构和房地产经纪从业人员带来经济损失或形象损害，房地产经纪机构在与委托人签订房地产经纪服务合同前，应先查看委托人的身份证明。委托人是自然人的，要查看其身份证或护照，证件上的照片与委托人应当相符，委托人应具有完全民事行为能力。委托人是法人的，要查看其工商营业执照或组织机构证明及房地产交易授权委托书，委托书上办理房屋交易相关事项的人员与经办人的姓名及证件号一致。所有证件均应在有效期内。

经委托人同意，房地产经纪机构对经查看的委托人身份证明、房地产权利人委托书等文件可进行复印留存。

2. 查看委托出售、出租的房屋及房屋权属证书

房地产经纪机构在与委托人签订房屋出售、出租经纪服务合同前，应当认真查看委托交易房屋的房屋所有权证、不动产权证书和证明房屋他项权利的证书（如房地产抵押证明）等权属证书，并实地查看房屋，核实房屋的坐落、楼层、建筑面积、规划设计用途等基本情况和共有权人情况、土地使用状况、房屋性质、抵押情况等权属及权利情况。

经委托人同意，房地产经纪机构对经查的房产权属证书可进行复印留存。但

应对委托人承诺：留存复印件仅用于该交易，不另作他用。

（三）签约后房地产经纪机构对合同履行的监督义务

由于房地产经纪机构人员流动大，许多房地产经纪从业人员缺乏经验，容易在合同履行中产生各种问题，房地产经纪机构要特别关注合同履行过程。另外，房地产经纪机构内部存在分工，房地产经纪基本业务和代办贷款等业务往往要由不同的人员完成，一份合同的履行，需要不同工作人员在时间进度上进行协调，并与委托人进行及时的沟通。只有规范工作流程，把握服务进度，才能真正提供周到、满意的服务。因此，房地产经纪服务合同签订后，房地产经纪机构要加强对合同履行的监督，及时了解房地产经纪人员在合同履行中的困难和问题，并接受委托人的合理意见和投诉，及时处理相关问题，保证合同的正常履行。

房地产交易当事人约定由房地产经纪机构代收代付交易资金的，应当通过房地产经纪机构在银行开设的客户交易结算资金专用存款账户划转交易资金。交易资金的划转应当经过房地产交易资金支付方和房地产经纪机构的签字和盖章。代收代付资金独立于房地产经纪机构或交易保证机构的自有财产及其管理的其他财产之外，也不属于房地产经纪机构或交易保证机构的负债，其所有权属于交易当事人。房地产经纪机构要加强客户交易结算资金专用存款账户开立和使用的管理，保证资金支付条件和具体方式与房地产经纪服务合同中的约定一致。

（四）履约完房地产经纪机构对合同文本的保存责任

房地产经纪机构应当建立业务记录制度，如实记录业务情况。业务记录资料为研究本机构的经营业绩和科学发展提供第一手资料，是进行科学分析，扬长避短，制定发展方向的极好素材。房地产经纪服务合同是业务记录资料中的关键内容，同时也是其他相关机构（如法院、房地产行政管理部门、房地产经纪行业组织等）开展调查研究的重要资料，应至少保存5年。

（五）签订房地产经纪服务合同的其他注意事项

委托人与房地产经纪机构签订房地产经纪服务合同，应当向房地产经纪机构提供真实有效的身份证明。委托出售、出租房屋的，还应当向房地产经纪机构提供真实有效的房屋权属证书。委托人未提供规定资料或者所提供的资料与实际不符的，房地产经纪机构有权拒绝接受委托。当然，房地产经纪机构也应当向委托人出示营业执照、备案证明及房地产经纪专业人员的职业资格登记证书等资料。房地产经纪服务合同一般采用示范合同文本或推荐合同文本，针对服务对象和服务目的的不同采用不同的示范合同文本。委托人要仔细阅读合同条款，认真听取房地产经纪机构对合同条款的解释及针对委托人的相关提问所给予的回答。签约前房地产经纪机构还应当问询委托人是否已与其他机构签订了有效的独家代理合同，如果委托人已就该宗房地产交易委托某一房地产经纪机构进行独家代理，就不应在该委托期限内再委托其他房地产经纪机构就该项房地产交易提供经纪服务，当然房地产经纪机构也不应该再承接此宗业务。

第二节　房地产经纪服务合同的主要类型

根据委托房地产类型的不同，房地产经纪服务合同可分为存量房经纪服务合同和新建商品房经纪服务合同；根据委托交易目的的不同，又可将存量房经纪服务合同细分为房屋出售经纪服务合同、房屋购买经纪服务合同、房屋出租经纪服务合同和房屋承租经纪服务合同。

一、房屋出售经纪服务合同

房屋出售经纪服务合同是指房地产经纪机构为促成委托人向第三方出售房屋而向委托人提供有偿经纪服务，与委托人之间设立、变更、终止权利义务关系的协议。

（一）房屋出售经纪服务合同的主要内容

房屋出售经纪服务合同的内容，除包括前文所述的房地产经纪服务合同的基本内容外，还应当重点明确以下内容。

1. 出售房地产的基本情况

合同中标明出售房地产的基本情况，包括房屋基本信息、区位信息、实物信息、配套设施设备、债权债务信息等。房屋信息尽可能详细，能够更好地完成经纪服务工作。

2. 房地产经纪基本服务及延伸服务的项目、内容、要求以及完成的标准

在房屋出售经纪业务合同中，房地产经纪机构可以提供的基本服务内容包括：提供与标的房屋买卖相关的法律法规、政策、市场行情咨询；寻找承购人；协助委托人与承购人达成交易，签订房屋买卖合同。除基本服务外，提供延伸服务的，房地产经纪机构和委托人需要协商确定具体服务内容、要求及完成标准，并作为补充内容列入合同，或通过延伸业务合同另行约定。如：在协议约定的期限内代管标的房屋；代办个人住房抵押贷款、房地产估价、公证手续；为委托人代办税费缴纳事务；代办解除标的房屋抵押手续；代理移交房屋、附属设施及家具设备等；代办各种房屋维修基金、物业管理费、公用事业费账户更名、费用移转手续等。

3. 出售价格

标明委托人要求的房地产出售价格和调价机制，如实际成交价高于上述价

格，超过部分归委托人所有。

（二）签订房屋出售经纪服务合同的注意事项

1. 认真查验交易房屋的权属状况

房屋交易的实质是房屋产权交易，因此确认房屋产权的真实性以及是否存在瑕疵是首要问题。房屋是否即将进行国有土地上房屋征收、是否已经抵押或涉案被查封、共有产权人的意见等均将成为影响房屋能否出售的重要因素。不动产权证书并不一定能清晰、完整地显示现实产权状态，因此，房地产经纪机构及其人员在为委托人提供房地产经纪服务前应当查看委托出售房屋的实体及房屋权属证书，然后再通过不动产登记部门核实该房屋的权属情况，包括该房屋是否设立抵押权、有无出租情况或有其他权利限制、是否存在共有人，产权单位对房屋出售是否有限制条件或房屋是否符合上市条件等。另外还要注意以下几个重点问题：①单位自建的房屋、农村宅基地上建造的房屋、社区或项目配套用房、未经规划或报建批准的房屋等，都有可能是被限制转让的；②因不动产权证书遗失而补办了新的不动产权证书，或者房屋发生过转让、被查封甚至被强制拍卖，原不动产权证书已经废止；③伪造不动产权证书是违法的行为，其证书自然无法律效力；④未登记的预售商品房、抵押商品房，仅凭购买合同或抵押合同不能完全界定产权状态；⑤已抵押的房屋未解除抵押前，业主不得擅自处置；⑥公房上市需要补交地价或其他款项，符合已购公有住房上市出售条件才能出售；⑦在拍卖市场上竞得的房屋可能存在产权限制或纠纷的情况；⑧涉及婚姻或财产继承的房屋产权一般比较复杂；⑨法律禁止转让的房地产在法律取消禁止前不得交易。

2. 经委托人同意再对外公布房源信息

为了确保房源信息发布的真实、有效、准确，房地产经纪机构与委托人签订房屋出售经纪服务合同后，还要根据委托人提供的证明、材料以及查验房屋的结果，在委托人的协助下，进一步编制房屋状况说明书，办理房源核验。房地产经纪专业人员还要尽可能全面地掌握房源的其他相关信息，如房屋的区位、配套设施设备、债权债务信息、附送的家具电器及其他用品、房屋的其他状况等内容，并在房屋状况说明书中予以记载。房屋状况说明书中还要附上相关证件材料的复印件和房屋外立面及各房间的照片。

委托人确认房屋状况说明书内容并书面同意发布房源信息后，房地产经纪机构方可通过合法渠道进行发布。

3. 详尽告知委托人相关税费政策

在房屋交易中，根据权属性质、房屋用途、购买年限的不同，交易当事人所缴税费亦有所不同，交易税费计算比较复杂，而且，房地产税费政策一直处在不断的调整变化中，因此，一般委托人很难详细掌握。房地产经纪机构应该根据委托房屋的情况详尽告知交易房屋所涉及的税费种类、缴纳主体、收取标准等，但须告知以税费征管部门的解释为准。

4. 委托方式选择

房屋出售经纪服务合同中的委托方式可以是独家委托，或多家委托。两种方式各有利弊，委托人可以根据自己的实际情况进行选择。独家委托中委托人把房屋授权给一家房地产经纪机构出售，并确定一定的委托期限。在委托期内，房地产经纪机构为了促成交易，会集中力量将房源推荐给客户，缺点在于受托房地产经纪机构客户资源有限。如果在合同中约定独家委托的房地产经纪机构必须与其他同行开展业务合作，实行房源共享、全行业联卖，则能最大限度地获得客户资源。多家委托的方式中委托人把房屋同时授权给多家房地产经纪机构出售，谁先达成交易合同，谁获得佣金。在多家委托方式下多家房地产经纪机构展开竞争，房源信息可以尽可能多地传递给客户，缺点在于房地产经纪机构竞争激烈，可能虚报高价，也可能为尽快成交不择手段及恶意阻断同行成交，对委托人造成损失。当然独家委托、多家参与销售的方式可以结合以上两种委托方式的优点。也就是一家房地产经纪机构接受出售方的独家委托，但是该房源信息向其他相关房地产经纪机构开放，其他房地产经纪机构可以向自己的买方客户推荐，如果成交，佣金在卖方独家委托的房地产经纪机构和联系承购方的房地产经纪机构之间分配。独家委托、全行业联卖的方式符合相关各方的利益，是行业发展的方向。

5. 房屋出售经纪业务中的延伸服务

在房屋出售经纪服务中，房地产经纪机构也可以根据委托人的意愿，提供待售期间的房屋保管服务。即委托人将房屋钥匙交给房地产经纪机构保管并使用，房地产经纪机构可以直接带客户看房而不需要卖方陪同。这适合于卖方目前不居住在该委托屋内的情况，可以省去卖方每次看房陪同的麻烦，也方便了房地产经纪机构带客户看房。这种情况一般出现在独家委托中。

根据《中华人民共和国民法典》规定，除非当事人另有约定，保管合同自保管物交付时成立。保管期间，保管人应当妥善保管保管物，因保管人保管不善造成保管物毁损、灭失的，保管人应当承担损害赔偿责任。只有保管是无偿的，并且保管人证明自己没有重大过失的，才不承担赔偿责任。可见，房地产经纪机构一旦接受了委托人所交付的房屋钥匙，就开始承担该房屋的保管责任。

因此，房地产经纪机构在签订房屋出售经纪服务合同时，不能只简单考虑工作方便，还应当在接受房屋的钥匙之前，就是否履行对房屋的保管义务、发生房屋损坏及其房屋内财产失窃或损坏时如何处理、该服务是否收费及收费标准等问题与委托人进行特别约定；在接受房屋钥匙的同时，应当对房屋室内物品进行登记造册，最好经委托人同意拍照留证，做好交接工作；在带客户看房时要爱护房屋设施，保管好房屋内的物品。

二、房屋购买经纪服务合同

房屋购买经纪服务合同是指房地产经纪机构为促成委托人向第三方购买房屋提供有偿经纪服务，与委托人之间设立、变更、终止权利义务关系的协议。

（一）房屋购买经纪服务合同的主要内容

房屋购买经纪服务合同的内容，除包括前文所述的房地产经纪服务合同的基本内容外，还应当重点明确以下内容。

1. 购买房地产的基本要求

合同中标明承购房产需求信息，包括房屋区位、价格、面积、户型、其他要求等。

2. 房地产经纪服务的项目、内容、要求以及完成的标准

在房屋购买经纪服务合同中，房地产经纪机构可以提供的基本服务内容包括：提供与标的房屋买卖相关的法律法规、政策、市场行情；寻找符合购买意愿的房屋及其出售人；对符合委托人购买要求且得到委托人基本认可的房屋进行产权调查和实地查验；协助委托人与出售人达成交易并签订房屋买卖合同。除基本服务外，提供代办房地产估价、公证手续；为委托人代办税费缴纳事务；代办购房抵押贷款手续；代理查验并接受房屋、附属设施及家具设备等；代办各种收费设施的交接手续等其他服务，房地产经纪机构和委托人根据需要协商确定具体服务内容、要求及完成标准，作为补充内容写入合同，或通过延伸服务合同约定。

3. 委托购买价格

标明委托人要求的房屋承购价格。委托人支付的价格应与出售人得到的价格相同。

（二）签订房屋购买经纪服务合同的注意事项

1. 明确委托人的购房需求

房地产经纪机构要尽可能详细地询问委托人购房需求，委托人也要如实告知。如果承购房屋是住宅，房地产经纪机构应该了解委托人的购房目的、意向区域、住房面积、总价、单价等基本信息，另外也要关注小区环境、商业配套、物业、停车位等附加信息。购房目的中，自住购房和投资性购房是两大不同类别，对住房要求有所不同。同时，委托人的年龄、职业等也影响着委托人对住房的要求；如果承购的是商业房地产，房地产经纪机构应该了解委托人意向的位置、房

地产面积、单价、总价、物业服务费用、周边配套等信息。房地产经纪机构和委托人要进行充分沟通，明确详细的承购意向，房地产经纪机构才能有针对性地向委托人提供房源信息，更好更快地促成交易。

2. 购买人相关税费政策的说明

购房人一般需要交纳契税、印花税、交易手续费、权属登记费等。另外房地产经纪机构还要向委托人介绍当地实行的房地产市场政策，比如房产税、限购政策等。在了解委托人拥有住宅数量、面积的基础上，分析其是否受限购政策影响，以及是否需要缴纳房产税及需缴纳的预估税费金额。

3. 房屋购买经纪业务中的延伸服务

房屋购买经纪服务中可以包含房屋质量保证、代办贷款、房屋交易履约保证等交易保障服务，如提供这类服务，也应在合同中对这些服务的具体内容、服务标准及收费标准进行约定。

三、房屋出租经纪服务合同

房屋出租经纪服务合同是指房地产经纪机构为促成委托人向第三方出租房屋提供有偿经纪服务，与委托人之间设立、变更、终止权利义务关系的协议。

（一）房屋出租经纪服务合同的主要内容

房屋出租经纪服务合同的内容，除包括前文所述的房地产经纪服务合同的基本内容外，还应当重点明确以下内容。

1. 出租房屋的基本情况

合同中标明出租房地产的基本情况，包括房屋不动产证书号或房屋所有权证书号、区位、规划用途、面积、户型、朝向、楼层、配套设施设备等。

2. 房地产经纪服务的项目、内容、要求以及完成的标准

在房屋出租经纪服务合同中，房地产经纪机构可以提供的服务包括：提供与标的房屋租赁相关的法律法规、政策、市场行情咨询；寻找承租人；在约定期限内代管标的房屋；协助委托人与承租人达成交易并签订房屋租赁合同；为委托人代办税费缴纳事务；代理交接房屋、附属设施及家具设备等；代办各种收费设施的交接手续等。

3. 委托出租条件

标明委托人要求的租金、租赁期限、押金标准、租金支付方式和其他费用支付。

（二）签订房屋出租经纪服务合同的注意事项

1. 认真查验房屋物质状况，经委托人同意后对外公布房源信息

为了避免房屋出租后因房屋及其设备、家具等给承租人造成健康、安全损害从而产生交易纠纷，房地产经纪机构与委托人签订房屋出租经纪服务合同之前，就应对房屋的结构、装修、设备、家具进行认真查验，有重大健康、安全隐患的应敦促出租人进行整改后再受理委托出租业务。对可受理出租委托的房屋，要根据房屋查验的实际情况以及委托人提供的相关证明材料（如甲醛排放量），编制房屋状况说明书，经委托人确认并同意对外公布房源信息后，房地产经纪机构方可通过各种合法渠道进行房源信息发布。

2. 详细了解委托人租赁要求

房地产经纪机构要充分了解委托人对租客和租赁期限的要求。对租客的要求包括租客的年龄、职业，租客数量，租客的国籍地域等。有些出租人暂时不会处理和使用房产的，希望长期出租，房地产经纪机构可以帮其寻找稳定的租客；有些出租人可能只是短暂出租，一段时间以后要使用或者出售的，房地产经纪机构可以帮其寻找短租客或者是租期灵活的客户。

3. 房屋出租经纪业务中的延伸服务

出租经纪服务中可以包含对出租房屋及设备的使用监督、维修服务，以及代收租金服务。例如某房地产经纪机构推出"房屋管家"或"房屋托管"服务，出租人和房地产经纪机构签订托管协议，出租人将房屋委托给经纪机构进行管理，包括房屋租前保洁、寻找租客、收取租金、维修等，出租人向房地产经纪机构支付管理费用（或以某个特定时间段内的租金充抵）。如果在租约期内房屋出现维修等问题，可以由房地产经纪机构负责找人进行修理，如果是房屋设备老化等问题导致的，维修费用由出租人支付，可以从租金中代扣。如果是租客使用不当造成的，维修费用由租客支付。租约期内只需房地产经纪机构和租客接触，出租人不和具体的租客联系。租约期内租客临时退租出现空置期，或者没有按期支付租金、拖延或拒交水电费等情况都由房地产经纪机构进行风险担保，不会影响签约出租人的收益。这种"房屋管家"或"房屋托管"服务可以为出租人节省大量的时间和精力。

四、房屋承租经纪服务合同

房屋承租经纪服务合同是指房地产经纪机构为促成委托人向第三方承租房屋提供有偿经纪服务，与委托人之间设立、变更、终止权利义务关系的协议。

（一）房屋承租经纪服务合同的主要内容

房屋承租经纪服务合同的内容，除包括前文所述的房地产经纪服务合同的基本内容外，还应当重点明确以下内容。

1. 承租房屋的基本要求

合同中标明承租房屋需求信息，包括房屋规划用途、区位、面积、户型、设施设备、租期、承租形式（整租/合租/不限）、租金及其支付方式、押金等要求。

2. 房地产经纪服务的项目、内容、要求以及完成的标准

在房屋承租经纪服务合同中，房地产经纪机构可以提供的服务包括：提供与标的房屋租赁相关的法律法规、政策、市场行情咨询；寻找符合承租意愿的房屋及其出租人；对符合委托人承租要求且得到委托人基本认可的房屋进行产权调查和实地查验；协助委托人与出租人达成房屋租赁合同；为委托人代办税费缴纳事务；代理查验并接收房屋、附属设施及家具设备等；代办各种收费设施的交接手续等。

3. 委托承租价格

标明委托人要求房产承租的价格和租金支付方式、押金数额及支付方式。

（二）签订房屋承租经纪服务合同的注意事项

1. 明确委托人租赁要求

房地产经纪机构要明确委托人的租赁的要求，包括租赁房屋面积、租金、租赁期限、内部设施、小区环境、交通等情况，将这些内容具体写在房屋承租经纪服务合同中。另外要提醒租客不得在未取得出租人同意其转租的情况下进行转租（特别是群租）或在承租房屋内从事违法活动。

2. 房屋承租经纪业务中的延伸服务

承租经纪服务也可以像承购经纪服务一样，提供类似的房屋质量保证服务。还可以进一步拓展到维修服务，也就是房屋在租赁期间出现设备损坏等情况需要进行维修的，租客可以找房地产经纪机构进行申报，由房地产经纪机构进行维修处理，然后房地产经纪机构再找出租人支付相关费用，或者出租人可以和房地产经纪机构在出租经纪合同中约定出租人每年支付维修费用，维修事宜交给房地产经纪机构处理，实际维修费用超过合同约定的，超出部分由房地产经纪机构承担，实际维修费用少于合同约定的，房地产经纪机构作为利润或管理费用的一部分。房地产经纪机构在这个维修服务中承担风险，可以向出租委托人和承租人收取一定的费用作为服务费用或风险补偿。

房地产经纪机构还可以推出"包年限租赁"服务，比如以一年为租赁服务年限，在一年内如果非因承租委托人原因终止租赁合同，被迫搬离租赁房屋的，房地产经纪机构负责另外推荐其他房源，保证其继续租赁而不需要另外支付经纪服务费。这种服务对于房地产经纪机构增加了一定的风险，也会减少部分收益，但是对于稳定客源很有益处，特别是对于长期租赁的人群很有吸引力。房地产经纪

机构为了减少风险，也会着力推荐较稳定的长期租赁的房源给客户，使得合同双方都受益。

五、新建商品房销售代理合同

新建商品房销售代理合同是房地产经纪机构为房地产开发企业提供新建商品房预售、现售代理服务，双方就委托代理关系及相关权利义务的设立、变更、终止所签订的书面协议。新建商品房销售代理合同的主要内容有：

1. 新建商品房销售代理合同双方当事人的名称、地址等情况

合同中标明委托方房地产开发企业和受托方房地产经纪机构的注册地址、法人代表（或授权代表）、营业执照、联系电话等信息。销售代理合同双方法人代表或授权人签字，单位盖章后，合同生效。

2. 新建商品房的基本情况

合同中标明新建商品房的基本情况，包括项目名称、位置、性质和代理范围、有关商品房销售项目基本情况和相关批准手续、证照办理情况等。

3. 房地产经纪服务的项目、内容、要求以及完成的标准

对于新建商品房销售代理商而言，目前已经有很多将服务内容向开发前期延伸，直至发展为从市场调研、产品定位、商品房预（现）售到代收售房款、代办商品房预告登记等的全过程营销服务。房地产经纪机构应通过与开发商的协商，来确定这些内容是全部纳入商品房销售代理合同，还是针对不同的服务内容分别签订合同。对于大型房地产经纪机构而言，由于不同的服务内容常常是由不同的部门甚至下属企业提供，针对不同服务内容分别签订合同可以减少经纪机构内部核算的麻烦，同时也可避免房地产开发企业利用其相对强势的地位减少对延伸服务的费用支付。

销售代理合同要对各项服务项目、具体内容、要求及完成标准进行详细约定。如对于商品房预（现）售代理的基本服务，应约定项目开盘条件、房源室号、分户定价表（具体金额或价格范围），并且明确代理指标和成功销售的标准。

4. 委托期限与方式

房地产经纪机构和委托人可以约定一段时间作为服务时间，或者明确合同终止的标准，并约定在委托期限内是否为独家委托。

5. 经纪服务费用及其支付方式

新建商品房销售代理的服务费用一般包括佣金和代办的营销费用。佣金一般为代理销售价格的一定比率，并随销售进度分批支付。可以约定根据销售批次采取不同的佣金比率。营销费用应包括项目销售中投入的媒体广告、楼书制作、售

楼处与样板房装修、销售案场的办公费用等。

6. 委托方的权利义务

委托方按照约定的时间交付委托项目，并且达到交付标准。委托方提供（预）销售房屋相关的文件和证书及详细数量表，并对提供的文件和证书的真实性负责；落实项目的个人住房抵押贷款银行；及时审查宣传广告文稿和房地产经纪机构的销售节奏要求；派专员办理收款、开具发票，出具预告登记和抵押登记中需委托方提供的各类资料；交房时派专员办理入户手续；及时和房地产经纪机构结算款项。

7. 房地产经纪机构的权利义务

房地产经纪机构实施营销企划方案中发布的广告、楼书和销售道具等必须经委托方确认后方可发布；教育、约束机构内的房地产经纪人员不得采取误导或其他不当行为给当事人或委托方造成任何损失；明确项目的市场定位、营销企划方向；制定、实施本项目的媒体安排、推广方案、广告内容、销售道具；制定、实施现场销售方案和预（现）售合同的签订、按揭贷款的收件工作等；实施销售现场（售楼处）与样板房的日常维护。

8. 违约责任

合同履行期间，任何一方如出现严重违约行为、单方无故终止或解除本合同，致使本合同无法继续履行，给对方造成损失的，须赔偿对方因此遭受的相应损失。

9. 合同变更与解除

合同履行期间，任何一方要求变更合同条款，应书面通知对方。经双方协商一致，可达成补充协议。补充协议是商品房销售代理合同的组成部分，与合同具有同等效力。

合同履行期间，任何一方如有确凿证据证明对方的行为严重影响自己的利益，必须终止合同的，可于委托期限届满前，书面通知对方解除本协议，并结清相关费用，或追偿违约金。

10. 合同纠纷解决方式

合同发生争议，双方应协商解决。协商不成的，可以向相关部门申请调解、仲裁、司法诉讼等。

第三节 房地产经纪其他业务文书

房地产经纪业务文书是记录房地产经纪活动的文字载体，合法、规范的业务文书是房地产经纪活动中不可或缺的重要工具。它能帮助各方当事人更好地了解交易细节和内容，明晰各自的权利、义务和责任，避免因信息不对称产生的误解和纠纷，维护各方当事人的合法权益，促进房地产交易顺利进行，提高房地产交易效率。它能规范房地产经纪业务流程，明确房地产经纪服务内容和标准，约束房地产经纪机构及从业人员行为，使其按照既定的流程和标准开展业务。同时，它也是重要的交易凭据和证明文件，为交易当事人纠纷解决提供参考，为房地产经纪机构内部管理提供依据，为监管部门监督检查业务情况提供材料。

除了房地产经纪服务合同外，房地产经纪业务中常见的业务文书还有房地产经纪服务告知书、房屋状况说明书、新建商品房销售委托书等。

一、房地产经纪服务告知书

房地产经纪服务告知书是房地产经纪机构签订房地产经纪服务合同前，向委托人说明房地产经纪服务合同和房屋买卖合同或者房屋租赁合同的相关内容并书面告知的相关事项的文书。房地产经纪服务告知书的主要内容有：

1. 是否与委托房屋有利害关系

此项告知内容体现了房地产经纪机构和房地产经纪人员在房地产经纪活动中应遵循的回避原则。为保持经纪活动的公正性，严禁房地产经纪机构或者房地产经纪人员作为交易方承购、承租自己提供经纪服务的房屋。

2. 应当由委托人协助的事宜、提供的资料

为了保证房地产交易的合法性及房地产经纪服务的顺利进行，房地产经纪机构应当根据房地产交易相关规定，告知委托人要提供本人及相关人员的身份资料。

3. 委托房屋的市场参考价格

房地产经纪机构应当告知委托人其委托房屋所在社区或所处商圈同类型房屋的市场参考价格。

4. 房屋交易的一般程序及可能存在的风险

《中华人民共和国城市房地产管理法》规定，房地产交易包括房地产转让、房地产抵押和房屋租赁。房地产经纪机构应当根据委托人对交易方式的具体需求，将有关交易程序告知委托人。同时，对可能存在的因交易主体、标的物、政策变化及不可抗力等导致的风险，如实向委托人告知。

5. 房屋交易涉及的税费

在房屋交易中，根据权属性质、房屋用途、购买年限的不同，所缴税费亦有所不同，交易税费计算比较复杂。房地产经纪专业人员应当根据委托交易房屋的

性质、种类和政府出台的关于房地产交易税费的现行规定，将交易房屋所涉及的税费种类、交费主体、收取标准告知委托人，但须说明最终以主管部门确定的数额为准。

6. 经纪服务的内容及完成标准

房地产经纪服务是房地产经纪机构的基本服务，一般包括提供房地产信息、实地看房、代拟合同、协助办理不动产登记等内容，但由于委托人的角色（出售或承购、出租或承租）、委托房屋类型（新建商品房与存量房、住宅与非住宅等）、交易方式（买卖、租赁）不同，不同经纪业务项目中经纪服务的具体内容有所不同。房地产经纪机构应根据特定房地产经纪业务项目的具体情况，详细说明在该项目中所提供的具体服务内容和完成标准。

7. 经纪服务收费标准和支付时间

房地产经纪机构应当事先告知委托人并在房地产经纪服务合同中明确具体的收费标准和支付时间。收费标准应当符合相关法律、法规和规章的规定，并应当与经营场所公示的有关内容一致。

8. 其他需要告知的事项

一方面，房地产经纪机构可根据特殊情况就委托人应知道的其他问题向委托人进行告知；另一方面，各地方人民政府建设（房地产）主管部门可根据本地区实际情况，规定房地产经纪机构应向委托人告知的其他事项。

房地产经纪机构根据交易当事人需要提供房地产经纪服务以外的其他服务（如房地产经纪延伸业务中的各类服务）的，也应当书面告知服务内容及收费标准。书面告知材料应当经委托人签名（盖章）确认。

二、房屋状况说明书

房屋状况说明书是房地产经纪机构及其从业人员发布房源信息，向房屋意向购买人或承租人说明房屋状况的文书。编制房屋状况说明书（房屋买卖）前，应核对房屋出售委托人身份证明和房屋产权信息等资料，与委托人签订房屋出售经纪服务合同，到房地产主管部门进行房源信息核验，并实地查看房屋。编制房屋状况说明书（房屋租赁）前，应核对房屋出租委托人身份证明和房屋产权信息等资料，与委托人签订房屋出租经纪服务合同，并实地查看房屋。

1. 房屋状况说明书（房屋买卖）的主要内容

（1）房屋基本状况：房屋坐落、所在小区名称、建筑面积、套内建筑面积、户型、规划用途、地上总层数、所在楼层、朝向、首次挂牌价格；

（2）房屋产权状况：房屋所有权、土地权利、权利受限情况；

（3）房屋实物状况：建成年份（代）、有无装修、供电类型、供水类型、市政燃气、供热或采暖类型、有无电梯、梯户比；

（4）房屋区位状况：距所在小区最近的公交站、地铁站及距离，周边幼儿园、小学、中学、医院等有无嫌恶设施；

（5）需要说明的其他事项。

2. 房屋状况说明书（房屋租赁）的主要内容

（1）房屋基本状况：房屋坐落、所在小区名称、建筑面积、套内建筑面积、户型、规划用途、地上总层数、所在楼层、朝向、首次挂牌租金；

（2）房屋实物状况：建成年份（代）、有无装修、供电类型、供水类型、市政燃气、供热或采暖类型、有无电梯、梯户比、有无互联网、有无有线电视；

（3）房屋区位状况：距所在小区最近的公交站、地铁站及距离，周边幼儿园、小学、中学、医院等有无嫌恶设施；

（4）配置家具、家电状况；

（5）房屋使用相关费用：水费、电费、燃气费、供暖费、上网费、收视费、电话费、物业费、卫生费、车位费等；

（6）需要说明的其他事项。

三、新建商品房销售委托书

新建商品房销售委托书是房地产开发企业基于新建商品房销售代理合同，而向与其签订合同的房地产经纪机构出具的商品房销售代理授权书，以便于房地产经纪机构向购房者等第三方明示其所具有的商品房代理销售权。根据《房地产经纪管理办法》的规定，代理销售商品房项目的房地产经纪机构应当在销售现场明显位置公示商品房销售委托书。

新建商品房销售委托书的主要内容有：

（1）委托方与受托方情况。

委托方房地产开发企业和受托方房地产经纪机构的名称、注册地址、法人代表（或授权代表）。

（2）新建商品房的基本情况。

新建商品房的项目名称、位置、性质等。

（3）授权房地产经纪机构代理事务的项目名称、内容。

（4）委托期限和具体的委托权限。

复习思考题

1. 房地产经纪服务合同的含义、作用和特点是什么？

2. 房地产经纪服务合同的基本内容有哪些？

3. 哪些事项可以作为补充内容列入房地产经纪服务合同？

4. 房地产经纪机构在与委托人签订房地产经纪服务合同前的验证义务是什么？

5. 房地产经纪机构在与委托人签订房地产经纪服务合同后应如何对合同的履行进行监督？

6. 为什么房地产经纪机构必须较长时间地保存房地产经纪服务合同文本？

7. 委托人在与房地产经纪机构签订房地产经纪服务合同时有哪些义务？

8. 房屋出售经纪服务合同有哪些特殊内容？

9. 房屋承购经纪服务合同有哪些特殊内容？

10. 房屋出租经纪服务合同有哪些特殊内容？

11. 房屋承租经纪服务合同有哪些特殊内容？

12. 新建商品房销售代理合同的主要内容有哪些？

13. 什么是房地产经纪服务告知书？

14. 什么是房屋状况说明书？

15. 什么是新建商品房销售委托书？

第七章　房地产经纪执业规范

房地产经纪机构作为专业机构，房地产经纪人员作为专业技术人员，除遵守基本的法律法规和社会公德之外，还应当遵守房地产经纪行业的行规行约。房地产经纪行业的行规行约由成文的规则规范和约定俗成的行规行约组成，可以统称为房地产经纪执业规范。本章介绍房地产经纪执业规范的概念与作用、我国房地产经纪执业规范的制定与执行、房地产经纪执业的基本原则和房地产经纪执业规范的主要内容。通过本章的学习，房地产经纪机构和房地产经纪人员能够了解什么能做，什么不能做，该做的要做到什么程度，以及如何规范开展房地产经纪服务活动。

第一节　房地产经纪执业规范概述

规范一词含有标准、准则的意思，指人们在一定情况下应该遵守的各种规则，规范有约定俗成的，也有明文规定的。规范大体可分为社会规范和技术规范两大类。社会规范包括法律规范和道德规范。法律规范，是指由国家立法机关制定或者经国家立法机关认可的，并由国家机关保证实施的，用以指导、约束人们行为的行为规则的一种社会规范。道德规范又称道德准则，是由一定社会经济关系决定的，以善恶为评价的，依靠人们的内心信念、社会舆论和传统习惯来维系的，调整个人与个人之间及个人与社会之间关系的原则和规范的总和。技术规范是有关使用设备工序，执行工艺过程以及产品、劳动、服务质量要求等方面的准则和标准。

执业规范兼有社会规范和技术规范的性质，是针对从事某一职业的人员和从事该行业的机构制定的道德准则和行为标准。它有以下特点：

行业性：执业规范只适用于特定行业或者特定的社会活动。例如，房地产估价要求保持独立性，房地产经纪就不需要；房地产经纪要求"受人之托忠人之事"，房地产估价则不允许迎合委托人"高估低评"。

广泛性：只要是某个行业的执业活动或者专业服务行为，就一定要符合该行业的执业规范。换言之，执业规范渗透到相应行业的方方面面。例如，房地产经纪执业规范涵盖了经纪业务的招揽、承接、办理及后续服务等全过程。

实用性：执业规范是用规则、规范、准则、标准、操守、公约等形式对行业内人员与机构的行为所做出的规定，执业规范指向活动主体具体的行为，具有很强的针对性和可操作性。例如，《房地产经纪执业规则》（2013 版）明确规定了房地产经纪机构和房地产经纪人员什么能做和怎么做，以及常见的禁止行为。

时代性：执业活动往往代代相传，所以不同时代的执业规范有许多相同的内容。但随着时代的变化，执业规范具有时代的特征。执业规范要与时俱进，不断根据新问题和新情况进行修订。例如，美国的《房地产经纪人道德准则与执业标准》（Code of Ethics and Standards of Practice of the National Association of Realtors）自 1913 年通过后，到 2023 年，100 年间已经进行 30 多次修订。

一、房地产经纪执业规范的概念和分类

我国的房地产经纪行业是一个既古老又现代的行业，历经千年发展，沉淀了很多行规。进入 21 世纪，随着互联网、大数据、VR、AI 等新技术在行业内的广泛应用，房地产经纪执业规范又被注入许多新的内涵。综合来看，房地产经纪执业规范的概念可准确表述为：由房地产经纪行业组织制定或认可的，调整房地产经纪活动相关当事人之间关系的道德准则和行为规范总和。房地产经纪执业规范是全体房地产经纪机构和房地产经纪从业人员对自身执业责任和行为规范达成的共识，一般是成文的书面规范。

房地产经纪执业规范主要调整三类关系：一是客户关系，即房地产经纪执业主体（包括房地产经纪机构和房地产经纪从业人员）与房地产交易当事人（包括交易双方及其他当事人）之间的关系；二是社会关系，即房地产经纪执业主体与社会大众之间的关系；三是同行关系，即房地产经纪执业主体之间的关系。前两类关系可以称为外部关系，后一类关系可以称为内部关系。关系具有相对性，但房地产经纪执业规范作为调整经纪行业外部关系的道德规范和行为准则，更多强调的是房地产经纪机构和房地产经纪人员应尽的义务和应承担的责任。就对房地产经纪机构和房地产经纪人员的执业要求而言，执业规范的要求比现行的法律法规的规定更具体、更细化、更微观；就法律效力而言，法律法规的法律效力高于执业规范，执业规范重在引导，不具有法律法规的强制性。

房地产经纪执业规范一般包含两大部分内容，一是职业道德，二是行为规范。职业道德解决思想认识问题，行为规范解决行为操守问题。行为规范涵盖服务流程的各个服务阶段和环节，包括每个环节的服务内容及应达到的服务标准。

　　房地产经纪执业规范的适用对象包括房地产经纪机构和房地产经纪人员。对房地产经纪机构来说，遵守执业规范是诚信经营、规范发展的基础，是实现企业使命的内在要求；对房地产经纪人员而言，表面上看，执业规范是来自外在的行为约束，而实质上来源于房地产经纪人员实现职业价值和人生理想的内在需要。房地产经纪执业规范，是房地产经纪机构和房地产经纪人员践行职业使命、履行契约义务、承担专业责任的保障。如果房地产经纪机构和房地产经纪从业人员在政府监管、行业自律和社会监督下，都能遵守职业道德、恪守行为规范，那么他们践行职业使命、履行职业义务、承担职业责任就会成为自觉行为。

　　按照规范的制定发布机构和适用范围来划分，房地产经纪执业规范可以分为全国执业规范、地方执业规范和企业规范，其中全国执业规范由全国性的房地产经纪行业组织制定，是最基础和最基本的规范和标准，目前全国的房地产经纪执业规范是中国房地产估价师与房地产经纪人学会发布的《房地产经纪执业规则》；地方执业规范由地方性的房地产经纪行业组织制定，其要求和标准可以高于全国执业规范；房地产经纪机构也可以制定企业标准和规范，企业标准规范对房地产经纪从业人员的要求可以高于地方执业规范。

二、房地产经纪执业规范的作用

　　从表面上看，房地产经纪执业规范是在限制和制约房地产经纪机构和从业人员应该做什么、不应该做什么，以及应该怎样做和不应该怎样做，但实质上房地产经纪执业规范能够引导房地产经纪机构和从业人员更好地开展房地产经纪活动，并帮助其从中受益。房地产经纪执业规范的具体作用主要体现在以下几个方面：

　　（1）规范执业行为，提高服务水平。房地产经纪执业规范是衡量房地产经纪行为的标尺。对房地产经纪从业人员来说，通过学习执业规范，可以明是非、知对错；通过遵守房地产经纪执业规范，能够矫正执业行为，提高服务水平。对房地产经纪机构来说，可以依据执业规范制定企业内部的房地产经纪业务流程和房地产经纪服务标准，提高业务管理水平和服务规范化程度；对于社会公众来说，可以依据执业规范，评判房地产经纪服务的好坏优劣，鉴别房地产经纪机构和房地产经纪从业人员服务能力和服务质量的高低。规范房地产经纪执业行为，提高房地产经纪服务水平，是房地产经纪执业规范的直接作用。

　　（2）和谐同行关系，优化行业环境。房地产经纪执业规范作为行规，可以调整同行间的竞争合作关系，防止或者减少同行的不正当竞争，化解业内的矛盾纠纷。如果房地产经纪行业缺少处理同业关系的执业规范，一定会出现同行竞相压价、相互诋毁的恶性竞争局面，如此整个经纪行业就会陷入混乱无序状态，不仅房地产经纪行业整体利益受损，而且广大消费者的合法权益也难以保障。有了房地产经纪执业规范，一方面鼓励同业合作共赢，另一方面同行竞争也有章可循、有据可依。房地产经纪执业规范是调整业内关系的准绳，是行业和谐、机构共赢、人员合作不可或缺的制度保障。

（3）促进行业自律，助力行业健康持续发展。制定并推行执业规范是进行自律管理的有效手段，房地产经纪执业规范一般由房地产经纪行业组织制定和发布，行业组织既可以对遵守执业规范的会员进行激励和表彰，也可以对违反执业规范的会员进行约谈和惩戒。房地产经纪执业规范作为评判房地产经纪行为是否符合规范要求的行业标准，是行业组织对违规机构和从业人员进行自律处分的依据。执业规范是行业自律必不可少的行规文件，通过行业自律实现行业自治，不仅管理成本低而且管理效果好，有利于促进房地产经纪行业持续健康发展。

三、房地产经纪执业规范的制定和执行

（一）房地产经纪执业规范的制定

房地产经纪执业规范的形成是一个约定俗成的过程。当房地产经纪行业发展到一定阶段后，众多从业者为了调整与客户、社会之间以及同业之间关系，积极提倡规范执业行为时，便自发成立房地产经纪行业组织。房地产经纪行业组织应会员或者广大从业人员的要求，将约定俗成或者大家达成共识的行为规范和道德准则用文字固定下来，再通过公约、守则、规则、准则、规范、标准等自律性文件的方式予以发布。行业性的房地产经纪执业规范也是成功经验和做法逐级提炼上升的过程。通常先有地方性的房地产经纪执业规范，再有全国性的执业规范；先有企业内部的执业规范，再有行业性的执业规范；经济发达的城市和地区先有执业规范，经济相对落后的地区和城市可能稍迟才有规范。截至目前，市场经济发达和房地产经纪行业发展较好的国家、地区，基本都制定了成熟的房地产经纪执业规范。例如美国早在 1913 年就发布了《房地产经纪人道德准则与执业标准》，我国台湾地区于 2002 年发布了《不动产中介经纪业伦理规范》，我国香港地产代理监管局也发布有《地产代理操守守则》。我国唯一全国性的房地产经纪执业规范是中国房地产估价师与房地产经纪人学会发布的《房地产经纪执业规则》（2006 年 10 月 31 发布，并于 2013 年 1 月 18 日修改后重新发布）。一些经济发达的城市也制定了地方性的房地产经纪执业规范，例如《北京市房地产经纪行业自律规则》《上海市房地产经纪行业规则》《广州市房地产中介服务行为规范》《深圳市房地产业协会经纪行业从业规范》《武汉市房地产中介行业规则（试行）》

《湖南省房地产中介行业自律公约》等。

（二）房地产经纪执业规范的执行

房地产经纪执业规范主要依靠房地产经纪从业人员的理念、信念、习惯及行业自律来自觉遵守，同时通过行业组织自律管理、职业教育培训以及社会舆论监督来协助落实。

1. 经纪人员的自律

社会各项活动需要法律和道德同时进行调节。法律调节是一种他律行为，即以国家或政府的强制力来施加影响，从而规范人们的行为；道德调节是一种自律行为，即以人们内心的良知去支配自己的行为。房地产经纪执业行为同样需要以法律和道德为手段同时调节。房地产经纪行为规范所依据的房地产经纪法律、法规、规章，对房地产经纪行为具有强制调整功能，而房地产经纪执业规范中没有法律、法规、规章强制要求的部分，主要是运用道德调整的方式来规范经纪人员的执业行为。

2. 经纪机构的强制

目前我国房地产经纪活动的主要法律责任主体是房地产经纪机构，因此房地产经纪机构通过内部管理，强化执业规范的贯彻落实是非常有效的一种规范途径。房地产经纪机构强制推行的典型做法，有针对房地产经纪人员的"红线""黄线""黑线"管理，每条线都定义了多种行为和情形，触碰了就会受到警告、开除、永不录用等相应处罚。

3. 行业组织的自律

当经纪机构或经纪从业人员违背执业规范的时候，行业组织可以采用告诫、约谈、业内通报、记入信用档案等方式进行自律惩戒。自律惩戒是执行执业规范的有效方式，对行业主体特别是协会会员具有约束性。

4. 社会大众的监督

社会各界及相关媒体发现经纪人员或机构违背了执业规范，可以向政府部门投诉举报，或者通过媒体进行报道、披露，予以曝光和谴责，这也起到了协助推行执业规范的作用。

此外，在我国现行法律法规框架体系内，民事纠纷诉讼过程中，如果法律法规未有相关规定或者规定不清，房地产经纪执业规范可以成为法院进行判决、仲裁机构进行裁决和纠纷调解组织进行调解的参考依据。

第二节　房地产经纪执业基本原则

房地产经纪执业的基本原则是指房地产经纪机构和房地产经纪从业人员在从事房地产经纪活动时遵循的基本准则或法则，是执业行为规范的基础，是经过房地产经纪活动的反复实践和理论探索，在认识房地产经纪活动规律的基础上，不断总结和提炼形成的。房地产经纪机构和人员进行房地产经纪活动必须恪守这些基本原则。

一、合法原则

房地产经纪机构和房地产经纪从业人员在进行任何房地产经纪活动时，都要以遵守法律、法规、规章和文件为首要原则，这主要体现在以下几个方面：

（一）房地产经纪机构和经纪人员合法

提供房地产经纪服务的机构和人员必须具备相应的条件。按照《中华人民共和国城市房地产管理法》等有关规定，从事房地产经纪活动的机构必须具备"有足够数量的专业人员"等条件，依法登记设立，并自领取营业执照之日起30日内，到所在直辖市、市、县人民政府建设（房地产）主管部门备案，领取备案证明，否则即是违规从事房地产经纪活动。实行"多证合一"的地方，房地产经纪机构及其分支机构在申请办理企业登记时，需一并填报房地产经纪专业人员信息，同时进行机构备案。而具体执行房地产经纪业务的人员应是在承接房地产经纪业务的机构中实名登记的房地产经纪专业人员（包括高级房地产经纪人、房地产经纪人和房地产经纪人协理）。

房地产经纪机构不办理市场主体登记从事房地产经纪活动，根据《市场主体登记条例》相关规定，由登记机关责令改正，没收违法所得，情节严重的责令关闭停业，并处1万元以上50万元以下的罚款。房地产经纪机构未经备案开展业务，则不能发布房源信息、不能获得网签资格，北京、上海、深圳等地还会被备案部门责令限期改正，处1万元以上10万元以下罚款；未取得房地产经纪专业人员职业资格及未经登记的人员，不能作为专业人员在房地产经纪服务合同及其他相关业务文书上签名，不能作为房地产经纪业务承办人。

（二）房地产交易当事人合法

房地产交易当事人必须有权利有资格交易房屋。具体而言，出售方或者出租方有权出售、出租房屋，承购方或者承租方有权购买、承租房屋。依据法律规定，房屋出售方、出租方应当是房屋所有权人或者是所有权人的代理人；房屋承购方必须具有购房资格。购房资格是指购房者购买房产应具备的条件，具体说就是是否符合标的房地产所在地的相关规定（如是否具有当地户籍、已有房屋的套数及缴纳社保的年限等）。现实中，有些房地产经纪机构为了促成交易赚取中介费，对购房人的购房资格不予审查或承诺帮助解决限购问题等，力促购房人签订房屋买卖合同，这是典型的房地产交易当事人不合规的情形。

（三）交易房地产合法

法律法规规章对房地产能否交易有明确的规定，比如法院查封的、权属有争议的或者不符合安全标准的房地产不能买卖，群租房及不符合安全强制规定的房地产不能出租。房地产作为不动产，只有经登记才能发生物权的转移，不符合交易规定的房地产即使交易双方达成交易合同甚至完成房款交割，但如果不能办理登记的话，所有权也无法转移。所以在交易之前，房地产经纪人员必须尽到审核义务，确认交易标的房地产的合法合规性，这是房地产经纪执业规范的基本要求。

违反合法原则从事经纪业务的机构和人员，也会受到相应的处罚。例如，按照《房地产经纪管理办法》的规定，改变房屋内部结构分割出租及为不符合交易条件的保障性住房和禁止交易的房屋提供经纪服务的，由县级以上地方人民政府建设（房地产）主管部门责令限期改正，记入信用档案；对房地产经纪人员处以1万元罚款；对房地产经纪机构，取消网上签约资格，处以3万元罚款。

（四）房地产经纪行为合法

房地产经纪行为包括业务招揽和承接、房源搜集和发布、实地看房和带客看房、交易合同签订和网签、佣金收取和发票开具，以及后续的代办贷款和代办登记等，这些活动和行为都有明确的操作规范和服务标准。《中华人民共和国城市房地产管理法》《中华人民共和国民法典》《中华人民共和国价格法》《中华人民共和国消费者权益保护法》《中华人民共和国反不正当竞争法》等都有与房地产经纪行为有关的规定，《房地产经纪管理办法》更是明确列举了10类房地产经纪禁止的行为，并对常见违规行为的法律责任做出了规定。违法违规的房地产经纪行为会受到相应的制裁。

二、自愿原则

所谓"自愿"是指房地产经纪活动中，当事人都应当按照自己的意愿和真实意志，自主进行房地产经纪活动。自愿原则是指房地产经纪活动当事人在房地产交易和房地产经纪活动中遇到矛盾和问题都应当自愿协商，都有权按照自己的真实意愿独立自主地进行选择和决策。自愿原则包含三方面内容：

（一）房地产经纪活动当事人自主决定与房地产经纪服务有关的事项

对房地产经纪机构来说，在合法前提下，可以自主决定经营范围，也可以自主选择服务对象及提供服务的内容。对房地产经纪从业人员来说，可以自主选择执业的机构，自主选择从事租赁经纪业务还是买卖经纪业务，自主选择经纪服务的方式。对委托人来说，可以自主决定是否要委托房地产经纪机构或者委托哪一家房地产经纪机构提供服务，还可以自主选择委托房地产经纪机构提供的服务内容，以及选择哪位经纪专业人员为自己服务，例如委托人可以要求经纪机构只提供经纪服务不提供后续代办服务，可以委托自己中意的有房地产经纪人员职业资格证书的人员为自己提供服务。

（二）房地产经纪活动当事人对自己的真实意思负责，自愿做出的承诺具有法律效力

房地产经纪活动是房地产经纪机构和委托人充分表达各自意愿，并在互利互惠基础上就各自权利义务达成一致的结果。在房地产经纪活动中，只有当事人的真实意思表示，业务委托才能发生法律效力。当事人应当对表达自己的真实意愿的有关行为负责，因此房地产经纪活动当事人任何一方都不得凌驾于另一方之上，不得把自己的意志强加给另一方，更不得以强迫命令、胁迫等手段对经纪服务进行"强买强卖"。同时还意味着凡协商一致的过程、结果，任何单位和个人不得非法干涉。不是当事人的真实意思表示的行为，当事人可以不认可其效力，不受其约束。

（三）自愿不是绝对的，应以遵守法律、尊重社会公德、不损害社会公共利益为前提

当然，自愿也不是绝对的。当事人在房地产经纪活动中应当遵守法律、行政法规，尊重社会公德，不得扰乱社会经济秩序，损害社会公共利益。也就是说，房地产经纪活动的自愿是法律框架下的自愿。一方面，只要当事人的意思不与相关法律规定、社会公共利益、社会公德和公序良俗相抵触，其意思表示就是合法有效的；另一方面，当事人的意思应在法律允许的范围内表示，唯有如此，自愿才获得法律拘束力。例如，对于房地产经纪机构和专业人员为不符合交易条件的房地产提供经纪服务，即使是房地产经纪活动当事人自愿也属于违反执业规范的行为。

三、平等原则

平等原则是指房地产经纪活动当事人法律地位平等、权利义务对等，在充分协商达成一致的基础上，实现互利互惠的经济利益目的。这一原则包括两方面内容：

（1）房地产经纪活动当事人的法律地位平等

在房地产经纪活动中，房地产经纪机构、房地产经纪专业人员、房地产经纪业务委托人（可以是出售方、购买方、出租方、承租方或其他当事人）及交易相对人的法律地位一律平等。在法律上，房地产经纪活动当事人没有高低、贵贱、从属之分，房地产经纪机构及其所聘用的房地产经纪从业人员与委托人之间不存在行政隶属关系，不存在命令者与被命令者、管理者与被管理者。遵守平等原则，要求房地产经纪机构和从业人员一视同仁地提供房地产经纪服务，不得因民族、宗教、性别、残障、家庭状况、国籍、地域或其他原因歧视任何人。

（2）房地产经纪活动当事人的权利和义务对等

所谓"权利和义务对等"，是指房地产经纪机构和人员享有权利，同时就应承担义务，对房地产经纪业务委托人来说也是如此。而且，房地产经纪业务委托人和受托人的权利、义务是相对应的。房地产经纪机构负有按照合同约定尽职尽责地为委托人提供经纪服务的义务，同时享有收取服务费用的权利；委托人享有房地产经纪机构提供经纪服务的权利，同时负有支付服务费用的义务。

四、公平原则

公平原则也是民事活动中应当遵循的基本原则之一，对市场经济运行尤为重要。房地产经纪机构作为房地产市场的主体之一，理应遵循公平原则。房地产经纪公平原则就是要求房地产经纪活动机构及从业人员应以正义、公平、正直的观念指导自己的职业行为及处理相互间的关系。在房地产经纪活动中，公平原则主要体现在以下方面：

（1）房地产经纪机构及人员在从事中介服务时，应当严格遵守相关法律法规和房地产经纪执业规范的有关规定以及房地产经纪服务合同的约定，以正义、公平、正直的观念指导自己的行为，不偏向交易双方的任何一方，用公正的心态平衡当事人各方的利益、处理交易当事人之间的关系。

从公平原则出发，房地产经纪机构及人员不能在自己提供经纪服务的房地产交易中充当交易一方当事人，如成为买方或卖方。因为在房地产经纪服务中，房地产经纪机构及从业人员是交易的中间方，如果再直接成为交易方参与到房地产交易当中，就会造成交易不公平，而且完全有悖中介的性质。此外，房地产经纪机构及从业人员具有专业优势和信息优势，如果房地产经纪机构和从业人员在自己不提供经纪服务的房地产交易中充当买方或者卖方，也一定要事先向交易相对人明示自己的身份。再者，在房地产经纪活动中，如果房地产经纪人员与房地产交易一方当事人有利害关系的，房地产经纪人员应当回避（当事人同意不用回避的除外）。

（2）房地产经纪机构及专业人员在承担交易一方代理人时，应在维护委托人利益的同时，不损害委托人交易相对方的合法权益，最好建议交易相对方也找一个房地产经纪人作为自己的代理人。在美国等发达国家和地区，交易双方都会聘请房地产经纪专业人员作为自己的代理人，这更有利于保证交易双方的公平。

（3）房地产经纪机构及从业人员相互之间应公平竞争。房地产经纪行业是一个充满竞争的行业，房地产经纪机构之间、房地产经纪门店之间、房地产经纪人员之间都存在竞争，这个竞争应是在法律法规框架内、在执业规范约束下的公平竞争、正当竞争和良性竞争，不应是有违公平原则的恶性竞争。

第三节　房地产经纪执业规范的主要内容

一、业务招揽规范

房地产经纪业务招揽，业内惯称展业，是指房地产经纪从业人员为了获得业务委托开展相应业务活动的总称。业务招揽目的是获得业务委托；业务招揽行为主体是从业人员；业务招揽方式多种多样，有社区驻守开发、人际关系开发、电话营销、微信朋友圈营销、短视频直播营销、提供义务咨询服务等；业务招揽成功的标志是获得业务委托或者与客户签订房地产经纪服务合同。存量房交易经纪业务招揽方式和新建商品房销售代理业务招揽方式存在较大差异。

业务招揽过程中有许多注意事项。第一，业务招揽方式要规范，如房地产经纪机构和从业人员未经信息接收者、被访者同意或请求，或者信息接收者、被访者明确表示拒绝的，不得发送商业性信息或者拨打商业性电话，不得上门推销、陌生拜访。第二，不得虚假宣传，不得夸大自己的业务能力，不得诋毁、诽谤同行的信誉、声誉等。第三，不得向已经公开要求"免中介"或已由其他经纪机构独家代理其房地产交易的对象招揽房地产经纪业务。但可以招揽与其他经纪机构所提供服务不同的业务，例如，房地产经纪从业人员可以与已经同其他机构订立经纪服务合同的客户联系招揽贷款代办或者登记代办等业务。第四，房地产经纪机构和从业人员为了招揽房屋出售、出租经纪业务，不得用能卖（租）高价等借口误导出售人（出租人）；房地产经纪机构和从业人员招揽房屋承购、承租经纪业务时，不得以发布虚构的低价房源信息、免中介费、冒充业主身份等方式诱骗潜在客户，不得捏造散布涨价信息或者可为客户省钱等信息误导承购人、承租人。

相关法律责任：以隐瞒、欺诈、胁迫、贿赂等不正当手段招揽业务，诱骗消费者交易或者强制交易的，由县级以上地方人民政府建设（房地产）主管部门责令限期改正，记入信用档案；对房地产经纪人员处以 1 万元罚款；对房地产经纪机构，取消网上签约资格，处以 3 万元罚款。

另外，房地产经纪机构为方便客户在选择房地产经纪机构时，对其资质及实力有一定的了解，保证客户的知情权，应当在其经营场所（如经纪门店）和网络端（如网站、手机客户端）明显位置公示下列内容：

（1）营业执照和备案证明文件；

（2）服务项目、服务内容和服务标准；

（3）房地产经纪业务流程；

（4）收费项目、收费依据和收费标准，不得混合标价和捆绑收费，基本服务和延伸服务应当分别明确服务项目和收费标准；

（5）房地产交易资金监管方式；

（6）房地产经纪信用档案查询方式、投诉电话；

（7）建设（房地产）主管部门或者房地产经纪行业组织制定的房地产经纪服务合同、房屋买卖合同、房屋租赁合同示范文本；

（8）法律、法规、规章规定应当公示的其他事项。

分支机构还应当公示设立该分支机构的房地产经纪机构的经营地址及联系方式。房地产经纪机构代理销售商品房项目的，还应当在销售现场明显位置公示商品房销售委托书和批准销售商品房的有关证明文件。房地产经纪机构及其分支机构公示的内容应当真实、完整、清晰。

二、业务承接规范

房地产经纪业务应当由房地产经纪机构统一承接。分支机构应当以设立该分支机构的房地产经纪机构名义承揽业务。房地产经纪从业人员不得以个人名义承接房地产经纪业务。

房地产经纪机构承接业务和房地产经纪从业人员承办业务，必须符合其所从事业务的执业标准和能力。具体而言，如房地产价格咨询服务，就应当具备房地产估价专业胜任能力，遵循房地产估价规范。不得承接超出专业能力之外的业务，除非有能胜任此业务的专业机构或者人士协助，并向客户披露所有事实情况。

（一）重要信息告知

房地产经纪机构承接业务时，在签订房地产经纪服务合同前，应当向委托人说明房地产经纪服务合同和房屋买卖合同或者房屋租赁合同的相关内容，并书面告知下列事项：

1. 是否与标的房屋存在利害关系

利害关系包括承接业务的房地产经纪机构与标的房屋的利害关系及承办房地产经纪从业人员与标的房屋的利害关系。例如，房地产经纪机构及其母公司或者子公司对标的房屋享有所有权或有占有、使用情况；房地产经纪从业人员及其直系亲属对标的房屋享有所有权或有占有、使用情况等。原则上，与标的房屋存在利害关系的房地产经纪机构和房地产经纪从业人员不得再就标的房屋提供相关的房地产经纪服务，当然，向委托人明确告知后，委托人书面同意的除外。

另外，房地产经纪机构和从业人员更不得直接参与自己提供经纪服务房屋的交易，如不得承购、承租自己提供经纪服务的房屋。一方面，房地产经纪既是专业服务又是中介服务，房地产经纪服务者具有专业优势，如果直接成为交易方，参与到房地产交易当中，会造成交易的不公平，同时交易活动和经纪活动混淆也有悖于中介的性质；另一方面，可以防止房地产经纪机构和从业人员利用其优势谋取不正当利益，赚取差价，影响正常交易，扰乱市场秩序。房地产经纪机构和从业人员在不提供经纪服务的交易中，可以充当买方或者卖方，但一定要向交易相对人明示自己的身份。

相关法律责任：房地产经纪机构和从业人员承购、承租自己提供经纪服务的房屋的，由县级以上地方人民政府建设（房地产）主管部门责令限期改正，记入信用档案；对房地产经纪人员处以1万元罚款；对房地产经纪机构，取消网上签约资格，处以3万元罚款。

2. 应当由委托人协助的事宜、提供的资料

委托人作为房屋出售人或者出租人的，需要其协助的事宜包括核查房屋权属信息、核验房源信息、配合实地查看房屋，协助编制房屋状况说明书、办理网签、合同备案、办理房屋登记和房屋交接手续等；需要提供的资料包括身份证明、房屋权属证书等。委托人作为房屋承购人或者承租人的，需要其协助的事宜包括购房资格和贷款资格审查、办理房屋登记和房屋交接手续等；需要提供的资料包括身份证明、收入证明等。

3. 委托房屋的市场参考价格

市场参考价格，包括两个方面的价格：一是委托房屋所在社区或所处商圈范围内同类房屋当时的一般、平均成交价格水平（主要指单价），一段时期内价格变动的情况；二是在近一段时期内，委托房屋所在区域其他成交案例的买卖成交价格或者租赁成交价格情况（包含单价和总价）。关于买卖成交价格，应当界定是含税价还是卖家净得价（不含税费）。同时，房地产经纪机构应当告知委托人

以上信息的来源。

4. 房屋交易的一般程序及可能存在的风险

根据交易类型，房屋交易程序可分为买卖程序、租赁程序和抵押贷款程序等。房屋买卖一般程序包括核验房屋产权和购房资格、网上签订房屋买卖合同、合同备案、支付交易资金及办理贷款事宜、办理交税事宜、办理房屋所有权转移登记、交接房屋；房屋租赁的一般程序包括核实房屋产权信息、签订房屋租赁合同、办理租赁合同网签及登记备案、纳税、支付租金和交接房屋；房地产抵押的一般程序包括签订抵押合同、按照要求办理抵押合同网签及合同备案和办理抵押登记。房屋交易存在的风险包括交易当事人违约风险、房屋价格变动风险、房屋产权瑕疵风险、政策调控风险、交易资金的安全风险、房屋的使用和保管风险等。

5. 房屋交易涉及的税费

根据房屋类型（存量房和新建商品房）和交易类型（买卖和租赁）不同标的房屋交易所涉及的税费种类、缴纳人、计税（费）依据、税（费）率及减免规定等有所不同。

6. 经纪服务的内容及完成标准

房地产经纪服务可以分为基本服务和延伸服务，基本服务完成的标准一般是房地产交易合同的签订，延伸服务完成的标准一般是委托代办事项的完成。基本服务和延伸服务合在一起构成了完整的房地产交易服务。房地产交易服务完成的标准，应当包括不动产登记、房屋交接和房款交割等交易手续最终完成，即交易当事人的最终目的达成。根据房地产交易当事人对经纪服务的要求，一般情况下房地产经纪基本服务项目及对应的服务内容和完成标准如表 7-1 所示，房地产经纪延伸服务项目及对应的服务内容和完成标准如表 7-2 所示。

房地产经纪基本服务项目及对应的服务内容和完成标准　　　　表 7-1

服务项目	基本服务内容	完成标准
房屋出售经纪服务	提供与委托出售房屋相关的房屋售价、法律法规政策、市场行情咨询，房屋产权核验，编制房屋状况说明书，发布出售房源信息	专属房地产经纪专业人员全程服务，充分披露信息、提示交易风险、提供专业建议，协助出售方签订房地产买卖合同并完成网上签约备案、根据需要协助办理不动产登记手续
	搜集、提供客源信息，带领客户实地看房，协助出售方议价、谈判	
	解读房地产买卖合同示范文本重要条款或代拟房地产买卖合同，协助洽谈合同内容及签订合同	
	帮助委托人正确准备不动产登记申请材料，协助办理抵押注销登记、转移登记等不动产登记手续	

续表

服务项目	基本服务内容	完成标准
房屋购买经纪服务	提供与意向购买房屋相关的法律法规、政策、市场行情咨询，购房资格核验，搜集、提供房源信息	专属房地产经纪专业人员全程服务，充分披露信息、提示交易风险、提供专业建议，协助购买方签订房地产买卖合同并完成网上签约备案、根据需要协助办理不动产登记手续
	搜集、提供房源信息，带领委托人实地看房，协助购买方议价、谈判	
	解读房地产买卖合同示范文本重要条款或代拟房地产买卖合同，协助洽谈合同内容及签订合同	
	帮助委托人正确准备不动产登记申请材料，协助办理抵押登记、转移登记等不动产登记手续	
房屋出租经纪服务	提供与委托出租房屋相关的房屋租金、法律法规政策、市场行情咨询，编制房屋状况说明书，发布出租房源信息	专属房地产经纪专业人员全程服务，充分披露信息、提示交易风险、提供专业建议，协助出租方签订房屋租赁合同并完成网上登记备案
	编制房屋状况说明书及带领客户实地看房，协助出租方议价、谈判	
	解读房屋租赁合同示范文本重要条款或代拟房屋租赁合同，协助洽谈合同内容及签订合同	
房屋承租经纪服务	提供与意向承租房屋相关的法律法规、政策、市场行情咨询，搜集、提供房源信息	专属房地产经纪专业人员全程服务，充分披露信息、提示交易风险、提供专业建议，协助承租方签订房屋租赁合同并完成登记备案
	带领委托人实地看房，协助承租方议价、谈判	
	解读房屋租赁合同示范文本重要条款或代拟房屋租赁合同，协助洽谈合同内容及签订合同	

房地产经纪延伸服务项目及对应的服务内容和完成标准   表7-2

服务项目	服务内容	服务标准
贷款代办服务	提供贷款咨询服务，提供合理贷款建议、科学制定贷款方案，协助选择最适合的银行	签订服务合同，由房地产经纪专业人员提供服务，协助委托人正确准备贷款申请材料
	协助准备贷款申请材料，并递交材料，协助贷款签约，跟进贷款审批和放款进度	

续表

服务项目	服务内容	服务标准
房屋交接协办服务	告知交易双方办理房屋交接需要准备的资料和物品，需要结算的物业费及水电气暖等费用	签订服务合同，由房地产经纪专业人员提供服务，协助委托人结清相关费用，房屋交接完成
	协助交易双方查验房屋、设施设备和家具家电	
	指导交易双方填写房屋交接单和交接钥匙、门禁卡等物品	
	协助交易双方办理户口迁移	

7. 服务收费标准和支付时间

按照目前房地产交易服务收费管理规定，无论房地产经纪基本服务，还是延伸服务，服务收费都实行市场调节价，收费标准由房地产经纪机构和委托人协商确定。房地产经纪人员提供服务之前，应当向委托人告知本企业制定的经纪服务项目和服务收费标准。另外，房地产经纪从业人员还应当向委托人告知向交易相对人收费情况。如果所在房地产经纪机构规定在不收取委托人服务报酬的情况下，仍可代表委托人的利益完成经纪服务，也应明确告知委托人。对通过与其他房地产经纪机构合作而完成经纪业务的，房地产经纪从业人员也要向客户明示只按照一宗业务收取佣金，不再向委托人增加收费，以及与合作经纪机构和经纪人员的佣金分配情况。

8. 其他需要告知的事项

（1）法律、法规和政策对房地产交易的限制性、禁止性规定，如禁止买卖的房屋、禁止的交易行为等；

（2）每个房地产经纪机构也可以根据主营业务的特点，告知客户应当知悉的必要事项；

（3）房地产经纪机构在提供经纪服务时，一并向委托人推荐其他产品或服务（如抵押贷款、房屋保险、交易担保、装饰装修、房屋资产管理及家政服务等）时，应向委托人说明因推介其他产品或服务房地产经纪机构的收益及获利情况，如介绍费等；

（4）为了稳妥起见，房地产经纪人员应当向客户说明交易中可能出现的利益关系，比如房地产经纪机构已担任卖方代理人的情况下，接受买方委托或者为买方提供经纪服务时，应当向委托人明示已是卖方代理，并应征得双方同意。

相关法律责任：承接房地产经纪业务，房地产经纪机构在签订房地产经纪服务合同前，不向交易当事人说明和书面告知规定事项的，由县级以上地方人民政府建设（房地产）主管部门责令限期改正，记入信用档案；对房地产经纪人员处以 1 万元罚款；对房地产经纪机构处以 1 万元以上 3 万元以下罚款；因告知不清或者告知不实，给委托人造成经济损失的，房地产经纪机构应当承担相应责任。房地产经纪机构提供代办贷款、代办不动产登记等其他服务，未向委托人说明服务内容、收费标准等情况，并未经委托人同意的，由县级以上地方人民政府建设（房地产）主管部门责令限期改正，记入信用档案；对房地产经纪人员处以 1 万元罚款；对房地产经纪机构处以 1 万元以上 3 万元以下罚款。

（二）房地产经纪服务合同签订

1. 选用房地产经纪服务合同推荐文本

房地产经纪机构承接经纪业务，应当与当事人签订书面房地产经纪服务合同，并应尊重委托人的选择，优先选用房地产管理部门或房地产经纪行业组织制定的或者推荐使用的房地产经纪服务合同推荐文本。

2. 出示和查看有关证明文件

在签订房地产经纪服务合同时，房地产经纪专业人员应当主动向缔约相对人出示房地产经纪机构的备案证明文件和相关经纪专业人员的职业资格登记证书。房地产经纪机构与委托人签订房屋出售、出租经纪服务合同的，应当查看委托出售、出租的房屋及房屋权属证书，委托人的身份证明等有关资料。委托人应当是产权人或产权人之一，非产权人应提供委托书。产权人是企业的，应提供营业执照复印件，在房屋出售、出租经纪服务合同签名处，加盖企业公章或有企业授权委托书的受托人签名。产权人不具有完全民事行为能力的，应由监护人签署，并提供监护人与产权人关系的证明文件。

房地产经纪机构与委托人签订房屋承购、承租经纪服务合同的，应当查看委托人身份证明等有关资料。承购承租人是企业的，应提供营业执照复印件，在房屋承购、承租经纪服务合同签名处，加盖企业公章或有企业授权委托书的受托人签名。承购承租人不具有完全民事行为能力的，应由监护人签署，并提供监护人与承购承租人关系的证明文件。

3. 安排房地产经纪专业人员为承办人

房地产经纪服务合同应当加盖房地产经纪机构印章，并有执行该项经纪业务的一名房地产经纪人或两名房地产经纪人协理的签名及登记号。在房地产经纪服务合同上签名的人员，即为该宗业务的承办人，并对该宗业务承担直接责任。

房地产经纪机构应当根据业务性质委派具备相应素质和能力的房地产经纪专业人员作为业务直接办理人或者牵头办理人。每宗房地产经纪业务的办理人都应当是登记在该房地产经纪机构的房地产经纪专业人员，并在房地产经纪服务合同中载明。承办的房地产经纪人可以选派登记在本机构的房地产经纪人协理为经纪业务的协办人，协助执行经纪业务。承办人对协办人执行经纪业务进行指导和监督，并对其工作结果负责。

不同类型的房地产对房地产经纪服务人员职业素养和执业能力的要求不同，一般房地产经纪人可以承办普通住宅的经纪业务，高档公寓、独栋别墅或者商业房地产、工业房地产的经纪业务，则需要具有较高执业水平的房地产经纪人并有房地产经纪人协理协助才能胜任。所以，房地产经纪机构应当设置不同的部门，安排不同的专业人员从事不同的房地产经纪业务。

相关法律责任：房地产经纪服务合同未由从事该业务的一名房地产经纪人或者两名房地产经纪人协理签名的，由县级以上地方人民政府建设（房地产）主管部门责令限期改正，记入房地产经纪信用档案；对房地产经纪机构处以 1 万元以上 3 万元以下罚款。房地产经纪人员以个人名义承接房地产经纪业务和收取费用的，由县级以上地方人民政府建设（房地产）主管部门责令限期改正，记入信用档案；对房地产经纪人员处以 1 万元罚款；对房地产经纪机构处以 1 万元以上 3 万元以下罚款。

（三）业务联合承接及转委托

房地产经纪机构之间，有时共同承接某些业务，发生业务上的合作关系是不可避免的。经委托人书面同意，房地产经纪机构之间可以合作完成一项房地产经纪业务。合作的机构之间应当合理分工、明确职责、密切协作，意见不一致时应当及时通报委托人协商决定。房地产经纪机构对合作完成的经纪业务承担连带责任，禁止以转让业务为名规避对委托人应当承担的责任。

房地产经纪机构不得擅自转让或者变相转让受托的经纪业务。但是经委托人同意，房地产经纪机构可以按相关规定转让经纪业务，转让经纪业务不得增加合同约定好的佣金。房地产经纪机构未与委托人签订独家房地产经纪服务合同的，不得阻挠委托人再委托其他房地产经纪机构参与同一交易的经纪服务。

三、业务办理规范

（一）发布房源信息或者房地产广告

接受业务委托后，房地产经纪机构需要发布房源信息或者房地产广告。房源信息或者房地产广告有所不同。根据《房地产广告发布规定》（2021 年 4 月 2 日，国家市场监督管理总局令第 38 号公布）的规定，房地产广告指房地产开发企业、房地产权利人、房地产中介服务机构发布的房地产项目预售、预租、出售、出租、项目转让以及其他房地产项目介绍的广告。房源信息通常被认为是有具体坐落的某一套（间）房屋的出售出租信息。房地产广告及房源信息，都必须真实、合法、科学、准确，不得欺骗、误导消费者。

承办房屋出售、出租经纪业务的，房地产经纪机构应当与委托人签订房地产经纪服务合同，并经委托人书面同意后，方可对外发布相应的房源信息或广告。房地产经纪机构发布所代理的新建商品房项目广告时，应当提供委托证明。房源信息或者房地产广告必须真实、合法，不得欺骗和误导公众，特别对于能否实地查看待售的房屋，房地产经纪机构应当在房源广告中据实披露，不得进行不实宣传。

房源信息要符合中国房地产估价师与房地产经纪人学会《"真房源"标识指引（试行）》规定的标准。"真房源"应当同时符合依法可售、真实委托、真实状况、真实价格、真实在售在租的要求。依法可售，要求房源信息中的房屋是依据现行法律、法规和政策可以出售出租的，不存在现行法律、法规和政策禁止出售出租、限制出售出租等不符合交易条件的情形。真实委托，要求房源信息中的房屋是其所有权人有出售出租意愿的，且与房地产经纪机构签订了房屋出售经纪服务合同、房屋出租经纪服务合同或者以其他方式明确表示委托房地产经纪机构出售出租。真实状况，要求房源信息中的房屋区位、用途、面积、结构、户型、图片等状况，应当与房屋登记状况及客观事实一致，不存在误导性表述和虚假宣传。真实价格，要求房源信息中的房屋标价，是房屋所有权人委托公布或者当前明确表示同意发布的出售出租价格。真实在售在租，要求房源信息中的房屋当前正在出售出租中，不存在房地产经纪机构及其经纪从业人员已知或者应知已成交和出售出租委托失效的情形。

房地产经纪机构及从业人员对外发布房源信息的，应当对房源信息真实性、有效性负责。所发布的房源信息应当实名并注明所在机构及门店信息，并应当包含房源位置、用途、面积、图片、价格等内容，满足"真房源"的要求。同一机构的同一房源在同一网络信息平台仅可发布一次，在不同渠道发布的房源信息应当一致，已成交或撤销委托的房源信息应在 5 个工作日内从各种渠道上撤销。

网络信息平台应当核验房源信息发布主体资格和房源必要信息。对房地产经纪机构及从业人员发布房源信息的，应当对机构身份和人员真实从业信息进行核验，不得允许不具备发布主体资格、被列入经营异常名录或严重违法失信名单等机构及从业人员发布房源信息。对房屋权利人自行发布房源信息的，应对发布者身份和房源真实性进行核验。对发布 10 套（间）以上转租房源信息的单位或个人，应当核实发布主体经营资格。网络信息平台要加快实现对同一房源信息合并展示，及时撤销超过 30 个工作日未维护的房源信息。对违规发布房源信息的机构及从业人员，住房和城乡建设、网信等部门应当要求发布主体和网络信息平台删除相关房源信息，网络信息平台应当限制或取消其发布权限。网络信息平台未履行核验发布主体和房源信息责任的，网信部门可根据住房和城乡建设等部门的意见，对其依法采取暂停相关业务、停业整顿等措施。网络信息平台发现违规发布房源信息的，应当立即处置并保存相关记录。

房地产经纪机构发布房地产广告或者业务招揽广告还应当遵守下列规范：

发布房地产广告，应当具有并向广告发布媒体提供下列相应真实、合法、有效的证明文件：①房地产开发企业、房地产权利人、房地产中介服务机构的营业执照或者其他主体资格证明；②房地产主管部门颁发的房地产开发企业资质证书；③自然资源主管部门颁发的项目土地使用权证明；④工程竣工验收合格证明；⑤发布房地产项目预售、出售广告，应当具有地方政府建设主管部门颁发的预售、销售许可证证明；出租、项目转让广告，应当具有相应的产权证明；⑥中介机构发布所代理的房地产项目广告，应当提供业主委托证明；⑦确认广告内容真实性的其他证明文件。

房地产广告中的房源信息应当真实，广告中涉及所有权或者使用权的，所有或者使用的基本单位应当是有实际意义的完整的生产、生活空间；面积应当表明为建筑面积或者套内建筑面积，广告涉及内部结构、装修装饰的，应当真实、准确；广告中使用建筑设计效果图或者模型照片的，应当在广告中注明；广告中的项目位置示意图，应当准确、清楚，比例恰当；广告中涉及的交通、商业、文化教育设施及其他市政条件等，如在规划或者建设中，应当在广告中注明；广告中对价格有表示的，应当清楚表示为实际的销售价格，明示价格的有效期限；广告中涉及物业管理内容的，应当符合国家有关规定；涉及尚未实现的物业管理内容，应当在广告中注明；广告使用其他数据、统计资料、文摘、引用语的，应当真实、准确，表明出处。

发布商品房预售、销售广告，必须载明以下事项：①开发企业名称；②中介服务机构代理销售的，载明该机构名称；③预售或者销售许可证书号。但广告中仅介绍房地产项目名称的，可以不必载明上述事项。

房地产广告不得含有下列内容：①升值或者投资回报的承诺；②以项目到达某一具体参照物的所需时间表示项目位置；③违反国家有关价格管理的规定；④对规划或者建设中的交通、商业、文化教育设施以及其他市政条件作误导宣传；⑤不得含有风水、占卜等封建迷信内容，对项目情况进行的说明、渲染，不得有悖社会良好风尚；⑥不得利用其他项目的形象、环境作为本项目的效果；⑦不得含有广告主能够为入住者办理户口、就业、升学等事项的承诺。

凡下列情况的房地产，不得发布广告：①在未经依法取得国有土地使用权的土地上开发建设的；②在未经国家征用的集体所有的土地上建设的；③司法机关和行政机关依法裁定、决定查封或者以其他形式限制房地产权利的；④预售房地产，但未取得该项目预售许可证的；⑤权属有争议的；⑥违反国家有关规定建设的；⑦不符合工程质量标准，经验收不合格的；⑧法律、行政法规规定禁止的其他情形。

相关法律责任：违反规定发布广告，《中华人民共和国广告法》及其他法律法规有规定的，依照有关法律法规规定予以处罚。法律法规没有规定的，对负有责任的广告主、广告经营者、广告发布者，处以违法所得 3 倍以下但不超过 3 万元的罚款；没有违法所得的，处以 1 万元以下的罚款。

（二）实事求是带领客户实地看房

无论是买卖经纪业务，还是租赁经纪业务，带领客户实地看房是必不可少的环节。带客看房过程中，一定要实事求是，不夸大房屋优点，也不隐瞒房屋的瑕疵。查看房屋实物状况，要提醒客户注意如下事项：①若房屋为一层，要注意下水是否畅通，或者有没有异味；若是顶层，要注意是否有漏雨的痕迹；若是老小区，还要注意下水道是否堵塞和小区墙面是否渗水、脱落等。②户型是否方正，采光通风情况如何，电梯楼梯质量如何，小区保安素养，墙上、楼梯、电梯间是否有乱刻乱画小广告。③外部环境如何，绿地覆盖率、容积率、建筑密度和楼间距多少，有无噪声，有无污染等。另外，房地产经纪人可以一带多看（指经纪人带领一个客户，所看房屋不止一套的行为）和重复带看。一带多看是让客户多看几套房屋，尤其是第一次带看的客户，多看和多沟通，了解客户的真实需求。重复带客是指经纪人带领同一客户重复查看同一套房屋。重复带看是客户看中所看房源的重要标志。

（三）及时报告订约机会等信息

房地产经纪机构和房地产经纪专业人员作为买方或者承租方代理人时，必须在首次与卖方接触时将与购买人或者承租人的关系告诉卖主，在签订交易合同前，并将此告知以书面确认的方式告诉卖方，并取得双方当事人的同意。担任出卖方或出租方代理人时，也需要把与买房人或者租房人的利害关系告知出卖方或出租方，并取得双方当事人的同意，并在经纪服务告知确认书上记载利害关系情况。

承办业务的房地产经纪专业人员应当及时、如实地向出售（出租）委托人报告业务进行过程中的订约机会、市场行情变化及其他有关情况，不得对委托人隐瞒与交易有关的重要事项；应当凭借自己的专业知识和经验，及时、如实向承购（承租）委托人提供经过调查、核实的标的房屋信息，如实告知所知悉的标的房屋的有关情况，协助其对标的房屋进行查验；应当及时、如实向房地产经纪机构报告业务进展情况。

（四）撮合成交

在当事人对交易房屋满意的情况下，撮合交易的过程就是房地产经纪专业人员代替委托人讨价还价的过程。房地产经纪专业人员在执行代理业务时，在合法、诚信的前提下，应当维护委托人的最大权益；在执行中介业务时，应当公平正直，不偏袒任何一方。

（五）协助签订房地产交易合同

当事人双方达成交易意向后，房地产经纪专业人员应当协助委托人订立房地产交易合同。房地产经纪专业人员应当告知当事人应选用政府部门或者行业组织推荐使用的房地产交易合同示范文本，并协助委托人逐条解读合同条款，办理房地产交易合同网上签约或者合同备案等手续。房地产经纪机构和房地产经纪从业人员不得迎合委托人，为规避房屋交易税费等非法目的，协助当事人就同一房屋签订不同交易价款的"阴阳合同"。

在这个环节，房地产经纪人员要注意交易双方委托他人代理签约的情况，要代理人出具《授权委托书》，《授权委托书》应有委托人签名，内容至少包括：委托人和受托人的基本信息、接受委托事项、接受委托期限、委托人与受托人本人签名或盖章。委托书可以是手写的，也可以是经过公证的。在实际操作中，需核实《授权委托书》的真实性：①针对手写的《授权委托书》，应在签约前与卖方/买方本人取得联系，核实委托的真实性，并留存核实的电话录音或视频证据。②针对公证的《授权委托书》，可联系公证处确认《授权委托书》的真实性，并联系委托人本人核实是否要撤销委托。此外，还应核实《授权委托书》内容，确定授权内容和授权期限，防止受托人超出权限范围和期限办理。要求代理人出具委托方（交易当事人一方）的身份证复印件以及代理人自己的身份证原件。若房地产经纪业务为居间业务，房地产经纪人不能作为交易当事人任何一方的代理人签署房地产交易合同。

协助签约过程中，不得伪造客户签字，不能协助客户伪造证件、票据、印章、法律协议文书。即使客户同意或要求代签字，房地产经纪人员也不能代替客户签字及协助造假。不得暗示、建议、协助客户通过办理大额信用卡的方式获得购房资金，不得暗示、建议、协助客户通过假离婚等手段来规避限购、限贷等监管政策，不得暗示、建议、诱导客户可以找评估公司做高评估价（超过实际成交金额）的方式从银行获得更多贷款。

协助签订房地产交易合同过程中需要格外注意的风险责任：为交易当事人规

避房屋交易税费等非法目的，就同一房屋签订不同交易价款的合同提供便利的，由县级以上地方人民政府建设（房地产）主管部门责令限期改正，记入信用档案；对房地产经纪人员处以 1 万元罚款；对房地产经纪机构，取消网上签约资格，处以 3 万元罚款。

（六）交易资金监管

房地产经纪机构、房地产经纪从业人员应当严格遵守房地产交易资金监管规定，保障房地产交易资金安全，不得挪用、占用或者拖延支付客户的房地产交易资金。

房地产交易当事人约定由房地产经纪机构代收代付交易资金的，应当通过房地产经纪机构在银行开设的客户交易结算资金专用存款账户划转交易资金。交易资金的划转应当经过房地产交易资金支付方和房地产经纪机构的签字和盖章。

相关法律责任：房地产经纪机构擅自划转客户交易结算资金的，由县级以上地方人民政府建设（房地产）主管部门责令限期改正，取消网上签约资格，处以 3 万元罚款。侵占、挪用房地产交易资金的，由县级以上地方人民政府建设（房地产）主管部门责令限期改正，记入信用档案；对房地产经纪人员处以 1 万元罚款；对房地产经纪机构，取消网上签约资格，处以 3 万元罚款。

四、服务费用收取规范

房地产经纪服务实行市场调节价格，收费标准由房地产经纪机构根据服务成本和市场竞争情况自行确定，但房地产经纪机构应合理制定住房买卖和租赁经纪服务收费标准。具有市场支配地位的房地产经纪机构，不得滥用市场支配地位以不公平高价收取经纪服务费用；房地产互联网平台不得强制要求加入平台的房地产经纪机构实行统一的经纪服务收费标准，不得干预房地产经纪机构自主决定收费标准。具体到每笔房地产经纪业务的收费，由交易各方根据服务内容、服务质量，结合市场供求关系等因素协商确定。鼓励按照成交价格分档定价、交易双方共同承担经纪服务费用。房地产经纪机构在营业场所、网站及客户端公示的收费标准不得再标注是政府制定的收费标准。房地产经纪机构收费前应当向交易当事人出具收费清单，列明收费标准、收费金额，由当事人签字确认。

房地产经纪服务实行明码标价制度，不得收取任何未予标明的费用。服务报酬由房地产经纪机构按照约定向委托人统一收取，并开具合法票据。房地产经纪从业人员不得以个人名义收取任何费用。房地产经纪机构收取佣金不得违反国家法律法规，不得赚取差价及谋取合同约定以外的非法收益；不得利用虚假信息骗取中介费、服务费、看房费等费用。对于单边代理的房地产经纪业务，房地产经纪从业人员有义务向交易相对人或者交易相对人的代理人披露佣金的安排。提供代办产权过户、贷款等服务的，应当由委托人自愿选择，房地产经纪机构不得强迫委托人选择其指定的金融机构，不得将金融服务与其他服务捆绑。

房地产经纪机构未完成房地产经纪服务合同约定的事项，或者服务未达到房地产经纪服务合同约定的标准的，不得收取佣金。房地产经纪机构从事经纪活动支出的必要费用，可以按照房地产经纪服务合同约定要求委托人支付；房地产经纪服务合同未约定的，不得要求委托人支付。经委托人同意，两个或者两个以上房地产经纪机构就同一房地产经纪业务开展合作的，只能按一宗业务收费，不得向委托人增加收费。合作完成机构应当根据合同约定分配佣金。房地产经纪机构收费前应当出具收费清单，列明全部服务项目、收费标准、收费金额等内容，并由当事人签字确认。房地产经纪机构不得赚取差价，住房租赁合同期满承租人和出租人续约的，不得再次收取佣金。

依据《中华人民共和国民法典》规定，经纪人促成合同成立的，委托人应当按照约定支付报酬。居间活动中，因经纪人提供订立合同的媒介服务而促成合同成立的，除合同另有约定或另有交易习惯外，原则上由该合同的当事人平均负担经纪人的佣金。可见，法律也没有禁止合同当事人以合同条款的形式约定由交易双方或单方来负担经纪佣金。事实上，由合同约定交易一方承担全部经纪佣金，这一做法也是合法有效的。

【案例】《中华人民共和国民法典》第九百六十五条规定："委托人在接受中介人的服务后，利用中介人提供的交易机会或者媒介服务，绕开中介人直接订立合同的，应当向中介人支付报酬。"法院对于"跳单"也应支付佣金，也有真实的判例。

甲公司3年前联系委托乙房地产经纪机构（以下简称"乙机构"）找办公用房。乙机构的房地产经纪人员张某带甲公司领导和经办人看了多套房源，后者同意租用其中3套。次月甲公司和张某建微信群。在群内，张某介绍了租房细节，包括3套房子的面积、租金、押金、水电费、物业费、租期、违约金、开具发票等条款及其他需与业主协调的问题；两天后将修改过的3套房屋的租赁合同发到群里；并将修改后的合同发送给业主，在业主反馈后，将草拟的《北京市房屋租赁合同（经纪机构居间成交版）》发给业主和甲公司员工。

但最终甲公司与业主和丙房地产经纪机构（以下简称"丙机构"）签订了这3套房屋的租赁合同及居间合同。这几份合同除租期起算日期和房租支付日期与乙机构提供的合同模板相差两天外，最重要条款均一致。乙机构遂起诉甲公司"跳单"，要求其与房屋业主支付居间服务费。

依据相关法律规定，在不存在明显减损当事人合法权益、增加当事人法定义务或背离当事人合理预期的情况下，《中华人民共和国民法典》实施前的法律事实引起的民事纠纷案件可适用《中华人民共和国民法典》相关规定。因此，此案可适用《中华人民共和国民法典》第九百六十五条关于"跳单"行为的新规定。

法院判决：原告乙机构虽未与甲公司签订书面居间合同，但存在事实上的居间服务合同关系，合法有效。乙机构为其提供了居间服务，法院遂以月租金为标准，判定甲公司支付原告居间服务费 27 000 元。法院认为：第一，涉案乙机构向甲公司提供了房源信息并带看了房屋，聊天记录还显示多次沟通相关问题，并应要求拟定租赁合同，故应认定甲公司接受了该中介服务。第二，甲公司、房主、丙机构所签租赁合同与乙机构反复修改后提供的合同成交版重要条款基本一致。法院认定甲公司最终与房主达成交易利用了乙机构提供的服务。第三，甲公司接受并利用乙机构的服务后，转而选择报酬较低的丙机构与房主订立合同。综上，此案适用《中华人民共和国民法典》第九百六十五条规定，甲公司应向涉案中介付酬。

相关法律责任：有下列行为之一的，由县级以上人民政府价格主管部门按照价格法律、法规和规章的规定，责令改正、没收违法所得、依法处以罚款；情节严重的，依法给予停业整顿等行政处罚。①房地产经纪服务未实行明码标价，未在经营场所醒目位置标明房地产经纪服务项目、服务内容、收费标准以及相关房地产价格和信息的；②房地产经纪机构收取未予标明的费用的；③房地产经纪机构利用虚假标价，或者通过混合标价、捆绑标价等使人误解的标价内容和标价方式进行价格欺诈的；④对交易当事人隐瞒真实的房屋交易信息，低价收进高价卖（租）出房屋赚取差价构成价格违法行为的；⑤房地产经纪机构未完成房地产经纪服务合同约定事项，或者服务未达到房地产经纪服务合同约定标准的，收取佣金的；⑥两家或者两家以上房地产经纪机构合作开展同一宗房地产经纪业务，未按照一宗业务收取佣金，或者向委托人增加收费的。

五、资料签署和保存规范

（一）重要文书签章

为将经纪服务合同责任落实到每个房地产经纪人员，增强承办房地产经纪人员的责任心，切实保护委托人利益，房地产经纪服务合同、房屋状况说明书和书面告知材料等重要业务文书应当由房地产经纪机构授权的登记房地产经纪专业人员签名，并在业务书上注明房地产经纪专业人员的登记号。

（二）业务记录

房地产经纪机构应当建立和健全业务记录制度，执行业务的房地产经纪专业人员应当如实全程记录业务执行情况及发生的费用等，形成完整、规范、翔实的业务记录。

（三）资料保管

房地产经纪机构应当妥善保管房地产经纪服务合同、房屋买卖合同或房屋租赁合同、委托人提供的资料、业务记录、业务交接单据、原始凭证等与房地产经纪业务有关的资料、文件和物品，严禁伪造、涂改交易文件和凭证。房地产经纪服务合同的保存期不少于 5 年。

六、信息保密规范

房地产经纪机构及从业人员遵守个人信息保护法规，不非法收集、使用、加工、传输他人个人信息，不非法买卖、提供或者公开他人个人信息。房地产经纪机构建立健全客户个人信息保护的内部管理制度，严格依法收集、使用、处理客户个人信息，采取有效措施防范泄露或非法使用客户个人信息。未经当事人同意，房地产经纪机构及从业人员不收集个人信息和房屋状况信息，不发送商业性短信息或拨打商业性电话。房地产经纪机构和从业人员应当保守在从事房地产经纪活动中知悉的委托人、交易相对人和其他人不愿泄露的情况、信息及商业秘密。但是，以下两种情况除外：一是委托人或者其他人准备或者正在实施危害国家安全、公共安全或者严重危害他人人身、财产安全的行为；二是法院或政府有关部门要求协助提供相关信息。

房地产经纪机构和房地产经纪从业人员不得不当使用委托人的个人信息或者商业秘密，谋取不正当利益。比如，利用客户的房屋产权材料办理个人暂住证，或将客户信息出卖给他人。现实房地产交易中，交易当事人向房地产经纪机构提供个人信息，日积月累，房地产经纪机构会掌握大量的客户信息。一般在购房之后，房主还会进行装饰装修、购置家具家电等一些后续投资，掌握在房地产经纪机构手里的客户信息就有相当的经济价值。这种情况下，房地产经纪机构及从业人员一定要抵制利诱，遵守职业道德，不泄露客户信息，更不利用委托人的个人信息或者资料谋取不正当利益。

相关法律责任：房地产经纪机构未按照规定如实记录业务情况或者保存房地产经纪服务合同的，由县级以上地方人民政府建设（房地产）主管部门责令限期改正，记入信用档案；对房地产经纪人员处以 1 万元罚款；对房地产经纪机构处以 1 万元以上 3 万元以下罚款。泄露或者不当使用委托人的个人信息或者商业秘密，谋取不正当利益的，由县级以上地方人民政府建设（房地产）主管部门责令限期改正，记入信用档案；对房地产经纪人员处以 1 万元罚款；对房地产经纪机构，取消网上签约资格，处以 3 万元罚款。

七、处理与同行关系的行为规范

（一）同行及同业间的尊重与合作

房地产经纪机构和从业人员应当共同遵守经纪服务市场及经纪行业公认的行业准则，从维护行业形象及合法利益的角度出发，相互尊重，公平竞争，不能进行房地产经纪机构之间或房地产经纪人员之间的优劣比较宣传，严禁在公众场合及传媒上发表贬低、诋毁、损害同行声誉的言论。

房地产经纪同行及同业应当开展合作，除非同行合作不符合委托人的最佳利益。两个或两个以上房地产经纪机构就同一房地产交易提供经纪服务时，房地产经纪机构之间和房地产经纪从业人员之间应当合理分工、明确职责、密切协作，意见不一致时应当及时通报委托人协商决定。通常同行之间合作，应当分享佣金、共担费用，合同的邀约一方在发布房源时应注明是否接受合作，接受合作的必须清楚表明合作的条件。房地产经纪机构对合作完成的经纪业务承担连带责任。

房地产经纪从业人员从其他房地产经纪从业人员或者其他房地产经纪机构那里获取信息时，应告知对方其房地产经纪从业人员身份，并告知是自己咨询还是替客户咨询，若替客户咨询，则必须告知其本人与客户的关系。

独家代理或者专任委托具有排他性，房地产经纪机构和房地产经纪专业人员在联系已与其他机构签署独家代理房地产经纪服务合同的业务时，应当遵守如下规范：

（1）房地产经纪机构和专业人员只能与代理经纪机构联系，而不能与独家代理的委托人（被代理人）联系，除非后者主动联系；

（2）当代理的经纪机构拒绝披露独家代理到期日或者代理性质时，其他的房地产经纪专业人员可以与房屋所有权人取得联系，招揽业务；

（3）若独家代理房地产经纪机构的委托人主动联系房地产经纪机构，讨论建立同样的独家服务关系，双方可就未来事项或现存独家代理的房地产经纪服务合同到期后，双方可合作事项进行讨论。

（二）禁止同行间不正当竞争

房地产经纪执业不正当竞争行为是指房地产经纪机构和从业人员为了承揽经纪业务，违反自愿、平等、公平、诚实信用原则和房地产经纪执业行为规范，违反房地产经纪服务市场及房地产经纪行业公认的行业准则，采用不正当手段与同行进行业务竞争，损害其他房地产经纪机构及人员合法权益的行为。房地产经纪行业的不正当竞争行为主要依据《中华人民共和国反不正当竞争法》调整。

房地产经纪机构和从业人员在与委托人及其他人员接触中，不得采用下列不正当手段与同行进行业务竞争：

（1）故意诋毁、诽谤其他房地产经纪机构和从业人员信誉、声誉，散布、传播关于同行的错误信息；

（2）无正当理由，以低于成本价或在同行业收费水平以下收费为条件吸引客户，或采用商业贿赂的方式争揽业务；

（3）房地产经纪从业人员与所受聘的房地产经纪机构解除劳动关系后，诱劝原受聘房地产经纪机构的客户，以取得业务；

（4）故意在委托人与其他房地产经纪机构和从业人员之间设置障碍，故意破坏同行促成的交易，制造纠纷和麻烦，进行揽单①。

（三）禁止损害公司及同业、同行合法权益的行为

房地产经纪人员损害公司及同业、同行合法权益的行为经常发生，现实中常见的有走私单（私自操作房地产经纪业务，引导或协助客户与业主进行私下交易；或私自为客户办理过户手续，在交易过程中收取差价/好处费），进行飞单、甩单、跑单（房地产经纪人员只要表示同意或协助委托人在第三方个人或其他公司交易），进行切户（以不正当方式获得其他经纪人的客户信息并实施业务动作），泄露公司的房源信息等资源，侵占或挪用公司钱款，私藏房源（接受委托后，不及时把房源信息录入房源信息管理系统）。这些行为都违反执业规范，多数房地产经纪机构都有针对性的处罚措施。

八、处理与社会关系的行为规范

（一）禁止误导社会公众、扰乱市场秩序

（1）房地产经纪机构和从业人员不得发布虚假广告（房源），以虚假或者引人误解的内容欺骗、误导消费者；不得捏造散布涨价信息，或者与房地产开发经营单位串通捂盘惜售、炒卖房号，操纵市场价格。

相关法律责任：房地产经纪机构和人员捏造散布涨价信息，或者与房地产开发经营单位串通捂盘惜售、炒卖房号，操纵市场价格，构成价格违法行为的，由

---

①　是指房地产经纪人员以不当言行或承诺、低费率、干扰谈判等不当方式影响交易当事人决策，诱导交易当事人更换签约房源或签约经纪人的行为。

县级以上人民政府价格主管部门按照价格法律、法规和规章的规定，责令改正、没收违法所得、依法处以罚款；情节严重的，依法给予停业整顿等行政处罚。

（2）房地产经纪机构公开发布房地产市场报告，应当真实、客观、翔实，不得误导社会公众。

（3）房地产经纪从业人员应当珍视和维护房地产经纪从业人员职业声誉，在网络、电视、报纸等媒体上发表的专业观点，应当表明房地产经纪专业人员的身份。不得违反国家法律法规，发布反社会、涉政、涉黄言论或内容，不得发布不符合社会主义核心价值观的言论、与国家政策倡导及政府官方渠道舆论不一致的言论，不得炒作社会敏感事件。

（二）配合监督检查

房地产经纪机构及从业人员接受司法机关、行政主管部门及相关部门监督检查时，被检查的房地产经纪机构和房地产经纪从业人员应当予以配合，并根据要求提供检查所需的资料。

（三）承担社会责任

房地产经纪机构及房地产经纪人员应充分认识到自己是社会的一员，作为（企业）公民，理应承担自己的社会责任。目前一些大型的房地产经纪机构通过捐建希望小学、捐建图书馆、建立员工互助基金、做社区志愿者、义务教老年人用手机等方式承担社会责任。

<h2 style="text-align:center">复习思考题</h2>

1. 什么是房地产经纪执业规范？它有哪些特点和作用？
2. 房地产经纪执业的原则有哪些？
3. 房地产经纪机构应当在经营场所醒目的位置明示哪些事项？
4. 房地产经纪机构在承接业务时有哪些行为规范？
5. 房地产经纪机构在对外发布广告时有哪些行为规范？
6. 房地产经纪机构在收取服务费用时有哪些行为规范？
7. 房地产经纪机构在处理与同行的关系时有哪些行为规范？
8. 房地产经纪机构在处理与社会的关系时有哪些行为规范？

第八章 房地产经纪行业管理

房地产经纪行业的持续健康发展，离不开科学有效的行业管理。房地产经纪行业管理有多种模式，每种模式有各自特点，管理的效果也有所不同。我国的房地产经纪行业管理涉及部门较多，侧重政府监管，但存在立法滞后、制度不健全等问题。本章介绍了房地产经纪行业管理的含义、特征、作用、基本原则和基本模式，分析了行业组织的性质和作用，总结了我国目前房地产经纪行业行政监管和自律管理的基本框架和内容。通过本章的学习，可以熟悉我国房地产经纪行业管理的基本情况和行业管理的基本要求。

第一节 房地产经纪行业管理概述

房地产经纪行业是经济社会的组成部分。我国经济社会发展接受中国共产党的领导，房地产经纪行业管理也是在党领导下实施的专业性、行业性管理。房地产经纪管理既要遵循普遍的客观规律，也要结合国情和房地产经纪行业实际发展情况，突出我国房地产经纪行业管理的特色。经过多年的摸索和实践，我国房地产经纪行业已基本形成了党建引领、行政监管、行业自律和社会监督为主要内容的管理体系。

一、房地产经纪行业管理的含义与作用

狭义的房地产经纪行业管理，是指房地产经纪行政管理部门、房地产经纪行业组织对房地产经纪机构和房地产经纪从业人员、房地产经纪活动和房地产经纪行为实施的监督管理。广义的房地产经纪行业管理，是指为促进房地产经纪行业规范发展，对房地产经纪行业实施管理服务活动，包括政府监管、行业自律和社会监督。

房地产经纪行业管理的目的，是促进房地产经纪行业持续健康发展。房地产经纪行业管理的手段，通常包括设定和实施房地产经纪行业的准入制度，管理和规范房地产经纪行为，协调房地产经纪活动当事人责、权、利关系，以及维护相关当事人合法权益等。

房地产经纪行业管理是社会公共管理的一个组成部分，它的基本作用就是维护社会整体利益，即通过行业管理使房地产经纪活动更加符合社会整体规范，并最大限度地增进社会福利。就目前的情况来看，通过对房地产经纪行业进行监督管理来规范房地产经纪活动，有助于加快房地产流通，增加房地产有效供给，提高房地产利用效率，促进房地产业的发展，提高人民的居住质量和水平。而且，房地产经纪行业管理作为一种行业管理，可以协调行业内部各类主体之间以及行业与社会其他主体之间的关系，增进行业和谐，促进行业整体高效运转和持续发展，维护房地产经纪从业者的合法权益和行业的整体利益。

从发达国家和地区的实际情况来看，房地产经纪行业管理较好的地方，房地产经纪行为规范，服务质量好、效率高；从业人员的整体素质和专业化、职业化程度较高；职业和行业的整体社会形象较好，社会地位较高。反之，房地产经纪行业管理欠佳的地方，房地产经纪行为欠规范，服务质量差、效率低；从业人员的整体素质不高、职业年限短、流动率高，职业和行业的社会形象差、社会地位不高。

二、房地产经纪行业管理的基本原则

房地产经纪行业是解决新时代房地产供求矛盾的主要力量，是支撑房地产市场高质量发展的重要基础。实施对房地产经纪行业的科学有效管理，应当以习近平新时代中国特色社会主义思想为指导，深入贯彻党的会议精神，完整、准确、全面贯彻新发展理念，加快构建新发展格局，着力推动高质量发展，坚持社会主义市场经济改革方向，坚持"两个毫不动摇"，坚持法治化、市场化，坚持优化营商环境，引导行业形成依法依规经营、公平参与市场竞争、不断提升服务质量的发展环境。

（一）科学定位行业，规范发展并重

房地产经纪行业是房地产业的重要组成部分。在过去十几年的发展中，房地产经纪行业不仅为我国房地产市场和房地产业的发展，乃至社会经济发展做出了重大的贡献，随着我国房地产市场从新建商品房市场向存量房市场转变，房地产经纪行业的地位和作用越来越重要。中国特色社会主义进入了新时代，社会主要矛盾已经转化为人民日益增长的美好生活需要和不平衡不充分的发展之间的矛盾。规范发展房地产经纪行业，有助于解决房地产市场发展不平衡、利用使用不充分的问题，房地产经纪行业的地位和重要性应当被重新认识、重新定义。从市场监管角度来说，房地产交易离不开房地产经纪机构和房地产经纪人员，通过规范发展房地产经纪行业来实现对房地产市场的科学高效监管，是国际上的普遍做

法。近年来，在房地产市场调控中，房地产经纪行业经常是被整治或者治理的重点领域，行业乱象得到了一定治理，但没能从根本上解决与行业长效治理和健康发展有关的问题。房地产经纪行业管理必须坚持规范和发展并重，既要重拳整治，更应本着创造良好条件、鼓励行业发展、促进行业进步的原则，促进行业持续健康发展。房地产经纪行业管理制度的设计和行业管理政策的制定，应当着力于建立完善行业自我提高、不断进步的体制机制，健全完善行业管理的法律法规，重点提高从业人员的职业素养、职业道德水平和专业胜任能力，规范房地产经纪服务行为，改善房地产经纪行业的社会形象，引导行业持续健康有序发展。

（二）遵循行业规律，实施专业管理

房地产经纪行业管理应当尊重客观规律，尊重普遍经验。房地产商品的特殊性和房地产交易的复杂性，决定了房地产经纪是专业性极强的经纪活动，房地产经纪行业管理必须实施专业管理。经纪活动多种多样，普遍存在于社会经济生活的方方面面。判断一种经纪活动是不是专业活动，要看其经纪的商品有没有较强的特殊性。房地产不可移动、价值量大、交易低频、程序复杂，是典型的特殊商品，专业机构和专业人才才能服务好房地产的交易。房地产经纪行业是以促成房地产交易、提高房地产交易效率、维护当事人合法权益、保障房地产交易安全为服务宗旨的行业，其特殊性远远大于它同其他各类经纪活动的共性。从我国房地产经纪行业管理实践和国际管理经验来看，以行业准入管理为基础的专业化管理是实现长效管理的关键。特别是当前，交易服务要求房地产经纪从业人员具备较高水平的专业知识和服务技能，从业人员层次不齐，通过建立健全行业准入制度，促使从业人员主动掌握专业知识、提高服务技能、提升整体水平，是必要的，更是急迫的。从境外发达国家和地区的房地产经纪行业情况来看，对房地产经纪机构和房地产经纪人员实施专业化的管理是通行惯例和普遍做法，目前我国香港特别行政区、澳门特别行政区和台湾地区都实行人员准入管理，其他地区缺乏行业准入制度。因此，房地产经纪行业的内在规律决定，应将房地产经纪行业定性为关系民生、关系人民财产安全的行业，对房地产经纪机构、房地产经纪人员实施专业的资质资格管理。

（三）行业立法先行，严格依法管理

法治社会是构筑法治国家的基础，法治社会建设是实现国家治理体系和治理能力现代化的重要组成部分。在倡导建设法治社会、依法治国的背景下，对房地产经纪行业实施管理应当健全完善行业法律法规规章和政策体系，以法律法规规章和政策文件为依据，实施专业管理。依法管理既要避免政府行政管理部门超出法律法规许可范围实施管理，更要避免不同政府部门从本部门角度出发制定互不衔接的政策或规定。目前，房地产经纪行业立法滞后，各地缺乏规范房地产交易和房地产经纪的专项立法，更无国家层面的立法，亟待出台《房地产经纪管理条例》或者《房地产租赁和销售管理条例》等法规。针对目前房地产经纪法律法规体系尚不健全，许多方面存在法律空白的状况，国家和地方立法机关应该加快建设有关房地产经纪的法律法规体系，理顺房地产经纪行业管理的行政管理体系。

目前我国房地产经纪行业管理可依据或者能参照的法律法规主要有：

（1）法律：由全国人民代表大会或常务委员会制定，如《中华人民共和国民法典》《中华人民共和国城市房地产管理法》等；

（2）行政法规：由国务院颁布，如《城市房地产开发经营条例》；

（3）部门规章：由国务院部门制定，如《房地产经纪管理办法》《房地产广告发布规定》等；

（4）地方性法规和地方性规章：各省市、自治区人大及其常委会、地方政府在不与宪法、法律、行政法规相抵触的前提下结合当地实际制定了一些规范房地产经纪行为的地方性法规和规章，如《北京市住房租赁条例》《上海市住房租赁条例》《天津市房地产交易管理条例》《深圳市房地产市场监管办法》等；

（5）政府主管部门出台的规范性文件：《国家发展改革委关于放开部分服务价格意见的通知》（发改价格〔2014〕2755 号）、《人力资源社会保障部　住房城乡建设部关于印发〈房地产经纪专业人员职业资格制度暂行规定〉和〈房地产经纪专业人员职业资格考试实施办法〉的通知》（人社部发〔2015〕47 号）、《住房城乡建设部等部门关于加强房地产中介管理促进行业健康发展的意见》（建房〔2016〕168 号）、《住房和城乡建设部　市场监管总局关于规范房地产经纪服务的意见》（建房规〔2023〕2 号）等。

（四）健全行业组织，加强行业自律

在我国政府持续推进简政放权、放管结合、优化服务、优化营商环境，从"无限"政府向"有限"政府、从侧重管理向兼顾服务转换的大趋势下，房地产经纪行业管理应当加快行业自律建设，充分发挥行业组织的作用。行业自律就是充分发挥行业成员自身的积极性、能动性，充分利用社会资源，对行业进行自我管理。在法治社会，政府对行业进行管理必须有法律依据，而行业自律管理只需要通过行业成员的协商，因而在管理权限上具有更大的灵活性、机动性，更能适应行业快速发展的需要。自律管理中最重要的手段就是制定行业规范、执业规则。行业规范通过同行业内的民事行为主体协商制定，比法律、法规具有更强的灵活性，可以在法律法规所规定的标准之上，为行业提供更高的行业标准，便于根据市场需要和行业发展水平不断进行调整、更新。其与市场竞争、优胜劣汰的市场机制相配合，可以起到推进行业进步，提升行业整体水平的作用。正因为如此，在市场经济发达的国家和地区，行业规范对竞争性行业都具有很好的行业管理作用。行业规范、执业规则等行业自律管理的基本规则，由房地产经纪机构和经纪人员以自愿遵守为前提，共同制定并认可，具有更广泛的行业基础。行业自律管理规则符合行业特点，基于业内人士的共识，因此有很强的内在约束力。相对政府的行政管理，行业自律管理更容易调动行业成员的主观能动性，可以在更广泛的层面上调动社会资源，这不仅有利于节约行政资源，更有利于提高房地产经纪行业管理水平，使房地产经纪行业在更大程度上增进社会福利。

（五）加强管理创新，深化互联网＋管理

当今世界，新的科技革命和产业变革正在向经济社会各领域广泛深入渗透。随着创新驱动发展战略深入实施，房地产经纪很多新业态蓬勃兴起，呈现出房源发布网络化、上下游产业融合化、经营合作平台化、交易服务线上化等新特征，除了人员、房源、客源这三个传统的要素外，以模式、技术、信息、数据、资本等新要素为支撑的房地产经纪服务市场发展新场景正在形成。加强房地产经纪行业管理，必须顺应时代潮流，用好科技手段，加强互联网＋监管的管理创新。发挥信息平台作用，科技赋能管理。充分发挥现代科技手段在住房租赁市场管理中的作用，依托互联网、大数据、物联网、云计算、人工智能、区块链等新技术推动监管方式和手段创新，推动大数据、信用约束在监管中的应用，做到房地产经纪监管和服务效能最大化、监管和服务成本最优化。

近几年，全国各地实现了政务服务"一网通办"，"互联网＋政务服务"、政务信息系统整合共享取得较大进展。互联网平台在房地产经纪行业管理中起到了助手的作用，推进了行业管理体系和管理能力的现代化。下一步还继续推进"互联网＋经纪管理服务"，构建全国一体化网上政务服务体系，推进跨层级、跨地域、跨系统、跨部门、跨业务的协同管理和服务，继续推进房地产经纪行业监管信息"一网通享"，依托"信用中国"网站和国家企业信用信息公示系统，提供登记备案、行政处罚、经营异常名录、严重违法失信企业名单、监督检查、等信用信息查询和共享服务。

（六）顺应市场机制，维护有序竞争

构建高水平的社会主义市场经济体制，核心是处理好政府和市场的关系，使市场在资源配置中起决定性作用，并有效发挥好政府的引导和管理作用。对房地产经纪行业进行科学管理，要求将有效市场和有为政府结合起来，严格遵守市场经济的一般规律，最大限度减少政府对市场资源的直接配置和对微观经济活动直接干预，大力保护和激发市场主体活力；同时政府部门要守土有责、守土担责、守土尽责，要创新管理手段和方式，加强对房地产经纪行业的监督管理，有效弥补市场失灵，推进形成行业发展新格局，促进行业高质量发展。房地产经纪行业管理应适应市场经济的要求，顺应市场经济发展的趋势。在市场经济体制下，房地产经纪行业管理要为市场机制正常运转保驾护航。

市场机制正常运转以市场有序竞争为前提条件。首先，要维护有序竞争，房地产经纪行业管理首先要保证行业的适度发展，要避免因信息不对称等因素的存在使房地产经纪行业出现超出市场需求的盲目发展，避免因行业过度膨胀导致业内恶性竞争。其次，房地产经纪行业管理应通过一系列制度坚决抵制不公平、不正当竞争，避免不公平、不正当竞争破坏行业发展的内在机制。

三、房地产经纪行业管理的基本模式

管理模式是由管理主体、管理手段和机制所组成的动态系统，不同管理模式之间在系统组成要素（如管理主体、管理手段）、系统结构、运作流程上存在着差异。房地产经纪行业管理主要有以下三种模式：

（一）行政监管模式

在这种模式下，政府行政主管部门承担了房地产经纪行业管理的绝大部分职能，管理手段以行政监管手段为主，如进行人员职业资格认证和制定合同示范文本、行政执法等。这种模式下的房地产经纪行业组织管理职能相对薄弱，一般只在教育培训、合作交流、优秀评选等方面发挥作用。目前我国内地和香港地区主要采取这种模式，但香港地区在法律手段的运用上比内地更成熟一些。

我国香港地区的地产代理监管局是 1997 年 11 月根据《地产代理条例》设立的法定机构。其主要职能包括规管香港地产代理的执业；推动业界行事持正、具备专业能力；以及鼓励行业培训，提升从业员的水平和地位。监管局举办资格考试、审批个人和公司牌照、处理对持牌人的投诉、执行巡查工作，以及对违反《地产代理条例》的地产代理从业员施行纪律处分。监管局也为业界举办专业发展活动，并推动消费者教育。我国香港地产代理监管局作为财政独立的法定机构，其使命是提高地产代理业的服务水准，加强对消费者权益的保护，并鼓励公开、公正、诚实的物业交易。具体的行业管理工作，主要包括设定地产代理机构和认定地产代理人从事代理活动的基本资质，使执业的机构和个人具有相当的专业知识和工作经验；建立监察机构，对地产代理活动进行监督；调解地产代理人与委托人的纠纷；对违纪的地产代理机构和个人进行相应的惩处；推行书面代理合约，减少纠纷。另外，我国香港地区也有行业组织，香港地产代理业的商会有香港地产代理商总会、香港地产代理专业协会等，但各商会对会员行为的约束力

都较弱，主要是在行业教育、学术交流和与政府沟通上发挥作用，比如在香港代理监管制度确立前，作为地产代理业的代表与政府进行谈判，反映同业意见及为同业争取合理权益。在监管制度确立后，采取种种措施帮助会员熟悉、适应新的政策法规等。在我国香港地区，规范地产代理活动的法律除了《地产代理条例》外，主要还有《地产代理常规（一般责任及香港住宅物业）规例》及《地产代理（裁定佣金争议）规例》，它们具有较强的适应性，对规范代理活动起到了有效的作用。

（二）行业自律模式

这种模式中房地产经纪的直接管理主体是房地产经纪行业组织。行业协会不仅实施自律性管理职能，还受政府职能部门甚至立法机构的委托，行使对房地产经纪业的法定管理职能。在这种模式下，管理手段相对较为丰富，法律、行政、经济和自律等手段都有所运用。目前我国台湾地区就是采取这种模式。

我国台湾地区房地产经纪业的"同业公会"受行业主管部门委托制定相关行业规范，直接从事房地产经纪业的各项具体管理事务，而主管部门只是对其实行指导和间接管理。"同业公会"进行行业管理的主要内容包括参与行业规范制定和组织实施，目前台湾地区房地产经纪业所谓的《不动产经纪业管理条例》是由主管部门委托公会起草的。其中规定"经纪业在办妥公司登记或商业登记后，应加入登记所在地的同业公会后方得营业"，这种"业必归会"的原则为实施行业管理奠定了重要基础。行业发展的大事在主管部门指导下由公会操作，如台湾地区的房地产流通信息网络，从规划到实施，都是由公会组织操作，主管部门仅进行指导。行业管理的具体事务均由公会承担，比如培训行业队伍、指导企业自律、组织企业交流、协调企业关系等。我国台湾地区除所谓的"不动产经纪业管理条例"外，还制定了《不动产经纪营业员测定办法》《不动产经纪人专业训练机构团体及课程认可办法》《不动产说明书应记载及不得记载事项》《不动产经纪业或经纪人员奖励办法》《不动产经纪人员奖惩委员会组织规程》等。我国台湾地区房地产经纪业管理通过制定行业相关规范，有多种细则，内容具体、易于操作。房地产经纪业主管部门依托"同业公会"实施管理，使房地产经纪活动逐步走向规范。

（三）行政监管与行业自律结合模式

在这种模式中，政府行政主管部门和房地产经纪行业组织都是强有力的管理主体，但两者管理职能有所分工。美国房地产经纪业的行业管理就是这种模式。美国各州政府多数都设有专门机构对房地产经纪行业进行管理，主要职责是制定有关管理规则、管理房地产经纪机构的设立、房地产经纪人与销售员执业资格牌照发放、审定执业资格考试及教育训练的内容、审批从事执业课程教育的学校的资格、处理房地产交易客户的投诉等。各州政府还设有调查机构和专门的监察机构负责调查和处理违规执业案例。

房地产经纪行业协会的职责主要是促进房地产经纪人与立法机关、行政机关及经纪人之间的协调、沟通，制定行业技术标准及职业道德准则，提供培训教育机会，制定合同示范文本，受理消费者投诉。协会还提供房地产信息共享平台，规定加入协会的经纪人必须共享信息，否则会被开除。通过这一系列手段，对房地产经纪业的执业规范、信誉、行业协作等方面进行有效管理。在美国，有关规范房地产经纪人的法律主要有"一般代理法规"（Common Law Agency）、"契约法规"（Contract Principles）、各州的"执照法"（State Licensing Laws）、"联邦法"（Federal Laws）、"专业伦理法则"（Professional Codes of Ethics）。这些法规并不是针对房地产经纪行业的专业性法规，而是一般性的法律规范。执行一般性法律就能规范房地产经纪行业，这也从另一个侧面说明美国社会中一般性法律体系已经相当严密和完善。

由于双重主体的管理模式和完善的法律体系，美国房地产经纪行业在管理和发展上都居于国际领先水平。经过长达一二百年的发展，目前美国房地产经纪业几乎渗透到房地产交易市场的每个角落。在房屋买卖中，有超过80％的交易是通过房地产经纪人帮助完成的。目前在美国从事房地产经纪业务的人员超过200万人，仅美国全国房地产经纪人协会就有经纪人会员139万人。各州都建立了严格的房地产经纪人执业牌照管理制度和较为完善的行为准则及伦理道德规范。法律还规定了房地产交易中的信息披露制度。行业协会在管理体系中扮演着重要角色，全国、州和区域三个层次的房地产经纪行业协会是房地产经纪人与立法、行政机关之间的桥梁，为会员提供培训教育的机会，并制定具体的行业技术标准以及职业道德准则。由行业协会主导建立的联合销售制度，从客观上促使房源信息在全国范围内得以共享。在房地产经纪的运作实践中，美国还形成了包括个人信用保障制度、产权保险制度、房屋质量保证、过失保险制度、合同示范文本在内的一套对行业从业者及机构的保护机制，为房地产经纪业的规范运作奠定了坚实的基础。

以上三种模式的主要区别是管理主体不同，以及其因主体不同而导致的管理手段的不同。就房地产经纪行业管理的内容来看，政府监管部门和行业协会这两类不同性质的主体，对不同管理内容的胜任度也是不同的。因此，双重主体的管理模式通常比单一主体的管理模式更能适应房地产经纪行业管理的多重要求，因而管理效果更好。美国又由于法律法规的健全，房地产经纪业的发展与管理成效更加显著。

四、房地产经纪行业管理的主要内容

(一) 房地产经纪行业的专业性管理

房地产经纪是围绕一种特殊的商品——房地产，开展的中介服务活动，具有很强的专业性，因此，房地产经纪行业管理也具有很强的专业性。这主要体现在三个方面：

1. 实行房地产经纪机构备案和人员资格管理

从发达国家和地区的情况来看，很多国家对房地产经纪业的从业人员，建立了系统的资格考试和执业注册、上岗教育和继续教育制度，以保证房地产经纪从业人员具备相应的专业知识和职业技能。同时，对房地产经纪机构的设立，在专业人员、注册资金、管理制度等方面有特殊要求，实行不同于一般企业登记管理的专业资质和牌照管理。目前我国房地产经纪机构实行备案管理制度，从业人员实行实名服务制度和职业资格制度。

2. 实行房地产经纪职业风险管理

房地产经纪活动所涉及的商品标的是具有高额价值的房地产，因此，房地产经纪人员在执业活动中难免会出现一些失误或者服务瑕疵，一方面会给交易当事人造成巨大的经济损失，另一方面因房地产经纪从业人员的过错，其所在机构应承担相应的赔偿责任。这种职业风险如果不能有效规避，会给房地产经纪行业造成重大打击和深远影响。所以一些发达国家和地区，通过设立房地产经纪行业赔偿基金、执业保证金以及强制性失保险制度等，来规避房地产经纪业的职业风险。我国北京等地也建立过交易风险保证金和租赁风险准备金等制度，用以对冲房地产经纪职业风险。

3. 实行房地产经纪活动属地管理

专业性管理既体现在"条"的管理上，也体现在"块"的管理上。房地产的不可移动性、区位性和房地产市场的地域性，决定了房地产经纪活动也不可避免地带有很强的地域特征。地域区位和地理环境，决定房地产有所差异，房屋交易政策也会有所不同，因此对房地产经纪行业的管理也实行属地管理，即房地产经纪机构异地经营时应到房屋交易所在地的人民政府市（县）级房地产管理部门办理备案，遵守当地的房地产交易和房地产经纪管理规定，出现问题矛盾纠纷也首先在当地解决。

(二) 房地产经纪行业的规范性管理

房地产经纪是一种专业服务，不提供实体的产品，只提供无形的服务。专业服务创造不可替代的价值，房地产经纪服务对交易当事人的效用是经济安全的房屋交易。房地产经纪服务过程的规范性，直接关系房地产交易的高效性和安全性，因此，对房地产经纪的管理侧重于保证服务过程的规范性。从发达国家和地区的经验来看，对服务过程规范性方面的管理，主要通过以下几方面内容的管理来实现：

1. 房地产经纪执业行为规范

发达国家和地区一般通过立法来制定房地产经纪执业规范，如美国的《一般代理法规》（Common Law Agency），我国香港地区的《地产代理条例》和台湾地区所谓的"不动产经纪业管理条例"。我国也有对应的《房地产经纪管理办法》及《房地产经纪执业规则》，行为规范包括业务招揽及承接，房源发布及展示、合同解读及签约、收费公示及收取等规范。

2. 房地产经纪服务收费规范

房地产经纪作为一种服务性行业，其所提供的服务不如实体产品那样容易进行价值判别，因此房地产经纪机构与客户之间在服务收费问题上较容易产生纠纷，特别需要行业管理的协调作用，收费管理的最主要方式是明码标价制度和收费约定制度。各国（地区）房地产经纪行业管理规范都严令禁止房地产经纪机构赚取合同约定佣金以外的经济利益，如房地产交易差价等。

（三）房地产经纪行业的公平性管理

房地产经纪行业是以房源、客源等信息为主要资源的行业。信息本质和自身的特点，以及信息不对称所带来的种种后果都要求行业管理主体对房地产经纪行业实施公平性管理，以保证行业内部各机构及从业人员之间的公平竞争和行业与服务对象之间的公平交易。具体来说，主要有三个方面：

1. 行业竞争与合作的管理

信息具有共享性、积累性、时效性，容易出现行业垄断，使得房地产经纪业内部容易产生不正当竞争，但同时又迫切需要开展行业内的广泛合作。例如，开发一套房源信息要花费很大的精力和很长的时间，即信息的生产成本很高，但是信息传播几乎是零成本，房源信息如果不加以保护很容易被竞争对手获知，这造成了业内普遍存在的"藏盘"和"揽单"现象。因此，对行业竞争与合作的管理也是房地产经纪行业管理的重要内容，美国全国房地产经纪人协会所建立的"多重房源上市服务系统（MLS）"，通过独家代理保障房源经纪人的合法权益，通过信息共享和房源联卖实现同行高效合作，MLS是开展行业协作管理的典范。

2. 房地产经纪信用管理

由于房地产经纪从业人员与服务对象之间存在着较为明显的信息不对称现

象，因此对房地产经纪行业的管理必须十分注重房地产经纪的信用管理。很多国家的政府和房地产经纪行业组织通过法律规范、行政管理、教育与行业自律乃至评奖、设立信用保证金等种种方式，对房地产经纪机构及房地产经纪职业人员的信用进行管理。

3. 房地产经纪纠纷管理

由于房地产经纪从业人员与服务对象之间的信息不对称，很容易引起双方对同一问题认识的差异，从而导致房地产经纪纠纷。在一些房地产经纪行业不够成熟的地方，房地产经纪从业人员素质的良莠不齐，更催化了这种纠纷。所以关于房地产经纪纠纷的管理是房地产经纪行业管理的重要内容。从发达国家和地区的情况来看，建立常规的消费者投诉通道、明确纠纷调解主体、制定纠纷处理的法律性文件是纠纷管理的主要手段。

第二节 我国房地产经纪行业行政监管

我国房地产经纪行业行政监管随着政府职能转变和行业发展变化不断调整。政府职能转变是深化行政体制改革的核心，简政放权、放管结合、优化服务是政府职能转变的方向。房地产经纪从行业复苏、初步发展、快速发展，再到稳定发展，相应的行政监管政策也不断完善，监管重点不断调整。

一、我国房地产经纪行业行政监管部门

我国房地产经纪行业的主管部门是住房和城乡建设部门，行业管理涉及的行政部门还有市场监督管理、发展和改革、人力资源和社会保障、通信管理、网信等部门。各部门按照职责分工开展对房地产经纪活动的监督和管理，各部门分工以国务院确定的各部门的"三定方案"为依据，在房地产经纪行业监管上的大致分工如下：

住房和城乡建设（房地产）管理部门承担规范房地产市场秩序、监督管理房地产市场的重要职能。负责对房地产经纪行业的日常监管，对房地产经纪机构和人员的执业行为进行监督管理，制定行业管理相应制度并监督执行。近年来，住房和城乡建设部对房地产经纪行业管理不断加强，建立了以房地产经纪专业人员职业资格登记、房地产经纪机构备案、房地产交易合同网上签约、房地产交易资金监管为主要内容的综合行政管理体系。

市场监督管理部门负责房地产经纪机构的登记注册和监督管理，承担依法查处取缔无证无照经营的责任。依法查处房地产经纪行业的不正当竞争、商业贿赂

等经济违法行为。依法实施合同行政监督管理，负责依法查处合同欺诈等违法行为。负责房地产广告活动的监督管理工作，组织指导查处价格收费违法违规行为和不正当竞争行为，拟订反垄断制度措施和指南，组织实施反垄断执法工作等。国家发展和改革委员会主要负责拟订并组织实施价格政策，监督检查价格政策的执行；负责组织制定和调整少数由国家管理的重要商品价格和重要收费标准。据此，价格主管部门承担拟定并组织实施价格政策，监督价格政策执行的重要职能。负责制定房地产经纪相关的价格政策，监督检查价格政策的执行。

人力资源和社会保障部门负责参与人才管理工作，制定专业技术人员管理和继续教育政策，统筹拟订劳动、人事争议调解仲裁制度和劳动关系政策，完善劳动关系协调机制，组织实施劳动监察，协调劳动者维权工作，依法查处重大案件。据此，人力资源和社会保障主管部门承担完善职业资格制度，拟订专业技术人员管理和继续教育政策、社会保障体系建设等职能。2001 年，根据国际惯例，人事部、建设部联合建立了房地产经纪专业人员职业资格制度。2002 年以来，每年举办一次全国房地产经纪人考试，2019 年开始房地产经纪专业人员资格考试部分城市试点了一年两考。人力资源和社会保障部门还承担房地产经纪机构和从业人员劳动合同、社会保障关系的监督管理。

通信管理部门和网信办负责房地产互联网平台的设立备案及行为监管。信息通信管理局依法对电信和互联网等信息通信服务实行监管，承担互联网（含移动互联网）行业管理职能，具体负责电信和互联网业务市场准入及设备进网管理，承担通信网码号、互联网域名和 IP 地址、网站备案、接入服务等基础管理及监督管理互联网市场竞争秩序、服务质量、互联互通、用户权益和个人信息保护。网信办主要负责互联网信息内容管理，依法查处违法违规网站。

二、我国房地产经纪行业行政监管的方式和内容

我国房地产经纪行业行政监管已从事前经营许可为主，转到加强事中事后监管，并不断创新管理方式，全面推行"双随机、一公开"监管和"互联网＋监管"，不断完善信用体系建设。

（一）我国房地产经纪行业监管方式

目前我国房地产经纪行业监管的方式主要有现场巡查、合同抽查、投诉受理等。

现场巡查是对房地产经纪机构的经营场所和日常经营活动进行的日常监督检查，是对房地产经纪活动进行全面监督管理最常用的方式。检查的重点主要是房地产经纪机构日常经营活动的规范性。通过现场巡查既能真实、全面地了解房地

产经纪机构和房地产经纪从业人员的日常经营活动，又能了解一定区域内房地产经纪市场情况。

合同抽查是抽查房地产经纪机构和房地产经纪从业人员从事房地产经纪活动所签订的各类合同，是对房地产经纪服务行为进行检查的重要方式。抽查的合同包括房地产经纪服务合同、代办服务合同、房屋租赁合同、存量房买卖合同、新建商品房销售合同等，查看内容包括主合同条款、合同附件、合同对应发票存根、专用账户银行对账单及限购等政策要求所附资料。合同检查要与网上机构备案信息、业务记录、人员资格进行比对。具体检查方式有：

（1）有针对性检查。针对信访投诉、舆情监测、网上签约记录或租赁业务记录等信息来源所涉及合同，按对应合同编号要求经纪机构提供。

（2）随机抽查。在合同档案存放地，随机抽取 5 年内各类合同若干份。根据合同性质确定不同的检查重点，租赁合同检查还要将《房地产经纪管理办法》与《商品房租赁管理办法》及各地有关房屋租赁的规范性文件结合起来，作为执法检查的依据。检查点包括：经纪机构备案、合同网上备案、经纪服务收费及资金划转方式、签订合同的经纪人员资格、合同标的物是否符合出租（卖）条件及使用要求、存量房买卖网签合同与实际书面合同价款是否一致、是否按照规定的收费标准收取佣金、主合同条款及附件有无不合理及不公正要求、限购等调控政策所要求的资料是否真实齐备。无论是现场巡查还是合同抽查，一般都采用"双随机、一公开"的方式，即在监管过程中随机抽取检查对象、随机选派执法检查人员，抽查情况及查处结果及时向社会公开。

投诉受理是主管部门发现房地产经纪违法违规行为的有效途径，也是房地产交易当事人解决房地产经纪活动引发纠纷的常见方式。地方各级建设（房地产）主管部门、价格主管部门通常设置一些投诉通道，制定投诉受理程序，有的还会建立统一的投诉受理平台，保持畅通的投诉渠道，及时受理投诉并妥善解决投诉所反映的问题。

（二）我国房地产经纪行业监管内容

以房地产经纪活动的开展为参照，按照先后顺序，房地产经纪行业行政监管可分为事前监管、事中监管和事后监管。事前监管主要包括人员职业资格管理和机构登记备案管理；事中监管主要是经纪服务行为和信用档案管理监管；事后监管主要是纠纷的调处和管理。在简政放权、减少行政审批事项的背景下，事中事后监管是政府部门监管的重点。

贯穿事前、事中、事后监管全过程的一个基础制度是实名服务制度。房地产经纪从业人员服务时应当佩戴标明姓名、机构名称、国家职业资格等信息的工作牌，在委托协议、房地产经纪服务合同、房屋状况说明书、服务告知书等重要业务文书上都应当有持牌人员的签名留痕。

1. 事前管理

事前管理是房地产经纪活动发生之前的管理，主要包括房地产经纪从业人员实名登记制度、房地产经纪专业人员职业资格制度和房地产经纪机构的登记备案制度。房地产经纪人员职业资格制度包括考试制度、登记制度、继续教育制度等；房地产经纪机构备案制度包括备案申请、备案公示和备案年检等。

（1）房地产经纪从业人员实名服务管理

《住房城乡建设部等部门关于加强房地产中介管理促进行业健康发展的意见》（建房〔2016〕168号）建立了房地产经纪从业人员实名服务制度，要求中介机构备案时，要提供本机构所有从事经纪业务的人员信息。市、县房地产主管部门要对中介从业人员实名登记。中介从业人员服务时应当佩戴标明姓名、机构名称、国家职业资格等信息的信息卡、工作牌。《住房和城乡建设部 市场监管总局关于规范房地产经纪服务的意见》（建房规〔2023〕2号）又进一步强调，市、县住房和城乡建设部门要全面推行经纪从业人员实名登记，加强经纪从业人员管理。经纪从业人员提供服务时，应当佩戴经实名登记的工作牌、信息卡等，公示从业信息，接受社会监督。

（2）房地产经纪专业人员职业资格管理

房地产经纪专业人员职业资格制度，是依据《中华人民共和国城市房地产管理法》和《房地产经纪专业人员职业资格制度暂行规定》设立的，各地房地产主管部门应当积极落实房地产经纪专业人员职业资格制度，鼓励房地产经纪从业人员参加职业资格考试、开展职业资格登记、接受继续教育和培训，不断提升职业能力和服务水平。北京、上海、长沙、三亚等城市还明确规定房地产经纪机构备案应当具备足够数量的房地产经纪专业人员。

（3）房地产经纪机构的登记和备案管理

房地产经纪机构的登记备案制度包括市场监管部门和行业主管部门备案。

从事房地产经纪业务，应当成立专门的房地产经纪机构。房地产经纪机构的设立，首先应当符合《中华人民共和国民法典》《中华人民共和国公司法》《中华人民共和国合伙企业法》等法律对成立公司或合伙企业的一般性规定，名称中有"房地产经纪"字样。同时，我国《中华人民共和国城市房地产管理法》规定了设立房地产经纪机构应当符合的实体条件，即：①有自己的名称和组织机构；②有固定的服务场所；③有必要的财产和经费；④有足够数量的专业人员；⑤法律、行政法规规定的其他条件。对于其他条件，《房地产经纪管理办法》做出了进一步规定，要求设立房地产经纪机构应当有足够数量的房地产经纪人和房地产经纪人协理。很多地方，在房地产经纪机构办理市场主体登记时，需要提供1名以上的房地产经纪专业人员信息。根据《房地产经纪管理办法》，房地产经纪机构及其分支机构还应当自领取营业执照之日起30日内，到所在直辖市、市、县人民政府建设（房地产）主管部门备案。备案部门会审查房地产经纪专业人员等条件，并对经备案的房地产经纪机构及其分支机构的名称、住所、法定代表人（执行合伙人）或者负责人、注册资本、房地产经纪专业人员等备案信息向社会公示。

2. 事中管理

事中管理是对房地产经纪活动过程的监督管理，是房地产经纪行业管理的核心，主要包括现场检查、合同管理（网上签约和合同备案）、资信评价、信用档案信息公示、收费管理和交易资金监管等。

现场检查包括对机构备案、人员资格、门店公示、服务合同等内容和情况的检查。现场检查一般是多部门的联合检查，住房和城乡建设部门检查机构是否取得备案证明、房地产经纪从业人员是否取得职业资格和进行登记、营业场所公示是否符合要求；工商部门检查机构是否登记备案、合同是否规范；物价部门检查服务收费问题；人力资源和劳动保障部门检查劳务用工问题。由于房地产经纪机构没有严格的市场准入制度，房地产经纪行业行政主管部门创新管理手段，牵头联合工商、物价、人力资源和社会保障等部门对房地产经纪机构的经营场所定期进行巡检，重点检查经营场所的公示内容、持证人员的执业情况和合同等业务资料的保存情况。

合同网签管理也是房地产经纪行业管理的又一重要手段。《房地产经纪管理办法》对房地产经纪服务合同签订有比较详细的规定，比如房地产经纪服务合同要有机构盖章人员签名等，并规定了相应的罚则，现场检查过程中主要通过对服务合同的检查发现房地产经纪服务行为存在的问题。另外，《房地产经纪管理办法》规定经备案的房地产经纪机构才能获得网签资格，交易合同备案和网签也是一种有力的监管手段。在缺乏管理抓手的情况下，网上签约资格成为有效管理的手段。另外有的地方尝试要求房地产经纪服务合同的签订也要实行网上签约，规定只有备案的房地产经纪机构才能获得网签资格，只有具备相应职业资格的房地产经纪专业人员才能有权进行网签操作。

建立健全房地产经纪信用体系，是规范房地产市场秩序的治本之策，是发展房地产经纪行业的长效制度。房地产经纪信用体系，包括房地产经纪机构和从业人员的信用档案、信用评价，以及信用承诺、守信联合激励、失信行为认定、失信联合惩戒、失信主体信用修复等机制。房地产经纪行业组织可以对房地产经纪机构和房地产经纪从业人员开展资信评价，失信分级分类监管，奖优惩劣，向社会推荐优秀的房地产经纪机构和房地产经纪从业人员，曝光不良机构和人员。

关于收费管理，国家和地方强调了收费明码标价制度，要求公示收费对应的服务内容和完成标准，收费时点及出具费用清单等也有相应的规定。交易资金监管也是保障交易安全的一项重要措施。

3. 事后管理

事后管理主要是业务纠纷调处、投诉处理和对违法违规行为的处罚。房地产经纪行业行政主管部门或者房地产经纪行业组织针对房地产经纪纠纷和投诉，进行调查、调解和处理。根据《房地产经纪管理办法》等有关规定，房地产经纪行业主管部门可以采取约谈、记入信用档案、媒体曝光等措施进行事后监管，对经查实的房地产经纪违规行为，由房地产经纪行业管理部门对房地产经纪机构和房地产经纪从业人员进行处理或者处罚，手段包括限期改正、记入信用档案、取消网上签约资格、罚款、没收违法所得、停业整顿等。

《房地产经纪管理办法》明确了九种禁止行为和若干不规范行为：①捏造散布涨价信息，或者与房地产开发经营单位串通捂盘惜售、炒卖房号，操纵市场价格；②对交易当事人隐瞒真实的房屋交易信息，低价收进高价卖（租）出房屋赚取差价；③以隐瞒、欺诈、胁迫、贿赂等不正当手段招揽业务，诱骗消费者交易或者强制交易；④泄露或者不当使用委托人的个人信息或者商业秘密，谋取不正当利益；⑤为交易当事人规避房屋交易税费等非法目的，就同一房屋签订不同交易价款的合同提供便利；⑥改变房屋内部结构分割出租；⑦侵占、挪用房地产交易资金；⑧承购、承租自己提供经纪服务的房屋；⑨为不符合交易条件的保障性住房和禁止交易的房屋提供经纪服务。针对上述九种禁止行为，都规定了相应的行政处罚。对于不规范行为也有明确的处理或者处罚措施，如房地产经纪机构擅自对外发布房源信息的，由县级以上地方人民政府建设（房地产）主管部门责令限期改正，记入信用档案，取消网上签约资格，并处以 1 万元以上 3 万元以下罚款；房地产经纪机构擅自划转客户交易结算资金的，由县级以上地方人民政府建设（房地产）主管部门责令限期改正，取消网上签约资格，处以 3 万元罚款；有下列行为之一的，由县级以上地方人民政府建设（房地产）主管部门责令限期改正，记入信用档案，对房地产经纪人员处以 1 万元罚款，对房地产经纪机构处以 1 万元以上 3 万元以下罚款：①房地产经纪人员以个人名义承接房地产经纪业务和收取费用的；②房地产经纪机构提供代办贷款、代办房地产登记等其他服务，未向委托人说明服务内容、收费标准等情况，并未经委托人同意的；③房地产经纪服务合同未由从事该业务的一名房地产经纪人或者两名房地产经纪人协理签名的；④房地产经纪机构签订房地产经纪服务合同前，不向交易当事人说明和书面告知规定事项的；⑤房地产经纪机构未按照规定如实记录业务情况或者保存房地产经纪服务合同的。

由于房地产经纪行业缺少必要的准入制度，对不备案机构的经营和无资格人员的执业没有有效处罚手段，事后惩处缺乏震慑力。管理实践中，住房和城乡建设部门可以依托实名服务制度，对没有办理备案的机构和没有办理工作牌的从业人员，限制其通过互联网发布房源信息，同时加大对备案房地产经纪机构和房地产经纪专业人员的宣传推广，通过社会环境和舆论监督达到净化房地产经纪行业的目的。

三、我国房地产经纪行业纠纷管理

（一）房地产经纪行业常见纠纷

房地产经纪行业纠纷管理是重要的行政救济措施，对保护房地产经纪活动当事人，特别是房地产交易当事人的合法权益具有重要意义。行业纠纷调处和管理，主要是指经纪服务不规范导致的纠纷进行处理。根据法院审理的房地产经纪纠纷案件，发现房地产经纪机构和经纪人员导致的纠纷主要表现在六个方面：

（1）房地产经纪机构向购房人做出虚假宣传和虚假承诺。现实中，由于买受人购买房屋的目的不同，其对房屋的情况有各种特殊要求，房地产经纪机构为促成交易赚取中介费，往往按购房人的需求做出虚假宣传和虚假承诺，诱使购房人签订买卖合同。如经纪机构将靠近学区房的房屋作为学区房宣传并口头承诺购房人可以获得入学资格，购房人签订合同并办理房屋过户后才发现所购房屋不属于学区房，无法实现子女上学的合同目的；经纪机构将未"满五唯一"的房屋说成"满五唯一"，通过承诺可以降低交易税费诱使购房人签订合同；经纪机构为经济实力不足的购房者承诺可以办理高额的购房贷款，促使购房能力不足的客户在无经济能力条件下签订了合同，事后发现经纪机构根本无法兑现承诺，致使购房人无能力履行买卖合同而产生损失；再如对不具备购房资格的买受人，经纪机构承诺可以帮助其解决购房资格并促使双方签订合同，之后因政策不允许造成合同无法履行。因经纪机构做出的这些虚假宣传和口头承诺往往违反法律、政策的规定且无法兑现，从而导致纠纷的产生。

（2）房地产经纪机构在经纪服务过程中故意隐瞒房屋重要情况，使购房人违背真实意思表示签订合同。在提供房地产经纪服务过程中，部分房地产经纪机构故意隐瞒房屋真实情况，导致买房人认为该房屋符合其需求，错误签订买卖合同，从而产生纠纷。如经纪机构隐瞒交易房屋已办理抵押的事实、隐瞒房龄（房子的建成时间）和房屋的性质及产权证的情况或以夜间看房方式隐瞒周围环境的不良因素、隐瞒售房人擅自改变房屋承重结构的事实、隐瞒房屋漏水、环境噪声等隐性瑕疵以及房屋长期拖欠物业费、供暖费等情形。再如，房地产经纪机构对已购的政策性住房，主要包括职工个人按照房改政策购买的公有住房、经济适用住房、集资建设房屋和合作建设房屋、共有产权房等情况刻意隐瞒，以致买受人无从知晓政策性住房在交易方面存在的出售禁止、时间限制、主体资格限制等因素，导致此领域纠纷频发、高发。此外，房地产经纪机构对于影响买受人购买决策的极端事件（如火灾、非正常死亡、严重的刑事案件等）刻意隐瞒，致使纠纷产生。

（3）房地产经纪机构为利益最大化，欺骗交易当事人。如经纪机构为了赚取更高的收入，对于卖方的同一所住房，在房子价格发生巨大变动的情况下，在已经为卖方提供有效的经纪服务找到买家后，又为同一卖方提供了第二次经纪服务，赚取了两笔中介费，在这种"一房二卖"的情况下，两个买房人中必有一个买房人无法实现买房的目的。再如，经纪机构为了锁定房源，争取竞争优势，在不存在真实的房屋买卖的情况下，擅自使用他人信息，在没有真实购房人的情况下，进行虚假网签或者仅网签部分内容，从而将卖方的房子锁定不能交易，致使售房人无法再委托其他经纪机构出售该房屋。另外，经纪机构为了签订经纪服务合同，怂恿购房人夫妻离婚，欺骗购房人标的房屋满足"满五唯一"条件，能够规避20%的差额税费；面对需要改善住房环境的购房者，经纪机构诱使购房者将现有房屋低价售出等情况。

（4）房地产经纪机构在经纪服务过程中，未对交易人关键信息及房屋的权属等进行认真核查，给交易当事人造成重大损失。房地产经纪机构的首要义务即是提供准确的房源交易信息。已有案例显示，房地产经纪机构经常疏于对房屋的关键信息及重要材料进行核实。如个别售房人在出售房屋时提供虚假材料，而经纪机构在对售房人出示的身份证明、房屋权属状态等未经核实的情况下即将房屋挂牌交易，致使许多不具备交易条件的房屋混入市场，导致许多无处分权人、无权代理人参与交易，进行缔约，严重影响了房屋买卖合同的效力，甚至让犯罪分子利用中介公司提供的中介平台，将其作为进行违法犯罪的工具，以售房作为手段实施合同诈骗，造成交易当事人重大的经济损失。再如，房地产公司对房产证是否下发、房屋的性质在产权交易上有无特殊限制、房屋是否"满五唯一"、不动产登记和其真正的权属是否一致、继承取得的房屋是否全体继承人均同意出售及出具书面委托书，优先购买权人是否放弃优先购买权并取得书面文件，出售人或买受人是否能独立承担民事责任，交易过程中相关的代理或监护手续是否完备、合法，房屋是否存在抵押等情况未尽到核实义务。因房地产经纪机构疏于对上述等关键信息的核查，导致这类存有隐患的房屋在交易过程中很容易产生纠纷。

（5）房地产经纪机构对明显影响双方权利义务关系和交易风险的格式合同条款未明示和特别提醒，或对合同条款进行不实解释或虚假保证。在房屋买卖过程中，经纪服务合同及买卖合同往往是由经纪机构提前准备好的，经纪机构利用买受人对相关法律法规的不了解，对一些明显影响双方权利义务关系和交易风险的条款不作特别提醒，而在买受人对一些条款提出疑问时，又向买受人做出不实解释或虚假保证，以致买受人在对实际情况不了解的情况下就签订了合同。如：对减轻或免除经纪机构主要合同义务的条款往往未进行加粗或加黑，亦未向交易双方进行充分的提示和告知；未告知购房者在支付款项时可以选择资金监管或自行划转，而是直接让购房者签署《存量房交易结算资金自行划转声明》，从而规避经纪机构的服务义务，致使购房人承受巨大风险。

（6）房地产经纪机构部分从业人员交易经验和专业能力不足，经纪人违规操作，人员流动性大，也容易造成纠纷。由于房地产经纪行业自身的特点，造成部分房地产经纪从业人员目光短浅，短期行为严重，这不仅限制了房地产经纪从业人员自身水平的提高和发展，而且在房地产活动中无法为当事人有效提供法律法规、政策、信息、技术等方面服务。部分房地产经纪机构内部管理混乱，聘用的经纪人员大多数不具备房地产经纪专业人员职业资格，人员流动频繁并缺乏专业知识，对房地产经纪业务的基本工作流程不了解，对房地产经纪服务合同条款的含义不清楚，不注意合同签订后的义务履行。经纪人员自身原因导致的纠纷发生后，往往无法找到当时的经办人，经纪机构也经常借此把责任归于某个已离职的经纪人员身上，导致一些关键事实无法查清，影响纠纷的处理。同时，因房地产经纪机构对经纪人员管理不到位，致使经纪人违规操作，也会给交易双方造成损失。

（二）预防房地产经纪纠纷的措施

房地产经纪纠纷是房地产经纪行业运行的社会成本。大量的房地产经纪纠纷不仅会降低社会的整体福利，还会影响房地产经纪行业自身的运行效率和发展前景。因此，有效规避房地产经纪纠纷是房地产经纪行业管理的重要内容。提高房地产经纪从业人员的职业道德，加强房地产经纪机构的自身管理才是避免房地产经纪纠纷的根本途径，但是，通过行业管理部门的引导和监督来规避房地产经纪纠纷也是一个不容忽视的重要手段。目前，我国房地产经纪行业主管部门主要可以通过以下手段来规避房地产经纪纠纷：

1. 制定推行示范合同文本

房地产经纪行业目前之所以存在以上种种纠纷，首先是由于房地产经纪从业人员和委托人缺乏必要的法律意识；其次是由于一些房地产经纪从业人员和委托人未掌握订立和履行合同的规则；最后是由于房地产经纪从业人员受商业环境和交易陋习影响，在执业活动中有意无意不遵守合同规则，甚至缺乏诚信，形成只谋求经济利益的不良经营作风。为了维护合同当事人的合法权益，减少合同纠纷，除了督促房地产经纪从业人员在职业活动中加强自律，遵守合同规则外，多数地方的政府或者行业组织还制定了符合合同规则的示范合同文本，并加以推广。示范合同文本可以发挥多重作用：

第一，示范合同文本的推广，既不干涉经纪活动的正常运行，又可以将合法的合同规则通过公开的途径进行示范，鼓励、督促合同当事人自觉把握自己的权利义务关系；

第二，示范合同文本的推广，有利于合同当事人通过比较，改变交易陋习和不自觉的违法、违规、违约行为；

第三，示范合同文本的推广，可以保护社会的弱势群体，避免受到违反合同规则的恶意行为的损害；

第四，示范合同文本也是政府管理机构与行业组织公开进行宣传，维护消费者利益、行业形象和政府的政策导向的有效手段。

加强对房地产经纪合同的监督管理。目前，房地产经纪机构中使用自行制作的合同文本占有很大的比例。为了方便重复使用，很多房地产经纪机构将这种合同制作成固定格式的合同文本。一些地方房地产行政主管部门要求房地产经纪机构将这种固定格式的经纪合同提交房地产行政管理部门审查，这就是一种对合同的监督管理。

2. 制定服务流程和服务标准，明确服务要求和内容

房地产经纪行业的服务标准是房地产经纪从业人员为委托人提供劳务服务的行为准则，也是房地产经纪从业人员体现诚实信用的依据，又是房地产经纪从业人员应当履行的合同义务。制定符合市场条件、行为准则、房地产经纪从业人员和委托人利益的服务标准，是保障房地产经纪从业人员与委托人的权益、维护市场交易规范的必要手段，有利于提高房地产经纪行业的服务水平，树立良好的企业与行业形象。由于服务内容的不确定性，制定完全统一的服务标准不切合市场的实际，但制定服务要求和内容趋于一致性的基本标准还是可行的。房地产经纪机构可以根据基本标准并根据自身资源条件、经营成本等方面的情况，附加具有特色的企业服务标准作为经营的手段和方式为委托人服务。目前，有些地方的行业组织已经制定并发布了房地产经纪服务标准。

3. 加强房地产经纪服务收费管理

2014 年 6 月 13 日，《国家发展改革委、住房城乡建设部关于放开房地产咨询收费和下放房地产经纪收费管理的通知》（发改价格〔2014〕1289 号）发布，规定下放房地产经纪服务收费定价权限，由省级人民政府价格、住房城乡建设行政主管部门管理，各地可根据当地市场发育实际情况，决定实行政府指导价管理或市场调节价。2014 年 12 月 17 日，《国家发展改革委关于放开部分服务价格意见的通知》（发改价格〔2014〕2755 号）发布，规定"房地产经纪人接受委托，进行中介代理服务收取的佣金"实行市场调节价。

放开房地产经纪服务收费，不等于取消了收费管理，房地产经纪服务还要实行明码标价制度。《房地产经纪管理办法》第十八条规定：房地产经纪服务实行明码标价制度。房地产经纪机构应当遵守价格法律、法规和规章规定，在经营场所醒目位置标明房地产经纪服务项目、服务内容、收费标准以及相关房地产价格和信息。房地产经纪机构不得收取任何未予标明的费用；不得利用虚假或者使人误解的标价内容和标价方式进行价格欺诈；一项服务可以分解为多个项目和标准的，应当明确标示每一个项目和标准，不得混合标价、捆绑标价。此外，在房地产经纪活动中，禁止房地产经纪机构、房地产经纪从业人员通过隐瞒房地产交易价格等方式，获取佣金以外的收益。

4. 加强房地产经纪行业信用管理

为规范房地产经纪机构和经纪人员行为，房地产监督、管理机构及行业协会可以构建客观、公平、公正、及时的房地产经纪机构诚信评价与经纪人个人诚信评价体系，加强对市场的检查与监管，定期将违规操作的机构、个人和相关案例向社会公布，将房地产经纪机构的不良行为和负面形象记入信用档案，对于有不良信用的企业相应规定一些从业的限制。通过行业诚信体系建设，提升房地产经纪从业人员的职业道德水平和专业服务水平，塑造良好的职业形象，提高行业的社会公信力。在赢得社会尊重的同时，增强自我约束机制，增强职业责任感。

5. 加大行业管理的行政处罚力度

提高房地产经纪机构不规范操作的违规成本。面对经纪机构从业人员大量的不规范及违法行为，房地产经纪机构的监管部门应加大对房地产经纪行业的整顿治理，完善中介工作流程和动态监管，加大行政处罚力度，根据企业违法违规程度不同适时采取警告、通报批评、罚款等行政处罚措施，提高相关房地产经纪机构违法、违规的成本与代价，提高其严格按法律法规进行经营活动的自觉性。

6. 增强房地产经纪从业人员的守法意识

房地产经纪从业人员整体素质不高，法律法规素养较差，表现在具体工作中就是在签订合同、审核合同、谈判交易条件、控制交易风险时不够专业。因此，应当鼓励房地产经纪机构加强房地产经纪从业人员的法律法规培训，甚至聘请专业的法律工作者参与房地产经纪活动，特别是合同审核，为交易当事人提供必要法律帮助，保障交易安全。

7. 定期组织培训和考核

提高经纪机构和人员业务素质是预防和减少纠纷发生的长效措施。负责监管房地产经纪机构的行政主管部门定期组织培训和考核，提高经纪从业人员对执业规范、交易规定、工作流程、工作职责等内容的了解，及时传达有关房地产经纪行为操作规范的法律法规和相关案例，通报具有违规行为的经纪机构和从业人员以及采取的处罚措施，以起到警诫作用，从而提高经纪从业人员的业务水平和法律素质，树立整个行业及人员的诚信意识。

（三）对违法违规房地产经纪行为的处理

建设（房地产）主管部门、价格主管部门可以采取约谈、记入信用档案、媒体曝光等措施对房地产经纪机构和房地产经纪从业人员进行监督管理。约谈是对存在违法违规行为的房地产经纪机构、房地产经纪从业人员进行谈话，告知其违法违规行为事实，听取其陈述、申辩，要求其予以改正、引以为戒。记入信用档案是把在监督管理过程中发现房地产经纪机构、房地产经纪从业人员的违法违规行为作为不良信用记录记入其信用档案，向社会公众曝光。媒体曝光是指对经查证属实的房地产经纪机构、房地产经纪从业人员的违法违规行为通报媒体，通过媒体公示给社会大众。约谈、记入信用档案、媒体曝光等措施是对房地产经纪违法违规行为进行处理的重要手段，是在行政处罚之外的有效监管手段；对于现场巡查、合同抽查、投诉受理等方式发现的违法、违规问题，各级建设（房地产）主管部门、价格主管部门除采取行政处罚外，可综合运用约谈、记入信用档案、媒体曝光等措施对房地产经纪机构和房地产经纪从业人员进行监管。

第三节　我国房地产经纪行业自律管理

房地产经纪行业组织是政府与市场、社会之间的重要桥梁和纽带。近年来，按照转变政府职能和优化营商环境的要求，多数行业组织已经与政府脱钩，政府和行业组织的边界逐渐清晰。房地产经纪行业组织参与制定修订相关标准和政策文件，推动行业企业自律，维护行业企业合法权益，逐渐成为依法自治的现代社会组织。

一、房地产经纪行业组织的性质和组织形式

房地产经纪行业组织一般指房地产经纪行业学（协）会，是房地产经纪机构和房地产经纪从业人员的自律性组织，单位性质是社团法人。房地产经纪行业组织通常由房地产经纪机构和房地产经纪从业人员发起设立，通过制定章程和社团登记证书来确定自己的管理职责范围，并以此引导和约束房地产经纪机构和房地产经纪从业人员的执业行为。房地产经纪行业组织所制定的章程应符合有关法律、法规和规章的规定。在法律、法规或政府行政管理部门明确授权的情况下，房地产经纪行业组织经授权或委托可履行应由政府管理部门履行的管理职责，如将情况汇总、反映给该部门，并可做适当的分析评价，甚至提出参考性处理意见。

房地产经纪行业组织分为全国性行业组织和地方性行业组织。中国房地产估价师与房地产经纪人学会是目前中国唯一合法的全国性房地产经纪行业组织，地方性行业组织可分为省、自治区、直辖市及设区市设立的房地产经纪行业组织。多数省、自治区及北京、上海、重庆、深圳、广州、成都、武汉、杭州、长沙、济南、厦门、大连等城市也都成立了地方性的房地产经纪行业组织。中国房地产估价师与房地产经纪人学会通过和各地方房地产经纪行业组织交流协作和工作联动，实施对全国房地产经纪行业的自律管理。

房地产经纪行业组织被喻为行业的"娘家"，房地产经纪从业人员一经取得房地产经纪人职业资格或房地产经纪人协理职业资格，即可申请成为行业组织会员，享有章程赋予的权利，履行章程规定的义务。房地产经纪专业人员一经加入房地产经纪行业组织即表示其自愿接受房地产经纪行业组织的约束，因此房地产经纪行业组织章程对参加组织的房地产经纪机构和房地产经纪专业人员具有强制约束力。未取得房地产经纪专业人员职业资格的，也可以申请加入相应的房地产经纪行业组织。

房地产经纪行业组织作为政府与市场、社会之间的桥梁纽带，是社会治理的重要力量，在政府管理、企业运营和个人执业中发挥着不可替代的作用。相对政府部门和企业组织，行业组织在专业、信息、人才、机制等方面具有独特优势，能做企业想做却做不了、政府要做却无精力做的事。

二、房地产经纪行业组织的自律管理职责

房地产经纪行业组织行使自律管理职责的依据有两个，一个是章程，另外一个是房地产经纪执业规范。房地产经纪行业组织根据章程，或经政府房地产管理

部门授权，履行下列职责：

（1）保障房地产经纪会员依法执业，维护会员合法权益；

（2）组织开展房地产经纪理论、方法及其应用的研究、讨论、交流和考察；

（3）拟订并推行房地产经纪执业规范；

（4）协助行政主管部门组织实施房地产经纪专业人员职业资格考试；

（5）接受政府部门委托办理房地产经纪人员职业资格登记；

（6）开展房地产经纪业务培训，对房地产经纪专业人员进行继续教育，推动知识更新；

（7）建立房地产经纪专业人员和房地产经纪机构信用档案，开展房地产经纪资信评价；

（8）进行房地产经纪专业人员职业道德和执业纪律教育、监督和检查；

（9）调解房地产经纪专业人员之间在执业活动中发生的纠纷；

（10）按照章程规定对房地产经纪专业人员给予奖励或处分，提供房地产经纪咨询和技术服务；

（11）编辑出版房地产经纪刊物、著作，建立有关网站，开展行业宣传；

（12）代表本行业开展对外交往、交流活动，参加相关国际组织；

（13）向政府有关部门反映会员的意见、建议和要求，维护会员的合法权益，支持会员依法执业；

（14）办理法律、法规规定和行政主管部门委托或授权的其他有关工作。

制定和推行自律性的执业规范或者执业规则是房地产经纪行业组织实施行业管理的重要手段。执业规则是房地产行业组织根据业内人员的共同意志和行业管理需要制定的，它是平等民事主体之间的一种约定或者共识。虽然执业规则属于公约范畴，但它不同于一般的乡规民约。它与乡规民约最重要的区别是，它是依据法律、法规和规章制定的。执业规则与一般乡规民约的另一个重要区别是，执业规则的产生履行了一定的程序，即通过行业组织理事会审议而形成的自律性的规范要求和运作准则。因此，经法定程序，执业规则可升格为国家的法律法规和规章条例，具有广泛的群众性和民主性，集中体现了业内机构和人员的共同意志。

房地产经纪执业规则对房地产经纪机构和人员具有普遍约束力，主要表现在：违反规则执业，对他人的合法权益造成侵害的，一要受到行政管理部门处罚，甚至法律的制裁；二要受到行业组织的通报批评，将不良行为记入信用档案。当然，对违规执业的行为仅仅具有通报批评的约束手段是远远不够的。在一些发达国家，房地产经纪行业组织对严重违反行业规则的机构或个人，可以通过开除其会员资格或者取消职业资格的方式，使其无法继续从事房地产经纪活动。但目前我国行业组织的地位和职能需要加强，房地产经纪执业规则对房地产经纪执业行为的规范和约束作用也有待进一步发挥。今后，随着房地产行业组织地位的提高，其职责和功能得到充分发挥，房地产经纪执业规则的约束力也将进一步增强。

三、我国的房地产经纪行业自律管理体系

中国房地产估价师与房地产经纪人学会是我国房地产估价和经纪行业全国性的自律组织，主要由从事房地产估价和经纪活动的专业人士和专业机构组成，依法对房地产估价和经纪行业进行自律管理。

中国房地产估价师与房地产经纪人学会，中文简称为中房学，英文名称为China Institute of Real Estate Appraisersand Agents，英文名称缩写为CIREA，其前身是成立于1994年8月的中国房地产估价师学会，2004年7月，经建设部同意、民政部批准，变更为现名。2009年和2010年，中国房地产估价师与房地产经纪人学会被民政部授予首批4A级全国性行业协会商会、全国先进社会组织，并被住房和城乡建设部评为2008年度决算工作先进单位；2015年被确定为房地产经纪专业人员职业资格考试和登记的组织实施单位。

中国房地产估价师与房地产经纪人学会的主要宗旨是遵守宪法、法律、法规和国家政策，遵守社会道德风尚，团结和组织从事房地产估价和经纪活动的专业人士、机构及有关单位，开展房地产估价和经纪研究、交流、教育和宣传活动，接受政府部门委托拟订并推行房地产估价和经纪执业标准、规则，加强自律管理及国际交往与合作，不断提高房地产估价和经纪专业人员及机构的服务水平，反映其诉求，维护其合法权益，促进房地产估价和经纪行业规范、健康、持续发展。

在住房和城乡建设部的指导下，中国房地产估价师与房地产经纪人学会以2004年建设部转变房地产经纪人职业资格登记管理方式为契机，经过几年的不懈努力，探索建立了以房地产经纪专业人员职业资格登记管理制度为核心，以诚信建设为基础，以规则制定、制度设计为特征的房地产经纪行业自律管理框架体系，该体系主要包括以下几个方面：

一是承担房地产经纪专业人员职业资格考试、登记、继续教育。房地产经纪专业人员职业资格考试，不仅是进入房地产经纪行业的"敲门砖"，更是普及有关房地产经纪的法律、制度、政策和业务知识的有效手段，宣传行业的窗口。职业资格制度建立之初，中国房地产估价师学会（中国房地产估价师与房

地产经纪人学会前身）就参与考试相关工作，2004 年转变房地产经纪人登记（注册）管理方式之后，中国房地产估价师与房地产经纪人学会将房地产经纪专业人员职业资格登记（注册）与房地产经纪行业自律管理有机结合起来，职业资格登记（注册）管理制度已经成为行业自律管理的核心。2015 年，中国房地产估价师与房地产经纪人学会具体承担房地产经纪专业人员职业资格的评价与管理工作。2017 年，中国房地产估价师与房地产经纪人学会制定并印发了《房地产经纪专业人员职业资格证书登记服务办法》和《房地产经纪专业人员继续教育办法》。

二是确立房地产经纪执业规则。2006 年 10 月发布的《房地产经纪执业规则》，是中国房地产估价师与房地产经纪人学会对房地产经纪机构和房地产经纪从业人员自律管理的重要依据，是指导房地产经纪行为的基本准则。《房地产经纪执业规则》是指导房地产经纪从业人员和机构从事房地产经纪活动的基本行为准则。2013 年 1 月 18 日，经广泛深入调查研究，认真总结房地产经纪行业自律管理经验，并充分征求意见，对 2006 年发布的《房地产经纪执业规则》进行了修改。修改后的《房地产经纪执业规则》重新发布，并自 2013 年 3 月 1 日起施行。

三是推广房地产经纪业务合同推荐文本。2006 年 10 月，中国房地产估价师与房地产经纪人学会发布《房地产经纪业务合同推荐文本》，包括《房屋出售委托协议》《房屋出租委托协议》《房屋承购委托协议》《房屋承租委托协议》。2017 年 6 月，对合同进行修订，重新发布《房地产经纪服务合同推荐文本》。修订后的合同文本包括房地产经纪服务合同（房屋出售）、房地产经纪服务合同（房屋购买）、房地产经纪服务合同（房屋出租）、房地产经纪服务合同（房屋承租）4 个合同。同年，中国房地产估价师与房地产经纪人学会配套发布了《房屋状况说明书推荐文本》，《房屋状况说明书推荐文本》包括房屋状况说明书（房屋租赁）、房屋状况说明书（房屋买卖）两个文本。

四是发布房地产交易风险提示。房地产交易风险提示不仅提示房地产交易当事人预防上当受骗，还可以约束房地产经纪机构、房地产经纪从业人员的执业行为。2007 年，中国房地产估价师与房地产经纪人学会已经针对交易方式带来的风险问题，发布了房地产交易风险提示第 1 号。2014 年，针对一些地方发生了房地产经纪公司侵占、挪用交易资金，甚至卷款潜逃的事件，发布了房地产交易风险提示第 2 号，提醒广大房地产交易者，要审慎选择中介公司、认真查看所购房屋、谨慎支付交易资金、规范交易合同签订。2018 年，针对毕业生租房过程中遭遇上当受骗、蒙受损失的情况，发布房地产交易风险提示第 3 号。2020 年，针对一些不规范的长租公寓或住房租赁企业采用"高进低出""长收短付"的经营模式形成"资金池"，积累大量资金后卷款跑路，发布了房地产交易风险提示第 4 号，提醒社会大众以及广大房地产中介机构及其人员，在房屋出租、承租以及提供租赁中介服务过程中谨慎交易。

五是逐步建立房地产经纪和租赁学科理论体系。由于房地产经纪和租赁行业发展起步较晚，对房地产经纪和租赁的研究还不深入，房地产经纪和租赁活动中的诸多问题有待弄清。为此，中国房地产估价师与房地产经纪人学会发布了《"真房源"标识指引（试行）》《电子证照规范 房地产经纪专业人员登记证书》《房地产经纪服务中客户个人信息保护指南》等团体标准，每年设立多个房地产经纪和租赁方面的课题开展研究，如 2023 年就开展了房地产经纪人员"五险一金"缴纳现状及完善研究、网络直播等社交平台及相关行为与房地产经纪的关系研究、不动产"带押过户"对房地产交易及经纪服务的影响、住房租赁市场稳租金的政策措施研究、保障性租赁住房 REITs 监管机制研究、境外代表性住房租赁企业经营模式研究等课题研究，下一步还将通过发布《房地产经纪基本术语》《房地产经纪服务流程和服务标准》等标准规范，深入推进房地产经纪和租赁行业研究。

六是建立并公示登记房地产经纪专业人员和房地产经纪机构信用档案。2006 年，中国房地产估价师与房地产经纪人学会开通了房地产经纪信用档案，信用档案不但为社会公众提供了一个公开查询、选择房地产经纪机构和房地产经纪专业人员的途径，而且构建了一个房地产经纪行业弘扬诚信守法、曝光不良行为的平台。信用档案的建立和公示有助于建立房地产经纪行业的守信褒奖、失信惩戒的机制。

七是开展房地产经纪资信评价活动。2006 年，中国房地产估价师与房地产经纪人学会进行了首次优秀房地产经纪机构、优秀房地产经纪人的评选，评选出了 114 家全国优秀房地产经纪机构和 70 名全国优秀房地产经纪人，自此拉开了房地产经纪资信评价的序幕。中国房地产估价师与房地产经纪人学会将定期开展房地产经纪资信评价活动，向社会公布评价结果，引导房地产经纪行业规范、健康、持续发展。

八是通报房地产经纪违法违规案件。针对一些违法违规典型案例，中国房地产估价师与房地产经纪人学会建立违法违规案件通报制度，对具有代表性的违法违规案件及时予以通报。

九是发起房地产经纪行业诚信经营倡议活动。2013 年 12 月 17 日，中国房地产估价师与房地产经纪人学会和 35 家知名房地产经纪机构，在北京发起房地产经纪行业"诚信经营阳光服务"倡议活动。本次活动中，35 家知名房地产经纪机构向全国房地产经纪行业发出倡议，郑重做出六项承诺：房源信息真实可信、公开服务收费标准、保护客户个人信息、依法依规承接业务、及时受理投诉纠纷、规范经营服务场所。明确提出不发布虚假房源信息、不吃差价，不泄露委托人的个人信息，不为交易受限的房屋提供经纪服务，不承接"群租"业务，不强制代办贷款、代办登记和担保，不占道经营。还号召有条件的经纪机构结合自身特点，推出"先行赔付"等便民利民措施。2016 年 6 月 16 日，中国房地产估价师与房地产经纪人学会和 9 家房地产中介机构——21 世纪中国不动产、链家、伟业我爱我家、中原地产、房天下、世联行、麦田房产、信义房屋、合富置业在北京发起诚信服务承诺活动，针对消费者反映强烈的问题，郑重做出十大承诺，包括：发布真实房源信息，从业人员实名服务，服务项目明码标价，不侵占挪用交易资金，不哄抬房价，不炒买炒卖房地产，不违规提供金融服务，不泄露客户信息，及时处理投诉纠纷，营造行业良好环境。2022 年 12 月 30 日，为深刻领会、积极贯彻落实党的二十大精神，提高租房居住品质，创造美好租住生活，引领行业规范健康发展，中国房地产估价师与房地产经纪人学会联合 18 家地方住房租赁、房地产经纪行业组织以及百余家企业，以线上方式举办了"让租住生活更好"研讨会暨"稳租金、安心住"公开承诺活动。建信住房服务有限责任公司、魔方（中国）投资有限公司、北京自如住房租赁有限公司、北京爱家营企业管理有限公司（相寓）、保利公寓管理有限公司、北京锐诩住房租赁有限公司（安歆）、贝壳找房（北京）科技有限公司、21 世纪中国不动产、中原（中国）房地产代理有限公司等 105 家代表性住房租赁企业、房地产经纪机构和有关平台积极响应并做出合理定价、不乱涨价、明码标价、不吃差价、不扣押金、遵守政策、净化环境、开展帮扶共 8 项承诺，彰显了新时代企业的责任担当。北京房地产中介行业协会等 18 家房地产经纪和租赁行业组织负责人及做出承诺的 105 家企业的负责人参加了本次活动。

复习思考题

1. 试述房地产经纪行业管理的内涵、特征与作用。
2. 目前我国房地产经纪行业的法律、法规依据有哪些？
3. 房地产经纪行业管理有哪些基本模式？
4. 房地产经纪行业管理的基本框架包括哪些内容？

5. 我国房地产经纪行业行政管理的主要部门和内容有哪些?

6. 房地产经纪纠纷主要有哪些类型? 如何规避?

7. 房地产经纪行业监管的方式和措施有哪些?

8. 房地产经纪行业组织的性质是什么? 它通过哪些方式来实施行业管理?

第九章 房地产租赁经营与互联网信息服务

经过多年的发展，房地产中介行业出现了专业分化和行业融合。源自房地产经纪业务的房地产租赁经营，经过多年发展成为一个新的独立的行业；互联网平台与房地产经纪不断融合，呈现"你中有我、我中有你"的态势，互联网信息平台和互联网交易平台成为服务基础设施。本章重点介绍住房租赁企业的产生发展、登记备案和管理经营，房地产互联网平台的概念分类、设立要求和服务规范。

第一节 房地产租赁经营和服务

房地产市场不断发展变化，房地产中介行业也相应出现分化和融合。2015年以来，伴随着存量房市场的崛起，房地产租赁经营逐渐从房地产中介行业中脱离出来，成为单独的行业。现实中的房地产租赁主要是房屋租赁，其中与普通老百姓关系最密切的是住房租赁。

一、房屋租赁市场和租赁行业

房地产市场通常分为一级市场、二级市场和三级市场。一级市场，又称土地出让市场，属于典型的 G2B 市场，即政府出让土地给房地产开发企业；二级市场，又称房屋增量市场或者新房市场，属于典型的 B2C 市场，常见的是房地产开发企业销售新建房屋给购房人，房地产开发企业将新建的租赁住房出租给承租人的情况也越来越多；三级市场，也称房屋存量市场或者二手房市场，属于典型的 C2C 或者 C2B2C 市场，二手房交易双方多是个人，成交方式要么是手拉手直接成交，要么是通过中介成交。房屋租赁市场属于房地产三级市场。房地产市场发展，通常也是一、二级市场先兴起和快速发展，三级市场会随后兴起和发展，但三级市场成为主体才是房地产市场发展成熟的标志。我国的房地产市场发展，已进入存量时代，房地产绝对短缺问题得到有效解决，房地产供求关系发生根本性变化，房地产的主要矛盾由总量绝对短缺导致的供给不足转向存量房屋的流通、使用和利用不充分，以及买卖市场和租赁市场的发展不均衡。2017年中央经济工作会议提出构建租购并举的住房制度，补齐租赁短板，租赁作为提高房地产市场流通效率、提升房屋使用效率的重要方式之一，得到空前重视，房屋租赁市场顺势进入快速发展阶段。

房屋租赁市场发展到一定阶段，出现机构化、专业化、规模化等特征后，才形成房屋租赁行业。房屋租赁当事人，与从事房地产租赁经纪服务和经营活动的机构、人员等一起，共同构成了租赁行业的主体。从事房屋租赁经纪活动的机构和人员，俗称房屋租赁中介；从事房屋租赁经营活动的机构和人员，俗称"二房东"。过去，房地产经纪和房屋租赁经营长期混业经营，房屋租赁经营行业也被归入房地产经纪行业管理，现实中租赁经纪和经营常常被混为一谈。房屋租赁经营从房地产经纪行业中脱离出来经历了一个过程。2000年前后，"二房东"出现机构化，在业内房屋租赁经营被称作房屋银行业务、房管业务，相应的房屋租赁经纪业务被称为"普租"业务。因为与房地产经纪的渊源，房屋租赁经营曾长期被称为房屋租赁经纪委托代理，主营房屋租赁经营业务的机构一度被称为房屋租赁代理机构。例如，2007年《北京市房屋租赁管理若干规定》（北京市人民政府令194号公布该文件，后修订为北京市人民政府令231号）将房屋租赁经纪委托代理业务与经纪业务并列，并确定为合法的业务，明确纳入房地产中介行业管理。2017年10月，新修订的《国民经济行业分类》GB/T 4754—2017将房地产租赁经营从房地产中介服务中分立出来，单独列为一个行业，并定义为各类单位和居民住户的营利性房地产租赁活动，以及房地产管理部门和企事业单位、机关提供的非营利性租赁服务，包括体育场地租赁服务。房屋租赁经营归属于房地产租赁经营，住房租赁经营属于房屋租赁经营。

二、房屋租赁模式和相关企业

房屋租赁是指房屋所有权人作为出租人将其房屋出租给承租人使用，由承租人向出租人支付租金的行为。在房地产市场中的房屋租赁是一种市场交易行为，拥有房屋所有权、使用权或是经营权的出租方，通过出租或者转租等方式，将房屋使用权转移给承租方，承租方向出租方支付租金。

（一）房屋租赁模式

按照租赁性质，可以细分为保障性租赁、政策性租赁和市场化租赁等，廉租住房、公共租赁住房以及直管公房和自管公房等房屋的租赁为保障性租赁，保障性租赁住房、人才公寓、单位宿舍等为政策性租赁，其他租赁为市场化租赁。房屋用途多样，房屋租赁可以分为住房租赁、办公用房租赁、商业用房租赁、养老用房租赁、仓储用房租赁等类型。市场化房屋租赁活动实践中，租赁成交的模式或者说方式也有所不同，目前常见的模式有三种：直租模式、中介模式和租赁经营模式。不同模式各有特点，具体的房屋租赁模式分类及特点如表 9-1 所示。

房屋租赁模式分类及特点　　　　　　　　　　　　　　表 9-1

模式大类	模式细类	房屋类型	出租方及收益	服务方及收益	备注
直租模式	C-C	分散式住宅	业主，租金	业主	—
	B-C	集中式、宿舍式公寓	业主，租金＋服务费	业主	—
	B-B	办公楼、商场、商铺	业主，租金＋物业费	业主	—
中介模式	居间	各种类型	业主，租金	房地产经纪机构，佣金	中介成交后，出租方可以委托中介机构提供等维修、保洁等托管服务，并支付相关费用，托管服务属于经纪延伸服务
	代理	整栋写字楼或商场、集中式公寓	业主及代理人，租金	房地产经纪机构，代理服务费	
租赁经营模式	保底＋溢价分成模式	住宅、集中式公寓	租赁企业，租金溢价分成＋服务费	租赁企业	
	包租	各种类型分为住宅、公寓、商业办公用房、仓储用房等	租赁企业，租金差价＋服务费	租赁企业	

　　第一种是直租模式。直租模式又称手拉手租赁模式，多出现在亲朋好友、同学同事等熟人之间，由出租人和承租人直接租赁成交。由于出租人（业主）和承租人（租客）都缺乏专业房屋租赁知识与经验，陌生人间缺乏相互信任，以及房屋租赁市场信息不对称问题，租赁信息匹配效率较低，主要集中在住房租赁领域，商业办公用房租赁领域不多见。特别是在大城市，直租模式在住房租赁市场占比应在 30％以下。

　　第二种是中介模式。该模式是在直租模式基础上发展而来的，即通过房地产经纪的牵线搭桥、带看撮合等作用促成租赁成交，房地产经纪业内也习惯称之为

"普租模式"，这种模式通过房地产经纪人员的居间、代理等服务成交，又可细分为居间模式和代理模式，属于房地产经纪的传统业务范畴。该模式中，房地产经纪机构降低了信息不对称，起到了中间人作用，发挥了专业服务价值，提升了住房租赁交易效率，所以在各种用途的房屋租赁中都较为常见。中介模式是较为主流的模式，在大城市的房屋租赁市场中，整体占比超过50％。

第三种是租赁经营模式。这种模式由专业化的房屋租赁企业全程介入租赁活动，租赁前，房屋租赁企业先通过租赁、委托等方式获得房屋的经营权、使用权，再对租赁房屋进行升级改造、装修装饰、家具家电配置，商业办公房屋还进行分割，输出标准化的租赁房屋产品；租赁中，提供标准化的租住生活及商务办公的管理和服务，如租赁咨询、签约备案、保洁、安保、维修、安全检查、纠纷调处等；租赁后，提供退租、换租等服务。受政策利好影响，近年来这种模式发展较快，但市场占比不高，应在20％以下。这种模式提升了承租人的租住体验，同时也提高了租金水平。

（二）房屋租赁企业

房屋租赁企业是房屋租赁市场主体，是房屋租赁市场实现规模化、专业化、机构化发展的主要力量。房屋租赁企业是以盈利为目的从事房屋租赁活动的企业。房屋租赁企业是租赁活动、租赁行业、租赁市场的主体，也是住房租赁从业人员从事住房租赁服务活动必须依附的实体性经济组织。按照租赁企业是否承担出租人责任及是否投资，租赁企业可以分为房屋租赁经营企业和房屋租赁服务企业两类。房屋租赁经营企业承担出租人责任，并针对租赁房屋进行购置、自建、装修改造、配置家具家电等投资，主要收益为租金或者租金差价。房屋租赁服务企业不承担出租人责任，针对租赁住房不进行投资或追加投资，主要收益为服务费，常见的服务企业包括提供租房经纪服务的房地产经纪机构，还有提供改造装修、保安保洁、维修维护等服务的企业。按照租赁房屋的用途，租赁企业还可以分为住房租赁企业和商办房屋租赁企业，住房租赁企业习惯被称为长租公寓企业，商办房屋租赁企业习惯被称为经营联合办公、众创空间的企业，以及孵化器企业等。

房屋租赁经营企业大致可以分为三类（图9-1），第一类是房屋出租经营企业，这类企业将自有房屋出租承租人，依靠租金实现盈利目的，相比个人出租，房屋出租经营企业除了拥有一定规模的房源数量外，大部分都会提供各种特色活动，以及租期内的保洁维修等服务。现实中这类企业不多见。第二类是房屋包租经营企业，这类企业将通过合法方式取得的他人房屋出租给承租人，依靠租金差、结余免租期的租金和租住服务费等收益盈利，目前这类企业数量最多，是租赁市场规模化经营的主体。第三类是房屋托管经营企业，这类企业受租赁当事人委托，更多是受出租人委托，为出租人提供房屋保值增值咨询、改造装修方案、寻找租客、房屋代管、租金催缴、租客管理、维护修缮等出租服务，并承诺保底租金收益，超出部分溢价分成，溢价分成收益可理解为奖励性的代理服务费；另外在租期内，还为承租人提供保洁、维修等服务，并收取相应服务费用，目前这类企业数量增长较快。经营商办类房屋的租赁企业还提供工商登记代办、财务记账、税务统筹、法律咨询等商务服务。

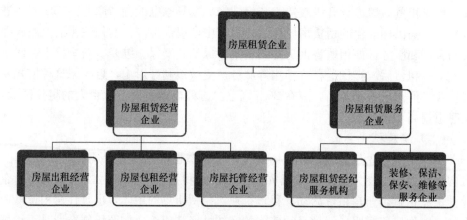

图 9-1　房屋租赁企业分类

需要说明的是，房屋租赁企业与从事房地产租赁的中介机构有明显区别也有密切联系。在区别上较为明显，如在所属行业，提供的服务内容，收费方式上均有很大不同，如根据《国民经济行业分类》GB/T 4754—2017，房屋租赁企业属于房地产租赁经营行业，后者属于房地产中介服务行业；房屋租赁企业主要提供出租、保洁维修等服务，后者则主要提供信息发布、房屋带看、租赁撮合、协助签约、房屋交接等服务活动。二类企业的联系，主要表现为房屋租赁企业通常需要通过房地产经纪机构来寻找租客，有的房地产经纪机构受业主委托，可以将房屋托管作为房地产经纪的延伸服务，在出租期间受出租人委托，提供租金催缴、手续代办、保洁维修等服务。

三、住房租赁经营模式和价值

住房租赁问题既是群众民生问题，也是城市发展问题，关系千家万户切身利益，关系人民安居乐业，关系经济社会发展全局，关系社会和谐稳定，加强住房租赁市场创新管理，规范发展住房租赁市场，在国计民生中具有重要的作用和地位。住房租赁经营在房屋租赁经营中，是重点发展的一个细分行业，近几年国家非常重视住房租赁经营的管理，住房租赁经营行业得到了较快发展。

（一）住房租赁经营模式分类

1. 按照主体法律关系分类

住房租赁经营模式按照房屋产权主体、出租主体和运营主体的法律关系不同，将住房租赁经营模式分为自持自营、转租经营、委托管理三种模式。

（1）自持自营模式。指的是住房租赁企业自建或者购买租赁住房，作为出租方直接和承租方签订住房租赁合同，住房租赁企业本质上是出租人，直接接待租客、管理住房，即房屋出租服务和经营管理服务均由企业提供。通俗地说，对业主而言，自营模式就是"我的房子我出租，我亲自管理、亲自服务"。这类企业通过自建、收购等方式持有整栋楼宇或者整个社区，对资金的要求较高，也称重资产租赁模式。此种模式要求住房租赁企业有自持房屋，或者拥有雄厚的资金实力或融资优势能购买房屋，因此多为背景深厚的国有企业或者实力雄厚的房地产开发企业。

（2）转租经营模式。指的是住房租赁企业承租他人住房从事转租经营的模式。住房租赁企业先与出租方签订长期租赁合同，再与租赁方（承租人）签订住房租赁合同，即房东将住房使用权、经营权转移给住房租赁企业，住房租赁企业再将房屋使用权转移给租客，同时提供运营服务。通俗地说，对业主而言，转租经营模式就是"我的房子，你来转租，你来管理、你来服务"。该模式运营资产要求不高，主要以转租赚差价的中资产运营为主。

（3）委托管理模式。指的是房东和租客签订租赁合同，同时房东与住房租赁企业签订委托管理合同，由住房租赁企业负责日常管理、维修、收取租金等事务，即房东将房屋使用权直接转移给租客的同时，将房屋的经营管理服务委托给住房租赁企业。通俗地说，对业主而言，委托管理模式就是"我的房子我出租，你帮我管理、帮我服务"。

2. 按照租赁房屋的形态分类

根据住房租赁企业所经营的房屋形态分布位置是否集中，住房租赁企业经营模式可分为集中式经营模式和分散式经营模式两种。

（1）集中式经营模式。指具备一定规模、实行整体运营并集中管理、用于出租的居住性用房。集中式租赁用房因为房源集中，通常设置有共用面积和共用设备设施，便于充分利用空间，同时，集中式租赁用房的服务半径小，管理统一，节省人力，带来协同效应和规模效应。住房租赁市场上的集中式租赁用房通常由商业、办公、工业用房等非住宅物业改建而来，因而对获取和改造物业的能力要求较高。目前自持物业或整租、整体托管的物业一般采取集中式经营模式。集中式根据整体规划、配套设施、单体设计、室内装修等标准及配租对象要求，分为集中管理运营且供家庭租赁使用的住宅型，集中管理且供企事业单位等单身职工租赁使用的宿舍型，集中管理运营且供各类收入较高人才租赁的、独立或半独立居住使用的公寓型。

（2）分散式经营模式。指经营的住房物业形态为分散于不同地段不同房屋，住房租赁企业将房源进行整合后提供整体的、标准化的改造与服务。分散式住房因为房源较多，选择面较广，因此，分散式租赁住房的产品层次可以做得更为丰富。但分散式租赁住房的房源散落于不同小区、楼栋之中，服务半径增大，人员成本相对较高，因此多采用信息化管理手段提高经营效率。采用分散式经营模式的住房租赁企业通常是通过包租或受托方式获得分散房源。

3. 按资产轻重分类

根据住房租赁企业的资产结构不同，住房租赁企业经营模式可分为重资产经营模式、中资产经营模式和轻资产经营模式三大类。

（1）重资产经营模式。即住房租赁企业通过自建、收购等方式获取并持有房源、对外出租，主要通过收取租金获取利益的模式。重资产经营模式下的房源为集中式用房，对于住房租赁企业而言，在房源获取效率、运营效率和跨周期资产运营等方面优势明显。而且采用重资产经营可以实质性增加租赁住房供给，可以缓解租赁住房供给不足。但重资产经营对资金的要求较高，让很多住房租赁企业望而却步。通常，涉及住房租赁的国有企业和开发商类公寓运营商拥有雄厚的资金和融资优势，拥有闲置的自持物业资源，又具备物业改造能力，因而会选择采用重资产经营模式。代表企业主要有房地产开发背景或国有背景的住房租赁企业。

（2）中资产经营模式。即住房租赁企业并不持有住房，而是通过长期租赁等方式集中获取房屋的转租经营权，然后再追加投资，对租赁住房装修改造、配置家具家电，进行二次升级改造，成为标准化的住房租赁产品后，再通过转租获得租金价差收益和服务报酬。中资产经营模式也需要大量资金，用于支付业主租金及前期改造装修费用。中资产经营模式的住房租赁企业多为民营企业，目前是住房租赁机构化、规模化、专业化的主要力量。这类住房租赁企业有很强的管理运营能力和一定的融资能力。

（3）轻资产经营模式。即住房租赁企业并不持有、不包租住房，而是通过受托管理等方式输出品牌、提供租务管理、物业管理等服务，获得管理服务报酬的模式。选择轻资产经营模式的，前期沉淀资金相对少，可以在短时间内快速拓展市场。具有房地产中介机构背景的住房租赁企业凭借其长期的房产中介服务积累的大量业主客户，多选择轻资产经营模式。此类企业更为重要的是出租能力和管理服务能力。

（二）住房租赁经营的价值

住房租赁经营行业的发展和崛起，改变了住房租赁活动自发化、零散化的状态，提升了住房租赁市场的规范化、机构化、专业化、规模化程度，实现了住房租赁的产业化。具体来说，住房租赁经营价值体现在三方面。

1. 对出租人的价值

（1）节省出租人的时间和精力。住房租赁企业提供的服务，可以降低出租人的时间和精力，一是能节省出租人搜寻承租人的时间和精力，二是能节省出租人带领或者陪同承租人看房的时间和精力，三是租期内能节省出租人维护修理的时间和精力。从机会成本角度来看，委托专业的住房租赁企业提供租赁服务，理论上一定优于出租人亲力亲为租赁事务。

（2）减少出租人的资金投入。租赁住房一般需要有一定的装饰装修和基本的家具家电，对于毛坯房和老旧房屋，出租人需要投入资金进行房屋装修和购置家具家电，如果通过住房租赁企业承租运营，可以节省装修费用及家具家电物品配置费，租赁期间的设施设备维修费用也能节省，而且住房租赁企业运营具有规模化优势，房屋装修、配置和维修成本一定比较低。

（3）出租人的收益有保障。出租人亲自出租和管理租赁住房的成本一定比专业的住房租赁企业要高，单从租金收益来说，出租人自己装修配置的房屋不一定符合市场需求，也难以租出较理想的租金，租期容易不稳定，空置期也会延长，总的租金收益应当低于租赁企业经营的租金收益。另外，租赁运营管理较好的住房，还能实现房屋的保值和增值。

（4）减少出租人的麻烦。住房租赁是一个长周期的过程，容易出现出租人与承租人之间的经济纠纷、合租租客之间的生活纠纷、租客与邻居之间的邻里纠纷。这些纠纷会对出租人造成困扰，增加出租人的麻烦。通过住房租赁企业承租运营，租赁企业承担了出租人的责任，矛盾纠纷的协调解决职责转给了租赁企业，这样就能彻底免除这些纠纷对出租人的困扰。

2. 对承租人的价值

（1）能直观判断租房性价比。酒店和住宅，同样具有居住功能，二者区别在于酒店房间和配置是标准化的，住店期间有规范化的服务，普通住宅没有。对于租客而言，出租的普通住宅各不相同，很难通过房源间的横向比较，准确判断租赁住房的性价比。住房租赁经营企业解决了这一难题，实现了租赁住房的标准化和租住服务的标准化，承租人可以直观判断租房的性价比。

（2）提高了租住安全性。一是租期长期稳定，住房租赁企业有政府强有力的监管，一般不会中途毁约驱赶承租人，也不敢中途擅自涨租金，有助于租期的长期稳定。二是租金押金安全，规范的住房租赁企业会把押金和超过3个月的租金存入资金监管账户，大大提高了租赁资金的安全性。三是租住生活安全，集中式租赁住房通常有24小时的安保人员，能够保证承租人租住生活的安全。

（3）提升了租住生活品质。住房租赁企业会根据管理需求和协议约定，为承租人提供租金便利结算、水电气、物业管理、宽带费用代缴，日常维修、公区保洁、消杀、垃圾处理等日常服务维护，也可以为承租人提供入户保洁、搬家、洗衣、代收等增值服务，提升承租人居住的舒适度及便利性。另外，相对于普通租赁，房屋维护维修也很及时，当承租人发出房屋、设施设备维修的需求后，住房租赁企业会及时进行响应，并尽快安排专业人员查看维修（护）。

3. 其他方面的价值

对政府部门来说，改变了房屋租赁市场一盘散沙的状态，在管理上有了抓手，可以通过对房屋租赁企业的备案管理和房屋租赁从业人员实名服务管理，实现对房屋租赁市场的有效管理。对社会来说，盘活了闲置的存量住房，提高了房屋的使用利用效率，减少了房屋空置和社会财富的浪费。对城市来说，住房租赁经营服务推动了住房租赁市场的高质量发展，改善了承租人的租住体验，有利于吸引人才、留住人才，增强了城市核心竞争力和城市发展后劲。对城市治理来说，住房租赁企业推动下的住房租赁规范发展，有助于促进职住平衡、产城融合，较少交通压力和空气污染。对社会治理来说，有了住房租赁企业介入住房租赁活动，可大大提高对流动人口的管理和服务，提升社会治理水平和治安管理效率。

四、住房租赁企业的设立和开业

住房租赁企业是以开展住房租赁经营为主营业务的企业，具体是指将自有房屋或者以合法方式取得经营权的他人房屋提供给承租人居住，向承租人提供租住服务，对租赁房屋进行管理运营和维修维护的企业。

从事住房租赁业务的服务企业的设立应当符合住房和城乡建设部等部门印发的《关于加强轻资产住房租赁企业监管的意见》《关于整顿规范住房租赁市场秩序的意见》等文件关于从业主体管理的具体规定。

1. 市场主体登记

从事住房租赁活动的企业和网络信息平台，以及转租住房10套（间）以上的单位或个人，均应当依法办理市场主体登记，亦即去所在地的市场监督管理部门办理市场主体登记手续、领取营业执照。住房租赁企业名称和经营范围均应当包含"住房租赁"相关字样，而且不宜与房地产经纪混业登记，即企业名称和经营范围不得同时有"住房租赁"和"房地产经纪"字样。

房屋属于不动产，实行属地管理，因此住房租赁管理和服务也具有属地性。一般情况下，住房租赁企业跨城市、跨区经营的，会被要求在所在城市（区、县）进行市场主体登记，设立独立核算法人实体。

各市（区、县）市场监管部门通过政务数据共享平台等方式将住房租赁企业市场主体登记信息推送当地住房和城乡建设部门，并对无照经营活动进行查处。依据《市场主体登记管理条例》，未经设立登记从事经营活动的，由登记机关责令改正，没收违法所得；拒不改正的，处 1 万元以上 10 万元以下的罚款；情节严重的，依法责令关闭停业，并处 10 万元以上 50 万元以下的罚款。

2. 准备开业条件

住房租赁企业涉及人民财产安全，关系社会稳定，因此需要具备相应的条件，正式开业之前，这些条件都应当提前具备：开立住房租赁资金监管账户，住房租赁企业应当在商业银行设立 1 个住房租赁资金监管账户，用于租金押金的监管。住房租赁企业应当按照所在城市的相关要求在银行中开立全市唯一的住房租赁资金监管账户，该账户不得支取现金，不得归集其他性质的资金。并与承办银行签订住房租赁资金监管协议，明确监管内容、方式及流程，并在报送开业信息或办理企业备案时提交监管账户的开立情况。单次收取租金超过 3 个月的，或单次收取押金超过 1 个月的，应当将收取的租金、押金纳入监管账户，并通过监管账户向房屋权利人支付租金、向承租人退还押金。商业银行会通过系统对接方式，向所在城市住房和城乡建设部门实时推送监管账户资金信息。纳入监管账户的资金，在确保足额按期支付房屋权利人租金和退还承租人押金的前提下，可以支付装修改造相应房屋等必要费用。

其他地方关于开业还有相应的条件，如北京、上海等地通过住房租赁条例立法，明确了住房租赁企业的条件要求。北京市规定住房租赁企业应当具备与经营规模相适应的自有资金、专业人员和管理能力，建立健全信息查验、安全保障、定期检查等内部管理制度；上海市规定住房租赁企业、房地产经纪机构应当具备与经营规模相适应的自有资金、专业人员、管理制度和风险防控能力。

3. 报送开业信息（开业报告）或办理备案手续

住房租赁企业属于房地产行业，需要纳入专业性管理。因此，住房租赁企业在开展业务前，应当通过当地的住房租赁管理服务平台向市场主体登记所在市（区、县）住房和城乡建设部门报送开业信息。报送内容包括企业注册登记信息、管理人员信息、从业人员信息、住房租赁资金监管账户信息等。接受市（区、县）住房和城乡建设部门的专业管理。住房租赁企业退出住房租赁业务的或发生开业相关重要信息变更的，也需要向市场主体登记所在地市（区、县）级住建部门报送开业信息。报送开业信息后，住房租赁企业自动获得住房租赁管理服务平台的使用权限。

北京、上海等地则将住房租赁企业报送开业信息明确为办理备案手续，不按照要求备案的，由备案部门责令限期改正，可处 1 万元以上 2 万元以下罚款；逾期不改的，处 2 万元以上 10 万元以下罚款。报送开业信息或办理备案手续的，获得住房租赁管理服务平台使用权限，可以办理从业人员信息卡、工作牌，在线核验房源、办理租赁合同网签备案。

4. 进行人员实名登记

住房租赁管理服务平台具备从业人员的实名登记功能，正式开业前，住房租赁企业应当通过住房租赁管理服务平台为其聘用的从业人员进行实名登记。在住房租赁服务企业中从事住房包租、转租、托管等服务活动的人员，也应当积极主动办理实名登记，领取住房租赁企业从业人员工作牌或信息卡，建立行业信用档案，接受社会和行业监督。

5. 在营业场所和网络服务端公示信息

为保障租赁当事人的知情权，住房租赁企业应当在经营场所和网络服务端依法公示企业营业执照、备案证明（北京、上海等要求），并如实公示服务内容和标准、收费事项和标准、办公地址、从业人员信息、租金收取账号、租金资金监管账号、投诉受理电话等内容。

住房租赁企业还要在经营场所和租赁住房内张贴公示住房租赁规约，住房租赁规约有的也叫租客公约，是承租人正常使用和自觉维护租赁住房设施设备应遵守的规定。住房租赁企业通过制定租赁规约，明确租赁住房的管理要求，保障租客的租住生活安全。租赁规约一般包含下列内容：

（1）承租人的权利义务；

（2）禁止高空抛物、防范高空坠物；

（3）公共区域以及储物间管理制度；

（4）租赁住房设施设备使用及维护责任；

（5）公共区域禁烟等要求；

（6）宠物饲养注意事项；

（7）垃圾分类、存放及清理要求；

（8）其他管理要求。

特别是合租类型的租赁住房，住房租赁规约尤为重要，除基本管理要求外，租赁规约还应包含对合租人权益的维护。

从事住房租赁经营的企业，从筹备成立之初至正式开展经营前，应当按照规定完成如图 9-2 所示的流程。

图 9-2 住房租赁企业设立开业流程

五、住房租赁企业的部门和人员

（一）住房租赁企业的部门

不同类型、不同规模的住房租赁服务企业，其部门设置会有很大差异，但不论这种差异有多大，各类住房租赁服务企业内的部门主要有九类，包括总经办（或总裁办）、业务部、产品部、运维部、培训部、客服部、公关部、财务部、人事部，有的业务部还会细分为收房部和出房部，有的产品部也会细分为装修部和配置部。住房租赁企业的部门设置如图 9-3 所示。

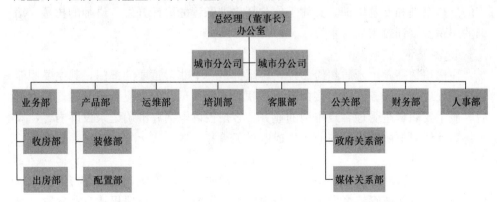

图 9-3 住房租赁企业的部门设置

新设立住房租赁企业可以根据自身的情况设置部门，有的部门可以精简。以下简要介绍这九类部门的主要职责。

1. 总经办（或总裁办）

总经办的全称为总经理办公室，是住房租赁企业的组织架构体系中办理总部高层事务的工作组织，主要职责是协助总经理及最高管理层综合协调公司日常事务，整体协调各部门、各城市分公司之间的事务与管理。

2. 业务部

业务部是直接从事住房租赁业务的部门。该部门下属的租赁服务人员（管家）负责从出租人手里收集房源，对房源信息进行维护推广、为客户提供顾问式带看体验、促成租赁意向达成且为客户提供相关专业服务。有的业务部门分成收房部和出房部。

3. 产品部

产品部主要负责收储房屋的装修、改造，以及家具家电采购、配置等业务，装修改造业务很多企业是外包的，但装饰装修材料和家具家电一般由住房租赁企业批量采购。

4. 运维部

运维部主要职能是负责处理房屋保洁、安全维护、家具家电维修问题。其中保洁人员主要职责是负责房屋的基础卫生清洁、基础设备保养的工作；安保人员主要负责居住区域的出入管理、巡逻和应急演练等工作，实现住房安全管理；工程人员主要职责是负责房屋安全管理和专项检查，排查房屋安全隐患。

5. 培训部

培训部主要职责是企业所有员工的教育培训，包括新人的入职培训，在职员工的进阶培训和专题培训，具体工作包括培训课程的设计开发、讲师的招募、培训的组织及培训效果的考核等。

6. 客服部

住房租赁高频，矛盾纠纷多发，客服部是一个非常重要的部门，其主要职能是负责处理租后服务问题，接待投诉，联系维修人员，处理应急事件等。其中售后客服主要职责是受理客户申请的业务、客户投诉电话并准确记录投诉内容，及时将需其他岗位协助受理的业务生成电子工单并转送。

7. 公关部

住房租赁管理涉及住建、市监、公安、消防、自然资源、农业农村等多个管理部门，同时又被媒体高度关注，是舆情多发领域，因此住房租赁企业一般会设有单独的公共关系部或者政府关系部，其主要职责是联系对接相关政府部门和新闻媒体，应对舆情危机。

8. 财务部

财务部是每家企业都不可缺少的部门，其主要职责是负责处理企业内的财务以及租赁资金收支管理，从业的提成奖金结算等工作也由财务部负责。

9. 人事部

人事部也叫人力资源部，主要职责是负责人员招聘和辞退、人员考核和奖惩，以及制定薪酬体系和员工激励制度等事务。

（二）住房租赁企业的从业人员

住房租赁企业的从业人员，简称住房租赁从业人员，是指就职于住房租赁企业从事住房收房、出房、租务管理等业务的人员。从业人员与房东和租客直接接触，俗称房屋管家，有的住房租赁企业还区分收房管家、出房管家和综合管家。按照职业能力水平，住房租赁从业人员分为专业人员和其他人员。

1. 从业人员实名登记

国家实行住房租赁从业实名服务制度，以城市为主体为住房租赁从业人员提供实名登记服务。住房租赁从业人员入职后，由受聘的住房租赁企业通过住房租赁管理服务平台，统一申请办理实名从业信息卡或者工作牌。住房租赁从业人员的信息卡、工作牌或者星级牌，按城市实行统一式样、统一标准。住房租赁从业人员实名登记采集信息，同步建立诚信档案。有的城市授权或者委托行业协会承担实名登记工作，有的城市由住房和城乡建设部门直接负责。成都等一些城市还把实名登记细分为初始登记、续期登记、变更登记、挂失补办登记、注销登记和惩戒性注销登记。

2. 从业人员的职业能力

《中华人民共和国职业教育法》规定，国家实行劳动者在就业前或者上岗前接受必要的职业教育的制度。因此，住房租赁从业人员就业前，即领取实名从业凭证（信息卡、工作牌、星级牌等）前应当接受必要的职业教育。住房租赁职业教育内容包括党和国家的大政方针，住房租赁相关法律法规规章和政策，住房租赁行业服务标准、行为规范、职业道德准则等行规行约，住房租赁理论和实务等。经过职业教育后住房租赁实名从业的人员，应当具备以下职业能力：

（1）了解党和国家关于住房租赁的大政方针，知道住房租赁的法律法规规章和政策及相关管理规定；

（2）了解住房租赁流程，能配合完成一般性的住房租赁业务，可以协助处理解决住房租赁问题；

（3）能用住房租赁理论知识，认识住房租赁市场的发展趋势，理解住房租赁业务逻辑；

（4）在住房租赁从业人员指导下开展辅助工作。

住房租赁从业人员实现职业化、专业化提升，必须主动接受专业技能培训，自愿参加专业技能评价，不断更新专业知识，提高专业能力和职业素养。按照国家关于专业技术人员的相关规定，住房租赁专业人员专业技能评价，应当符合下列条件：

（1）爱党爱国，遵守国家和本市法律、法规和行业标准与规范；

（2）秉承诚信、公平、公正的基本原则；

（3）恪守职业道德；

（4）具备中专或者高中及以上学历；

（5）参加过职业教育或者具备相应业务胜任能力。

住房租赁专业人员专业技能评价的内容，应当包括党和国家的大政方针，住房租赁相关法律法规规章和政策，住房租赁行业服务标准、行为规范、职业道德准则等行规行约，住房租赁理论和实务等。

经专业技能评价合格的从业人员，可称为住房租赁专业人员，表明其已具备以下专业技能：

（1）熟悉党和国家的大政方针，熟悉住房租赁的法律法规规章和政策及相关管理规定；

（2）掌握住房租赁流程，能完成较为复杂的住房租赁业务，处理解决住房租赁的疑难问题；

（3）运用丰富的住房租赁实践经验，分析判断住房租赁市场的发展趋势，开拓创新住房租赁业务；

（4）指导住房租赁从业人员开展工作。

住房租赁专业人员应当按照相关规定参加继续教育，不断更新专业知识，提升职业素养和业务能力，以持续符合专业技能标准，适应关键工作岗位需要和职业发展的要求。继续教育的内容包括最新的住房租赁相关法律法规规章和政策，新制定、新修订的住房租赁行业服务标准、行为规范、职业道德准则等行规行约，住房租赁前沿理论和实务等。

3. 岗位职责

住房租赁管家的主要职责是租务管理，以集中式公寓为例，根据房间数量和承租人数量配置1名店长和多名管家，每栋公寓管家一般不少于2人，租赁规模数增多时应适当增配人员。管家的租赁管理服务内容至少应包含下列内容：

（1）办理入住、换租、退租手续；

（2）建立租赁档案，报备合同和人员信息；

（3）及时办理、协助完成租赁合同的签订、变更、续签等；

（4）及时提醒合同履约；

（5）衔接安排维修养护房屋及设施设备；

（6）协调邻里纠纷；

（7）积极响应投诉；

（8）管理清洁消杀、安保维修等人员，并安排相关工作；

（9）其他约定提供的服务。

集中式公寓还提供设施设备维修、公区保洁、卫生消杀、投诉响应、安保（集中式提供）等日常服务，以及在经过承租人同意的情况下可提供入户保洁、宽带服务、搬家、代收快递等服务。提供这些服务的人员一般不纳入从业人员的实名登记管理。

集中式公寓除提供基本的租务管理服务外（服务费用包含在租金内），还会从提升租客居住舒适及便利性角度，根据实际情况设置提供生活便利的延伸服务。但需要特别注意：住房租赁企业向承租人提供延伸服务必须经过承租人同意，明确服务内容，且收费应按有关规定明码标价，对承租人收费前应出具收费清单，列明全部服务项目、收费标准、收费金额等内容，并由承租人本人签字确认。

第二节 互联网平台和信息服务

近年来，随着互联网、大数据、物联网、VR、AR 和 AI 等技术的快速发展和广泛应用，房地产经纪服务向线上化、平台化、智能化、数字化纵深发展，从原来单一的房源信息发布线上化向线上咨询、VR 看房、在线签约等方面延伸。在新技术、新模式的赋能之下，房地产交易服务产业互联网进程全面加速，房地产经纪服务数字经济迸发出强大活力。

一、房地产互联网平台相关概念和分类

房地产互联网平台最早是从房源信息发布平台发展起来的，也是以房源信息发布为最为基本的服务内容。在 2000 年之前，房源信息发布主要通过报纸中缝广告、"豆腐块"信息广告以及张贴纸片小广告和橱窗信息展示等方式发布，以文字形式为主，社会形象很差，虚假信息泛滥。2000 年后，出现了专业的房源信息网站出现了发布房源信息的网站，房源形式做到了图文并茂，随着互联网的普及，网上来客量逐渐超过了线下门店的来客量。2015 年前后，开始出现了模拟现实的三维立体 VR 视频房源信息，目前 VR 形式的房源信息已基本普及。

　　互联网技术的发展和人们上网习惯的养成，房地产交易和房地产经纪服务线上化、网络化趋势加快。房源核验、购房资格核验、合同签订、交易资金划转和监管等交易服务内容可以在线完成，网上发布房源、网上营销获客、网上看房讲房、网上咨询、网上投诉和评价等房地产经纪人员作业和服务新模式越来越为消费者所接受。房地产互联网平台成为房地产交易管理和房地产经纪服务的基础设施，房地产经纪行业加速迈入以线上化、数字化、智能化、品质化为特征的专业服务时代。

　　房地产经纪和互联网平台深度融合，互联网＋房源信息发布＋房地产交易服务的模式和场景已基本形成。规范房地产互联网平台的术语和定义、基本要求、服务流程，加强房地产经纪线上服务管理，对提升房地产经纪从业人员服务质量和水平、促进房地产经纪行业持续健康发展具有重要意义。通常认为，房源信息是指房地产市场上的新建商品房和存量房屋的出售、出租信息。房源信息是经纪服务中不可或缺的，房客源信息搜集和匹配是房地产经纪服务的核心价值之一。在房地产互联网平台上，房源信息发布主体，是通过房地产互联网平台发布房源信息的企业及其从业人员。企业主要包括房地产开发企业、房地产经纪机构、住房租赁企业等，从业人员包括商品房销售人员、房地产经纪从业人员、住房租赁经营从业人员等。房地产互联网平台用户，除信息发布主体外，还包括浏览使用房源信息的主体。房地产经纪线上服务，是指房地产经纪机构和从业人员利用互联网、大数据、VR 和 AI 等技术，以及网站、App、小程序等工具，以图文、动画、视频、直播和网络社交等形式向房地产交易相关当事人等提供的服务。常见的服务内容包括房源信息发布、线上咨询、在线交流等。

　　业内常说的房地产互联网平台，是指提供房源信息发布、展示、推广服务和房地产经纪线上服务的互联网企业，也称为房地产互联网平台经营者。房地产互联网平台包括房地产信息平台和房地产交易平台两类。房地产信息平台，以提供房源信息和房地产广告发布服务为主的互联网平台企业，包括房地产垂直类平台和包含房地产信息的综合类平台。严格来说，涉及房地产信息的网络短视频、网络直播、网络分享、网络社交等互联网媒体平台也应当属于房地产信息平台的范畴。

　　房地产交易平台分为政府的房地产交易管理平台和市场化的交易服务平台，二者也存在功能交叉。政府的交易平台包括存量房网签平台、住房租赁管理服务平台等；市场化的交易服务平台由房地产经纪机构开发建设，除了提供房源信息发布服务外，还提供经纪业务线上委托、合同网签、费用支付、交流互动等服务。房地产交易平台形式多样，包括网站、App、小程序等。房地产平台数据，是指任何以电子或者其他方式对房地产信息的记录，包括不限于房屋信息数据、权利人信息数据、市场信息数据。

二、互联网和房地产经纪的关系

2015 年前后，房地产经纪行业内掀起一波互联网浪潮，互联网经营者入场开展经纪业务。业内掀起了互联网会不会取代房地产经纪人的争论。经过多年的碰撞、融合，房地产经纪和互联网的关系逐渐清晰。首先，互联网无法取代房地产经纪，因为房地产交易具有高额、低频、非标等特点，离不开带看、面谈、过户等线下服务场景，人和人面对面交流更容易建立信任。其次，互联网对房地产经纪作业模式产生了深远影响，越来越多的服务环节转移到了线上，如房源信息发布、信息咨询、沟通交流等。最后，房地产经纪和互联网已经深度融合，互联网从可有可无的作业工具，升级成为房地产经纪存在发展的基础设施。房地产互联网平台的普及，形成了房地产大数据，进而还可以形成基于大数据模型的房地产行业的 ChatGPT。同样，AI 作为房地产经纪人的技术工具，可以以高效、准确和智能的方式处理和分析大量的数据，并进行复杂的房地产交易决策和潜在交易对象推荐。在研究分析等领域，这可能导致一些从事数据统计分析的岗位被替代，但由于人在做出重大决策时心理脆弱的人性弱点，机器和数据无法替代人和人之间的情感慰藉。

三、房地产互联网平台的设立备案

房地产互联网平台本质是企业，成立应当依法办理市场主体登记，并按照相关法律法规要求到行政主管单位办理备案手续。房地产互联网平台从事互联网信息服务，属于经营电信业务的，还应当取得电信主管部门电信业务经营许可；不属于经营电信业务的，应当在所在地市级电信主管部门备案。未取得电信业务经营许可或者未履行备案手续的，不得从事房地产互联网信息服务。房地产互联网平台企业多数不经营电信业务，只从事互联网信息服务。房地产互联网平台备案应当符合以下条件：

（1）使用符合电信主管部门要求的网络资源，具备符合国家规定的网络安全与信息安全管理制度和技术保障措施；

（2）遵守所在城市关于网络交易、数据安全、保密等法律法规及管理要求；

（3）依法依规经营，不得提供法律、法规禁止交易的商品或者服务；确保导向正确，维护房地产市场秩序；

（4）具备供公安、市场监管、住建等相关监管部门依法调取查询相关网络数据信息的条件；

（5）建立完善投诉、举报受理和处理机制。

房地产互联网平台向电信主管部门申请备案，需要通过互联网网络接入服务提供者向电信主管部门提交以下材料：

（1）主办者真实身份证明和地址、联系方式等基本情况；

（2）拟开展的互联网信息服务类型、名称，拟使用的域名、IP 地址、服务器等互联网网络资源，互联网网络接入服务提供者等有关情况；

（3）拟提供的服务项目，需要取得相关主管部门许可的，还应当提供相应的许可文件；

（4）公安机关出具的安全检查意见；

（5）需要提供的其他材料。

在电信部门备案完成后，房地产互联网平台应当在其首页显著位置，持续公示营业执照信息、与其经营业务有关的行政许可信息或者上述信息的链接标识。另外，房地产互联网平台要采取必要的技术手段和管理措施以保障交易平台的正常运行，提供安全可靠的交易环境和交易服务，维护良好的交易秩序。

值得注意的是，主营房地产经纪相关业务的互联网平台，还要归业纳管。根据《住房城乡建设部等部门关于加强房地产中介管理促进行业健康发展的意见》（建房〔2016〕168号）的规定，通过互联网提供房地产中介服务的机构，应当到机构所在地省级通信主管部门办理网站备案，并到服务覆盖地的市、县房地产主管部门备案。房地产、通信、工商行政主管部门要建立联动机制，定期交换中介机构工商登记和备案信息，并在政府网站等媒体上公示备案、未备案的中介机构名单。房地产互联网属于产业互联网，一定要依附房地产业才能经营发展，所以还应当接受房地产行业的管理。

四、房地产互联网平台的权利义务

房地产互联网平台作为独立的主体，相对于管理部门、客户、用户、同行及社会公众等各方，具有相应的权利和义务。

（1）主体备案的义务。主体备案义务，也就是房地产互联网平台作为房地产经纪机构和房地产经纪人员的一个服务商，主动接受房地产管理部门管理的义务。网上发布房源信息是房地产经纪服务中的一个环节，通过互联网提供房地产经纪服务，以及在线上实现 VR 看房、在线交流和签约等功能，都说明互联网本质上是房地产经纪服务的工具和设施，房地产互联网平台隶属房地产经纪行业，因此房地产互联网平台要主动接受房地产经纪行业管理，要主动到线上服务覆盖地的市、县房地产主管部门备案。

（2）要求经营者提供主体身份信息并公示的权利。《中华人民共和国电子商务法》第二十七条规定，电子商务平台经营者应当要求申请进入平台销售商品或者提供服务的经营者提交其身份、地址、联系方式、行政许可等真实信息，进行核验、登记，建立登记档案，并定期核验更新。《网络交易管理办法》第二十三条规定，第三方交易平台经营者应当对申请进入平台销售商品或者提供服务的法人、其他经济组织或者个体工商户的经营主体身份进行审查和登记，建立登记档案并定期核实更新，在其从事经营活动的主页面醒目位置公开营业执照登载的信息或者其营业执照的电子链接标识。对房地产互联网平台而言，要求信息发布主体及平台用户提供真实的房地产经纪机构备案证明、房地产经纪人员职业资格登记证书、实名从业的工作牌或者信息卡等主体信息，并随同房源信息一同展示、公示，是房地产互联网平台的基本权利。

（3）要求信息发布者提供房源真实证明材料的权利。房地产互联网平台承担房源审核的责任，因此有权利要求信息发布者提供能够证明房源信息真实、准确的证明材料，包括房屋权属证书、合法来源证明及房地产经纪服务合同等，房地产互联网信息平台对提交的证明材料进行审查，证明材料符合相关规定的，平台方可提供信息发布服务。

（4）拒绝非法市场主体服务的权利。房源信息发布主体，包括房地产开发企业、房地产经纪机构、住房租赁企业等，从业人员包括商品房销售人员、房地产经纪从业人员、住房租赁经营从业人员等，政府部门对其都有相应的登记备案要求，因此房地产互联网平台应当按照规定审核信息发布主体的身份，并向行政管理部门报送平台内经营者的身份信息，拒绝为没有取得合法主体资格的提供服务，以及提示未办理市场主体登记的经营者依法办理登记。如北京市要求房地产互联网平台不得为下列企业、从业人员发布住房租赁信息：①被列入经营异常名录或严重违法失信企业名单的；②未按规定办理信息卡或使用他人信息卡的从业人员；③被住建、市场监管等部门依法限制发布的。

（5）拒绝发布虚假房源、重复房源的权利。政府部门和行业组织对"真房源"都有明确的要求，如《关于整顿规范住房租赁市场秩序的意见》要求真实发布房源信息，规定已备案的房地产经纪机构和已开业报告的住房租赁企业及从业人员对外发布房源信息的，应当对房源信息的真实性、有效性负责。所发布的房源信息应当实名并注明所在机构及门店信息，并应当包含房源位置、用途、面积、图片、价格等内容，满足真实委托、真实状况、真实价格的要求。同一机构的同一房源在同一网络信息平台仅可发布一次，在不同渠道发布的房源信息应当一致，已成交或撤销委托的房源信息应在 5 个工作日内从各种渠道上撤销。再如中房学发布的"真房源"标识指引，明确"真房源"应当同时符合依法可售（可租）、真实委托、真实状况、真实价格（租金）、真实在售（在租）的要求。配合管理部门落实"真房源"的相关要求，是房地产互联网平台应担负的行业责任。对以上房源信息内容及发布要求，房地产互联网平台要进行检查和审核，虚假房源及不符合发布要求的，房地产互联网平台有权利拒绝提供发布服务。

（6）信息告知和提示义务。对于用户和客户，房地产互联网平台具有必要信息告知及提示提醒的义务。《网络交易管理办法》规定第三方交易平台经营者在审查和登记时，应当使对方知悉并同意登记协议，提请对方注意义务和责任条款。对于属于房地产广告而不是房源信息的内容，还要加注明确的"广告"标识；对于通过竞价排名进行展示的房地产相关信息，也要明确为互联网房地产广告。

（7）数据提供或者报送的义务。房地产互联网平台掌握了大量房地产市场数据，这些数据不仅可以反映市场变化情况，而且可以为政府管理和调控市场提供数据支撑。因此房地产互联网平台具有按照相关规定，向行政管理部门报送平台内经营者的身份信息和房源信息的义务。如《北京市住房租赁条例》第五十三条规定，互联网信息平台应当按月向市住房和城乡建设部门报送本平台发布房源信息相关记录。

（8）对虚假信息采取必要措施和报告义务。房地产互联网平台发现信息发布主体及平台用户发布虚假房源及存在其他违法违规行为的，有向政府管理部门及时报告的义务。《网络交易管理办法》第二十六条规定，第三方交易平台经营者应当对通过平台销售商品或者提供服务的经营者及其发布的商品和服务信息建立检查监控制度，发现有违反工商行政管理法律、法规、规章的行为的，应当向平台经营者所在地工商行政管理部门报告，并及时采取措施制止，必要时可以停止对其提供第三方交易平台服务。如《北京市住房租赁条例》第五十一条规定，互联网信息平台知道或者应当知道信息发布者存在提供虚假材料、发布虚假信息等违法行为的，应当及时采取删除、屏蔽相关信息等必要措施，并向市住房和城乡建设部门报告。

（9）配合政府监管的义务。房地产互联网平台有配合政府管理部门，协同处理发布虚假房源主体的义务。如《网络交易监督管理办法》（以国家市场监督管理总局令第 37 号发布）第五十二条规定，网络交易平台经营者知道或者应当知道平台内经营者销售的商品或者提供的服务不符合保障人身、财产安全的要求，或者有其他侵害消费者合法权益行为，未采取必要措施的，依法与该平台内经营者承担连带责任。再如《上海市住房租赁条例》规定，对两年内因违法发布房源信息受到三次以上行政处罚，或者在停业整顿期间的信息发布者，由网络信息平台经营者依法采取一定期限内限制其发布房源信息的措施。

（10）保障信息安全的义务。房地产互联网平台在提供房源信息发布和房地产经纪线上服务中获取的信息受法律保护，应依法取得并确保信息安全，不得非法收集、使用、加工、传输他人信息，不得非法买卖、提供或者公开他人信息。平台从业人员不得非法收集、使用、加工、传输他人个人信息，不得非法买卖、提供或者公开他人个人信息。房地产互联网平台要建立健全客户个人信息保护的内部管理制度，严格依法收集、使用、处理客户个人信息，采取有效措施防范泄露或非法使用客户个人信息。

五、房地产互联网平台的连带责任

网上的房地产信息数量多，普通用户难辨真假。因此房地产互联网平台在服务过程中，发现、知道或者应当知道信息发布者提供虚假材料、发布虚假信息的，应当及时采取删除、屏蔽相关信息等必要措施；未采取必要措施的，依法与该信息发布者承担连带责任。《网络交易监督管理办法》规定，网络交易平台经营者知道或者应当知道平台内经营者销售的商品或者提供的服务不符合保障人身、财产安全的要求，或者有其他侵害消费者合法权益行为，未采取必要措施的，依法与该平台内经营者承担连带责任。《网络交易平台经营者履行社会责任指引》也明确，网络交易平台经营者明知或者应知平台内经营者利用其平台侵害消费者和其他经营者合法权益，未采取必要措施的，依法与平台内经营者承担连带责任。

具体到房地产互联网平台而言，政府加强对房地产互联网平台的管理和规制，目的是解决假房源问题。目前互联网平台提供房源信息发布主要采取"网络端口"模式，房地产经纪机构、房地产经纪人员购买的端口越多，发布的房源信息越多，购买的端口越贵，房源展示的位置越好。因此造成房源信息发布主体，不惜通过发布虚假房源来提高网络端口的"吸客"效果，造成假房源的屡治不绝。近年来，国家和北京、上海等地陆续出台法规文件，加强对房地产互联网平台的监管。相关法律法规和政策文件已经明确，房地产互联网信息平台承担房源审核、展示责任，如果因为房地产互联网信息平台审核不严，造成房源信息发布主体未能按照政府要求发布、展示和下架房源信息的，房地产互联网平台还要承担连带责任。如北京市规定，房地产互联网平台存在以下情形之一的，由住房和城乡建设或者房屋主管部门给予警告，责令限期改正；逾期不改的，处2万元以上10万元以下罚款；情节严重的，处10万元以上50万元以下罚款，网信部门应当按照住房和城乡建设或者房屋主管部门的意见对其采取暂停相关业务、停业整顿等措施：一是未对信息发布主体进行核验、登记，或者未按照规定建立、留存登记档案的；二是未进行房源信息审查的；三是未采取下架虚假房源、暂停违规机构房源发布等必要措施的；四是按要求报送发布房源信息相关记录的。

六、房地产互联网平台服务规范

房地产互联网平台应当遵循自愿、平等、公平、诚信的原则，遵守法律、法规、规章和商业道德、公序良俗，公平参与市场竞争，履行消费者权益保护、环境保护、知识产权保护、网络安全与个人信息保护等方面的义务，承担房地产信息发布和服务主体责任，接受政府和社会的监督。

（一）信息审核

（1）房地产互联网平台应当依法要求申请进入平台发布房地产信息的企业、从业人员、自然人等要求其提交其身份证明、地址、联系方式、行政许可等真实信息，进行核验、登记，建立登记档案，并定期核验更新，还要对收集的用户信息严格保密。互联网信息平台应当对信息发布者提交的证明材料进行审查；证明材料符合相关规定的，互联网平台提供信息发布服务。

（2）互联网信息平台知道或者应当知道信息发布者存在提供虚假材料、发布虚假信息等违法行为的，以及发现平台内的房地产信息或者服务信息有违反市场监督管理法律、法规、规章，损害国家利益和社会公共利益，违背公序良俗的，应当依法采取删除、屏蔽相关信息等必要的处置措施，保存有关记录，并向住房和城乡建设部门报告。

（3）房地产互联网平台做好房源信息维护工作，及时下架虚假房源信息，如虚假价格、虚假面积、虚假图片、虚假广告等。对多次重复发布的房源或发布时间过长且未更新的房源履行必要的审查义务，设置发布期限和更新机制，超过30天不更新的自动撤除房源信息。

（4）房地产互联网平台不得制作、复制、发布、传播含有下列内容的信息：①违反宪法所确定的基本原则的；②危害国家安全，泄露国家秘密，颠覆国家政权，破坏国家统一的；③损害国家荣誉和利益的；④煽动民族仇恨、民族歧视，破坏民族团结的；⑤破坏国家宗教政策，宣扬邪教和封建迷信的；⑥散布谣言，扰乱社会秩序，破坏社会稳定的；⑦散布淫秽、色情、赌博、暴力、凶杀、恐怖或者教唆犯罪的；⑧侮辱或者诽谤他人，侵害他人合法权益的；⑨含有法律、行政法规禁止的其他内容的。

（二）信息展示

房地产互联网平台进行信息展示，首先要区分房地产广告和房地产信息，属于房地产广告的必须要标注为"广告"。房源信息是一定行政区域内新建和存量住房的出售、出租信息，具有真实性、准确性、客观性、必要性特征，以保障房地产交易及经纪活动当事人的知情权和选择权为根本展示目的。房源信息内容分为区位信息、实物信息、交易条件信息等，具体包括房源的价格、户型、楼层、类型、建筑面积、产权年限、房源内部景象、开发商、所在楼盘及地区、配套设施、地理位置、周边情况等。房源信息的发布者一般为房地产开发企业、房地产权利人、房地产中介服务机构、住房租赁企业、短租房经营企业等。房源信息的真实性，要求信息内容应当真实存在，不存在欺骗、误导性表述和虚假宣传；房源信息的准确性，要求信息内容应当与不动产登记证、商品房预售许可证等证载信息相符，与客观情况一致，不存在夸大宣传。房源信息的客观性，要求信息内容为房地产商业必要信息的客观描述，不存在修辞性语言表述，不具有推销性、劝服性、艺术性、文学性特征；房源信息的必要性，要求信息内容是依据现行法律、法规、规章和政策规定应当展示的，展示目的在于满足房地产交易及经纪活动当事人的知情权和选择权。房地产信息除包括房源信息、客源信息外，还包括不具有推销性质的房地产新闻、政策，以及单纯介绍、点评或测评、科普房地产知识等内容。标注为"广告"的内容，以及竞价排名的内容应属于房地产广告。

对于房源信息展示，还要同步提示交易风险，公示企业和人员等必要信息。

1. 交易风险提示

房地产互联网平台要设置房源核验功能，设置房源发布风险提示，在网站首页显著位置公布举报电话，设置举报链接，畅通对虚假房源举报受理途径。建立和完善房源信息投诉举报机制和违规经纪处理机制，对虚假信息及违规发布信息的发布机构和发布者及时处理，保证房源信息的真实、准确。

2. 发布企业信息公示

房地产互联网平台应在房地产开发企业、房地产经纪机构、住房租赁企业展示房源信息的页面同步展示下列内容：

（1）该企业的营业执照信息、备案信息、收费标准和从业人员信息卡（工作牌）标识，投诉受理电话，房地产交易资金、住房租赁资金监管账户；

（2）在本平台被投诉的记录；

（3）在本平台发布房源信息的数量；

（4）行政管理部门提供的信用记录；

（5）房屋租赁/买卖合同示范文本、房屋租赁/买卖经纪服务合同示范文本。

3. 从业人员信息公示

房地产互联网平台应积极配合房地产经纪从业人员和住房租赁从业人员房源发布实名制管理，确保信息发布人员及所属公司与实际相符。对属于加盟店的房地产经纪机构应在公司和经纪人基础信息中，标识加盟品牌名称和公司名称。

4. 个人发布者信息公示

对于自然人产权人发布的房源信息页面醒目位置加载证明个人身份信息真实合法的标识，同时标明电话邮箱等有效联系方式。

（三）信用评价及惩戒

（1）房地产互联网平台应当建立健全对平台内房地产信息和服务提供者的信用评价制度，公示信用评价规则，为消费者提供对平台提供的信息和服务进行评价的途径。公平、公正、透明地开展信用信息的征集、评价、公示，不得删除消费者对其平台内提供信息及服务的评价。完善行业自律机制，促进诚信经营。

（2）房地产互联网平台应建立信用惩戒制度，对房地产开发企业、房地产经纪机构、住房租赁企业、从业人员及个人发布虚假房源信息应限制或取消房源发布权限；不得为未办理登记备案或被列入"黑名单"的房地产经纪机构及从业人员开通房源信息发布端口。

（四）网络安全保障

（1）房地产互联网平台应当采取技术措施和其他必要措施保证网站网络安全、稳定运行，防范网络违法犯罪活动，有效应对网络安全事件，保障房地产交易安全。

（2）房地产互联网平台申请在境内境外上市或者同外商合资、合作，应当事先经信息产业主管部门审查同意；其中，外商投资的比例应当符合有关法律、行政法规的规定。

（3）房地产互联网平台应当按照网络安全等级保护制度的要求，履行下列安全保护义务，保障网络免受干扰、破坏或者未经授权的访问，防止网络数据泄露或者被窃取、篡改：①制定内部安全管理制度和操作规程，确定网络安全负责人，落实网络安全保护责任；②采取防范计算机病毒和网络攻击、网络侵入等危害网络安全行为的技术措施；③采取监测、记录网络运行状态、网络安全事件的技术措施，并按照规定留存相关的网络日志不少于六个月；④采取数据分类、重要数据备份和加密等措施；⑤法律、行政法规规定的其他义务。

（4）房地产互联网平台的运营者还应当履行下列安全保护义务：①定期对从业人员进行网络安全教育、技术培训和技能考核；②对重要系统和数据库进行容灾备份；③制定网络安全事件应急预案，并定期进行演练；④法律、行政法规规定的其他义务。

（5）房地产互联网平台应当采取技术措施和其他必要措施保证其网络安全、稳定运行，防范网络违法犯罪活动，有效应对网络安全事件。应当制定网络安全事件应急预案，发生网络安全事件时，应当立即启动应急预案，采取相应的补救措施，并向有关主管部门报告。

（6）严格落实网络安全、信息内容监督制度和安全技术防范措施，防止含有恐怖主义、极端主义内容的信息传播；发现含有恐怖主义、极端主义内容的信息的，应当立即停止传输，保存相关记录，删除相关信息，并向公安机关或者有关部门报告。

（五）数据安全保障

（1）房地产互联网平台开展房地产信息数据处理活动应当依照法律、法规的规定，在网络安全等级保护制度的基础上，建立健全流程数据安全管理制度，明确数据安全负责人和管理机构，组织开展数据安全教育培训，采取相应的技术措施和其他必要措施，保障数据安全。

（2）房地产互联网平台开展数据处理活动以及研究开发数据新技术，应当有利于促进经济社会发展，增进人民福祉，符合社会公德和伦理。

（3）房地产互联网平台开展数据处理活动应当加强风险监测，发现数据安全缺陷、漏洞等风险时，应当立即采取补救措施；发生数据安全事件时，应当立即采取处置措施，按照规定及时告知用户并向有关主管部门报告。

（4）房地产互联网平台应当按照规定对其数据处理活动定期开展风险评估，并向有关主管部门报送风险评估报告。

（5）房地产互联网平台、房地产信息发布主体、房地产互联网平台浏览用户等组织、个人收集数据，应当采取合法、正当的方式，不得窃取或者以其他非法方式获取数据。

（6）房地产互联网平台购买数据的，应当要求数据提供方说明数据来源，审核出卖方的身份，并留存审核、交易记录。

（7）法律、行政法规规定提供数据处理相关服务应当取得行政许可的，房地产互联网平台应当依法取得许可。

（8）互联网信息平台应当按月向市住房和城乡建设部门报送本平台发布房源信息相关记录。鼓励互联网信息平台与市住房和城乡建设部门建立开放数据接口等形式的自动化信息报送机制。市住房和城乡建设部门向互联网信息平台开放住房租赁管理服务平台数据接口，提供信息查询和核验服务。

（9）公安机关、国家安全机关因依法维护国家安全或者侦查犯罪的需要调取数据，房地产互联网平台应当按照国家有关规定，经过严格的批准手续，依法进行，有关组织、个人应当予以配合。

（六）用户信息保护

（1）房地产互联网平台使用用户个人信息，应当遵循合法、正当、必要的原则，公开收集、使用规则，明示收集、使用信息的目的、方式和范围，并经被收集者同意。

（2）房地产互联网平台不得收集与其提供的房地产相关服务无关的个人信息，不得违反法律、行政法规的规定和双方的约定收集、使用个人信息，并应当依照法律、行政法规的规定和与用户的约定，处理其保存的个人信息。

（3）房地产互联网平台应当对获取的房产交易当事人相关信息负有保密责任，不得泄露、篡改、毁损其收集的个人信息；未经被收集者同意，不得向他人提供个人信息。

（4）房地产互联网平台不得窃取或以其他非法方式获取个人信息，不得非法出售或者非法向他人提供个人信息。

（5）房地产互联网平台应当采取技术措施和其他必要措施，确保用户个人信息的处理活动符合法律、行政法规的规定，确保其收集的个人信息安全，防止信息泄露、毁损、篡改、丢失。在发生或者可能发生个人信息泄露、毁损、丢失的情况时，应当立即采取补救措施，按照规定及时告知用户并向有关主管部门报告。

（6）房地产互联网平台应当加强对网站用户发布的信息管理，发现法律、行业法规禁止发布的信息，应当立即采取消除等处置措施，防止信息扩散，保存有关记录，并向有关主管部门报告。

（7）房地产互联网平台应当采取技术措施，确保通过其网站转接给房地产开发企业、经纪机构及其从业人员的号码隐私安全，同时建立防骚扰白名单，减少用户营销电话骚扰。

（8）房地产互联网平台处理个人信息达到国家网信部门规定数量的，应当指定个人信息保护负责人，负责对个人信息处理活动以及采取的保护措施等进行监督，并公开个人信息保护负责人的联系方式。

（9）房地产互联网平台应当按照规定进行个人信息保护影响评估，并对处理情况进行记录，个人信息保护影响评估报告和处理情况记录应当至少保存三年。

（10）房地产互联网平台应当遵循公开、公平、公正的原则，制定平台规则，明确平台内产品或者服务提供者处理个人信息的规范和保护个人信息的义务；对严重违反法律、行政法规处理个人信息的房地产信息发布主体，停止提供服务。

（七）平台规则告知

（1）房地产互联网平台应当与房产信息发布机构及个人签订服务协议，明确告知交易规则、服务内容及收费标准、纠纷解决途径等事项。

（2）平台应当在其首页显著位置持续公示平台服务协议和交易规则信息或者上述信息的链接标识，并保证经营者和消费者能够便利、完整地阅览和下载。

（3）房地产互联网平台修改平台服务协议和交易规则，应当在其首页显著位置公开征求意见，采取合理措施确保有关各方能够及时充分表达意见。修改内容应当至少在实施前七日予以公示。平台内经营者不接受修改内容，要求退出平台的，平台经营者不得阻止，并按照修改前的服务协议和交易规则承担相关责任。

（4）房地产互联网平台应当明示用户信息查询、更正、删除以及用户注销的方式、程序，不得对用户信息查询、更正、删除以及用户注销设置不合理条件。平台收到用户信息查询或者更正、删除的申请的，应当在核实身份后及时提供查询或者更正、删除用户信息。用户注销的，平台应当立即删除该用户的信息；依照法律、行政法规的规定或者双方约定保存的，依照其规定保存。

（5）房地产互联网平台应当根据提供信息或服务的质量、信用等以多种方式向消费者显示商品或者服务的搜索结果；对于竞价排名的商品或者服务，应当显著标明"广告"。

（八）平台公平竞争

（1）房地产互联网平台应充分保障平台内经营者的公平交易权和自由选择权。不得利用服务协议、交易规则以及技术等手段，对平台内经营者在平台内的交易、交易价格以及与其他经营者的交易等进行不合理限制或者附加不合理条件，或者向平台内经营者收取不合理费用。

（2）不得通过搜索降权、下架商品、限制经营、提高服务收费等方式，禁止或者限制平台内经营者自主选择在多个平台开展经营活动，或者利用不正当手段限制其仅在特定平台开展经营活动。不得禁止或者限制房地产信息发布主体自主选择发布渠道。

（3）不得利用技术手段，通过影响用户选择或者其他方式，实施妨碍、破坏其他经营者合法提供的网络产品或者服务正常运行的行为。

（4）房地产互联网平台不得实施下列行为，损害竞争对手的房源质量和商业信誉：①组织、指使他人以消费者名义对竞争对手的房源进行恶意点击或评价；②利用或者组织、指使他人通过网络恶意散布虚假或者误导性信息；③其他编造、传播虚假或误导性信息，损害竞争对手商业信誉的行为。

（5）房地产互联网平台应当客观中立设定搜索、排序等算法，公平公正使用数据资源，确保对外展示房源的信息一致，不得借助技术优势，通过算法设定、规则制定等手段侵害各方用户权益。

（6）房地产互联网平台不得滥用市场支配地位，排除、限制竞争。没有正当理由，不得限定消费者只能与其进行交易；不得限定消费者及平台商家只能与其指定的经营者进行交易。

（7）房地产互联网平台没有正当理由禁止搭售商品，或者在交易时附加其他不合理的交易条件。

（8）房地产互联网平台没有正当理由不得对条件相同的商家在服务价格等条件上实施差别待遇。

（9）房地产互联网平台不得借助与平台商家之间的纵向关系，组织、协调具有竞争关系的平台内经营者达成具有横向垄断协议效果的轴辐协议。

（10）房地产互联网平台进行有奖销售不得存在下列情形：①所设奖的种类、兑奖条件、奖金金额或者奖品等有奖销售信息不明确，影响兑奖；②采用谎称有奖或者故意让内定人员中奖的欺骗方式进行有奖销售；③抽奖式的有奖销售，最高奖的金额超过五万元。

（11）房地产互联网平台应当保障消费者自主选择提供商品或者服务的经营者的权利，以及自主选择商品品种或者服务方式，自主决定购买或者不购买任何一种商品、接受或者不接受任何一项服务，自主选择商品或者服务时进行比较、鉴别和挑选的权利。

（12）房地产互联网平台应当建立知识产权保护规则，与知识产权权利人加强合作，依法保护知识产权。

（九）信息保存

1. 发布者的登记档案

对进入平台发布房地产信息的企业、从业人员、自然人等要求其提交其身份证明、地址、联系方式、行政许可等真实信息，进行核验、登记，建立登记档案，且留存不少于三年。

2. 房地产信息和服务信息

房地产互联网平台应当记录、保存在其平台上发布的房屋信息和交易服务信息内容并确保信息的完整性、保密性、可用性。对于发布者的营业执照或者个人真实身份信息记录保存时间从发布者从平台的登记注销或解除合作之日起不少于两年，房地产交易记录等其他信息记录备份保存时间从交易完成或房屋撤除之日起不少于两年。

3. 房地产互联网平台服务协议

房地产互联网平台经营者修改平台服务协议和交易规则的，应当完整保存修改后的版本生效之日前三年的全部历史版本，并保证经营者和消费者能够便利、完整地阅览和下载。

4. 信用记录保存

房地产互联网平台应当对发布者的评价和平台信用记录客观公正地采集与记录，保存时间从发布者从平台的登记注销或解除合作之日起不少于五年。

（十）消费者权益保护

（1）房地产互联网平台应当在网站显著位置公示网站投诉举报联系方式和房产信息发布企业的投诉举报联系方式，当消费者发生交易纠纷或者其合法权益受到损害时，为消费者提供畅通的维权通道。

（2）房地产互联网平台应本着"积极协调、妥善处理"的原则，建立房源信息投诉举报机制和违规处理机制，对虚假信息及违规发布信息的商品房销售人员、经纪从业人员、住房租赁从业人员及时处理，保证房源信息的真实、准确，保障消费者合法权益。

（3）房地产互联网平台应当建立专门的客服团队，消费者通过平台租购房屋或者接受相关服务，发生交易纠纷或者其合法权益受到损害时，消费者要求平台调解的，平台应当调解。

（4）消费者通过投诉、诉讼、仲裁、调解、报案等其他渠道维权的，平台应当向负责处理投诉、诉讼、仲裁、调解、报案的政府部门、法院、仲裁委员会或有合法调查取证证明的律师提供房地产信息发布者或服务提供者的真实的网站登记信息，积极协助消费者维护自身合法权益。

（5）房地产互联网平台应建立健全消费者权益保护公示制度，定期公示消费者纠纷处理情况、房地产信息发布企业及其从业人员违规信息、保护消费者权益相关措施、加强对平台内服务企业及从业人员管理的相关措施等。

（6）鼓励房地产互联网平台经营者建立健全先行赔付制度，一旦发生消费纠纷，消费者与平台内房地产信息和服务提供者协商无果的，鼓励由房地产互联网平台先行赔偿，确保消费者安全放心消费。

（7）对两年内因违法发布房源信息、推荐房源受到三次以上行政处罚，或者在停业整顿期间的信息发布者，房地产互联网平台应当采取一定期限内限制其信息发布等必要措施，保障消费者权益。

复习思考题

1. 房地产租赁经营的定义是什么？
2. 房屋租赁模式分为哪几类？各自有何特点？
3. 住房租赁经营模式分为哪几类？各自有何特点？
4. 住房租赁经营企业的价值是什么？
5. 住房租赁企业登记和开业信息报送有什么要求？
6. 住房租赁从业人员应当具备什么样的职业能力要求？
7. 互联网信息平台和互联网交易平台有何区别？
8. 如何认识房地产经纪和互联网的关系？
9. 房地产互联网平台有哪些权利义务？
10. 房地产互联网平台有哪些审核责任？
11. 房地产互联网平台未尽到审核责任是否会受到处罚？

后记（一）

本书是《房地产经纪概论》的延续。自 2002 年首次举行全国房地产经纪人执业资格考试起，《房地产经纪概论》一直作为"房地产经纪概论"科目的考试用书，历经多次修订，前后出版了七版。2016 年，根据中国房地产估价师与房地产经纪人学会的总体安排，原"房地产经纪概论"科目调整为"房地产经纪职业导论"，相应的考试用书也调整为《房地产经纪职业导论》。2018 年《房地产经纪职业导论》进行了修订。本书是在《房地产经纪职业导论（第二版）》（即 2018 年版）的基础上进行修订的成果。

本次修订是主编张永岳、崔裴，副主编黄英、赵庆祥共同努力的成果。从 2002 年至 2019 年，张永岳、崔裴、黄英、赵庆祥、王霞、关涛、陈兰青、顾志敏、孙斌艺、王盛、孟星、郑帅等陆续参加了本书的编写、修订工作，在此一并表示最衷心的感谢！

衷心感谢中国房地产估价师与房地产经纪人学会持续多年来为本书的反复修订提供了强有力的支持！衷心感谢多年来为本书提供素材、资料的相关房地产经纪机构和房地产经纪专业人员以及各地房地产经纪行业组织！衷心感谢曹伊清、赵曦、徐波、宋梦美四位专家在认真审阅本次修订稿后提出了进一步完善的一系列具体意见！经本书主编研究，这些意见绝大部分已得到采纳并予以落实。

张永岳、崔裴、黄英、赵庆祥

2019 年 10 月 18 日

后记（二）

根据中国房地产估价师与房地产经纪人学会的总体安排，2021年下半年，对全国房地产经纪人职业资格考试用书《房地产经纪职业导论（第三版）》进行修编。本次修编，继续坚持《房地产经纪职业导论》一书的定位，锚定帮助房地产经纪从业人员正确认知职业、企业、行业的目标，突出问题导向、适用导向、系统导向，兼顾行业发展和人员职业的新理念、新趋势、新要求，对章节框架进行了微调，对具体内容进行了删减更新和补充完善。

整体结构上未做大的调整，基本保留了原有的章节框架体系，仅对第四章和第五章的顺序进行了调换，将第六章的名称修改为房地产经纪机构的业务管理。在内容的修改上，尽可能站到房地产经纪从业人员为第一读者的角度进行表述，进一步梳理了前后逻辑关系，吸收了房地产经纪行业发展的新经验、新成果。具体为：

一是更新了相关数据，将企业、人员等相关数据更新为较为准确、权威的数据；

二是根据行业发展的新情况、新业态，充实了互联网平台和线上服务的内容；

三是依据《中华人民共和国民法典》等最新法律法规及新出台的行业管理、市场调控等文件，对书中相应内容进行了修改；

四是调整了居间、中介、代理，以及房地产经纪人、房地产经纪人员、房地产经纪专业人员、房地产经纪从业人员等词语的使用规范性和准确性；

五是对与行业实践不符、明显错误及过于陈旧等内容进行了删减；

六是对书中表述不规范及错误的用语用词进行了修正。

本次修编主要由北京房地产中介行业协会赵庆祥秘书长、北京林业大学张英杰副教授、中国房地产估价师与房地产经纪人学会研究中心涂丽老师承担，北京房地产中介行业协会张杨杨书记也参加了部分内容的编写，赵庆祥进行了统稿。本书的主编崔裴教授，以及沈阳工程学院黄英教授、中国房地产估价师与房地产经纪人学会的王佳主任给予了指导和把关，龙叶、李洪娴、赵雨航等业内人士也提供了宝贵的修改意见和建议，在此谨向以上各位表示衷心的感谢！

　　尽管本书已经过两次修订，但限于编者的能力和水平，肯定还存在不少错误和疏漏之处，恳请广大读者指出不足、给出建议，以便下次修改完善。

编者

2021 年 11 月

后记（三）

根据中国房地产估价师与房地产经纪人学会的总体安排，结合房地产经纪行业发展取得新成绩，出现的新情况、新问题、新模式，以及监管的新要求，2023年下半年，对全国房地产经纪人职业资格考试用书《房地产经纪职业导论（第三版）》进行修编。本次修编，继续保持《房地产经纪职业导论》一书的定位不变，锚定帮助房地产经纪从业人员正确认识房地产经纪职业、企业、行业的目标，突出问题导向、适用导向、系统导向，兼顾行业发展和人员职业的新理念、新趋势、新要求，对章节框架进行了微调，对具体内容进行了删减更新和补充完善。

整体结构基本保留了原有框架体系，对原来的第三章房地产经纪机构的设立与内部组织、第四章房地产经纪门店与售楼处管理和第五章房地产经纪机构的企业管理进行了内容整合，形成了新的第三章房地产经纪机构的组织管理和第四章房地产经纪机构的经营管理，新增了第九章房地产租赁经营和互联网信息服务。在内容上，进一步梳理了前后逻辑关系，吸收了房地产经纪行业发展的新经验、新成果；在表述上，尽可能做到从房地产经纪从业人员作为读者的角度进行阐述。具体为：

一是更新了相关数据，将企业、人员等相关数据更新为较为准确、权威的最新数据；

二是根据行业发展的新情况、新业态，增加了房地产租赁经营和房地产互联网信息服务的内容；

三是依据新的法律法规规章及政策文件，对书中相应内容进行了修改；

四是调整了居间、中介、代理，以及房地产经纪人、房地产经纪人员、房地产经纪专业人员、房地产经纪从业人员等词语的使用规范性和准确性；

五是对与行业实践不符、明显错误及过于陈旧等内容进行了删减；

六是对书中表述不规范及错误的用语用词进行了修正。

本次修编主要由北京房地产中介行业协会赵庆祥秘书长统筹，北京林业大学张英杰副教授主要承担了第三章、第四章修改工作，中国房地产估价师与房地产经纪人学会研究中心王明珠老师主要承担了第一章、第五章的修改工作，中国房地产估价师与房地产经纪人学会研究中心的涂丽老师主要承担了第二章、第六章的修改，赵庆祥主要承担了第七章、第八章和第九章的修改工作，参与修改人员都通读了全稿。本书的主编张永岳教授、崔裴教授，以及沈阳工程学院黄英教授、中国房地产估价师与房地产经纪人学会的王佳主任等给予了指导和把关，北京房地产中介行业协会副秘书长张杨杨等业内人士也提供了宝贵的修改意见和建议，在此谨向以上各位表示衷心的感谢！

　　尽管本书已经过三次修订，但限于编者的能力和水平，肯定还存在不少错误和疏漏之处，恳请广大读者指出不足、给出建议，以便下次修改完善。

编者
2023 年 7 月